糖料产业

U0612508

XIANDAI GANZHE
YOUHAI SHENGWU FANGZHI
YANJIU YU YINGYONG

现代甘蔗
有害生物防治研究与应用

黄应昆　卢文洁　主编

中国农业出版社
北京

内容提要

　　甘蔗是我国主要的糖料作物，在推进现代甘蔗产业发展过程中，有效防控甘蔗有害生物是"双高"甘蔗栽培技术的一个重要环节。实践证明，抓好甘蔗有害生物防治工作，不仅能显著提高甘蔗的产量和品质，而且可使甘蔗生产取得更大的社会效益和经济效益。本书从十个方面系统地对现代甘蔗有害生物的研究成果与应用成效进行了提炼阐述，内容包括灾害性病虫诊断鉴定、地理分布、危害损失、灾害特性、暴发诱因、综合防控等方面研究成果；研发形成的病原检测、温水脱毒、引种检疫、抗病评价、天敌资源及保护利用等方面的实用技术及应用。

　　本书内容新颖、丰富，具有科学性、准确性、实用性和可读性的特点，可供科研、教学、生产、管理等有关方面人员及农业院校师生阅读、参考、借鉴。

编写人员名单

主　编　黄应昆　卢文洁
编　者　黄应昆　卢文洁　李　婕　李文凤
　　　　单红丽　王晓燕　伍晓华　普金安
　　　　王振宇　张荣跃　李银煳

前　言

　　甘蔗是重要的经济作物，也是食糖的主要来源。在我国，蔗糖产量占全国食糖总产量的90％以上，我国成为继巴西、印度之后的世界第三大产糖国家。蔗糖产业已成为我国区域经济发展的重要支柱和部分地区农民增收、地方财政增长的主要来源。近年来，春夏高温干旱和秋季多雨高湿，加上甘蔗感病品种大面积种植，常导致灾害性甘蔗有害生物在云南和广西等主产蔗区大面积暴发危害成灾，减产减糖严重，甘蔗生产正面临日益严峻的灾害威胁。据不完全统计，全世界甘蔗有害生物种类多达1 770多种，其中甘蔗病害120多种，甘蔗虫害1 000多种，蔗田杂草600多种，蔗田害鼠50多种。联合国粮食及农业组织（FAO）统计显示，全球农作物遭受病、虫、草等危害，收获前产量平均损失30％～35％。有害生物造成甘蔗生产的潜在损失率达15％～30％。在推进现代甘蔗产业发展过程中，品种是基础，栽培是关键，甘蔗有害生物是最大威胁。防治甘蔗有害生物是甘蔗栽培的一个重要环节，实践证明，如果抓好甘蔗有害生物防治工作，不仅能显著提高甘蔗的产量和品质，而且可使甘蔗生产取得更大的社会效益、经济效益和生态效益。多年来，中国甘蔗科研院所、糖料产业技术体系从生产实际出发，针对中国蔗区灾害性甘蔗有害生物进行了系统的深入研究，积累了大量的基础资料和实物图片，取得了一批成果，尤其在灾害性病虫诊断鉴定、地理分布、危害损失、灾害特性、暴发诱因、综合防控等方面成果丰硕且成效显著；在病原检测、温水脱毒、引种检疫、抗病评价、天敌资源及保护利用等应用基础方面开发形成了一批实用技术并广泛应用，为中国蔗糖产业的降耗增效和高质量发展提供了强有力的技术支撑。为帮助广大的甘蔗生产者和科技人员了解现代甘蔗有害生物研究成果与应用成效，掌握先进实用技术，相互借鉴广泛应用，提高甘蔗有害生物的精准诊断和防控水平，有效控制甘蔗有害生物的发生，增强防灾减灾能力，确保甘蔗品种质量和甘蔗生产安全，云南省农业科学院甘蔗研究所在有关部门的鼓励和大力支持下，结合中国甘蔗科技发展和蔗区的生产实际，认真总结和整理了多年来的科技成果及图片资料，编写了这本《现代甘蔗有害生物防治研究与应用》。

本书从十个方面系统地对现代甘蔗有害生物的研究成果与应用成效进行了提炼阐述，内容包括灾害性病虫诊断鉴定、地理分布、危害损失、灾害特性、暴发诱因、综合防控等方面研究成果；研发形成的病原检测、温水脱毒、引种检疫、抗病评价、天敌资源及保护利用等方面的实用技术及应用。

《现代甘蔗有害生物防治研究与应用》由云南省农业科学院甘蔗研究所组织编写，现代农业产业技术体系建设专项资金提供资助。本书在编写过程中参阅和引用了同行的有关资料和图片，在此表示感谢。本书可供甘蔗科研、教学、生产、管理等有关方面人员及农业院校师生阅读和参考。

由于编写时间有限，如有不足之处，望读者批评指正。

编　者

2023 年 5 月 20 日

目　录

一、甘蔗蛀茎象虫生物学特性及防治技术研究与应用

（一）项目背景及来源

蛀茎象虫是云南蔗区 20 世纪 90 年代出现的一类严重蛀食蔗茎的新害虫。自 1992 年首次在西双版纳发现以来，连年猖獗发生，危害严重。发生面积已由几百亩*扩展到目前的 6 万余亩，受害蔗每亩损失产量 20%～30%，重的达 50% 以上，甚至失收，给当地甘蔗生产带来了严重灾害。灾区广大干部及蔗农一致认为，如果不能将此害虫防治下去，就无法再种植甘蔗。蛀茎象虫是当时新发展起来的害虫，国内尚无研究报道，其发生、发展规律等情况不清，缺乏制定综合防治措施的科学依据。蔗区广大干部、群众面对此害虫的危害，无计可施、束手无策，只好病急乱投医，先后采用了 10 多种药剂防治均未取得效果。年初投入了种苗、化肥、农药、工时等多种生产成本，年底由于蛀茎象虫的危害给蔗农和地方经济造成严重损失，影响了蔗农基本生活，挫伤了干部、群众发展甘蔗的积极性，领导及群众迫切要求立题解决。为此，云南省农业科学院甘蔗研究所在 1995 年、1996 年初步研究的基础上，1997 年初积极向云南省科学技术委员会提出了"甘蔗新害虫蛀茎象虫生物学特性及防治技术研究"省基金项目申请，经评审，云南省科学技术委员会批准资助。

在课题落实、任务明确后，云南省农业科学院甘蔗研究所即组织课题组全力以赴开展研究。在各有关部门的关心支持以及基层蔗糖部门的团结协作下，经课题组全体成员的共同努力，通过对全省各受害蔗区的调查研究，确定了云南省甘蔗蛀茎象虫的种类，对赭色鸟喙象进行了解剖、观察并作了细致的描述，还制作了完整的标本及图片；查明了赭色鸟喙象分布范围；查清了危害损失率，发现赭色鸟喙象寄主植物和天敌种类；总结出了科学室内饲养赭色鸟喙象的方法，并连续 3 年观察研究赭色鸟喙象室内系统饲养情况，结合田间定点、定时调查，摸清了其生物学特性，掌握了发生发展规律；揭示了影响种群消长的生态因子，为防治提供了科学依据；比较研究了不同寄主植物对赭色鸟喙象取食、发育和繁殖的影响，为监控提供了理论依据。根据蛀茎象虫的发生规律及危害特点，确定了最佳施药时期及相应的施用技术，通过试验示范，总结出了一套切实可行的综合防治技术措施。在受害蔗区进行了大面积综合防治，取得了良好的防治效果，累计综合防治示范面积14.5 万亩，亩挽回甘蔗损失 700～1 090 千克，共挽回甘蔗损失 14 440 万千克，蔗农增收2 310.4 万元，糖厂多产糖 1 588.4 万千克，糖厂增收 4 447.52 万元，增加税收 504.1 万

---

* 亩为非法定计量单位，1 亩≈667 米^2。——编者著

元，获得了显著的社会效益和经济效益，为甘蔗生产的持续发展及边疆人民的脱贫致富作出了重大贡献。

（二）项目研究成果及主要科技创新

1. 确定了云南甘蔗蛀茎象虫的种类

甘蔗蛀茎象虫是一类新发展起来的害虫，其发生种类以及种群分布均不清楚。为了弄清这一问题，明确蛀茎象虫的分类地位。科研人员先后到云南勐海、勐腊、景洪、澜沧、孟连、景谷、镇沅、景东、弥勒、开远、建水、石屏、元江共 13 个县（市）的蔗区，与各地蔗糖部门的科技人员座谈，并进行广泛的实地调查、虫源采集，通过鉴定，确定了云南省甘蔗蛀茎象虫的种类有赭色鸟喙象和竹直锥大象 2 种。后者目前发生极微，而赭色鸟喙象是当前主要的危害种。赭色鸟喙象（*Otidognathus rubriceps* Chevrolat）标本经中国科学院动物研究所张润志先生鉴定，属鞘翅目象虫科隐颏象亚科鸟喙象属。经多方查阅文献资料，赭色鸟喙象与国内、国外报道过的蔗头（根）象虫不同（表 1-1），属云南省特有。

表 1-1　国内、国外蔗区蔗头（根）象虫种类

蔗区	种　类
中国云南	赭色鸟喙象（*Otidognathus rubriceps* Chevrolat） 细平象（*Trochorhopalus humeralis* Chevrolat） 斑点象（*Diocalandra* sp.）
中国广西	甘蔗根象（*Episomoides albinus* Mats） 白疣象虫（*Episomus turritus* Gyllenhal） 甘蔗根象（*Cosmopolites* sp.）
中国福建	蔗头象虫（*Beris* sp.）
中国四川	蔗头象虫（*Beris* sp.） 斑点象（*Diocalandra* sp.）
中国贵州	甘蔗根象（*Episomoides albinus* Mats）
中国台湾	甘蔗根象（*Tanymecus cicumdatus* Wiedeman） 甘蔗根象（*Episomoides albinus* Mats）
印度	甘蔗象虫（*Metamasius hemipterus*）
古巴	蔗丝光象虫（*Metamasius sericeus*）
巴西圣保罗	根象鼻虫（*Diaprepes naupactus* Pantomorus）
美国路易斯安那	蔗头象虫（*Anacencrus* sp.）
澳大利亚	Sugarcane butt weevil（*Leptopius maleficus*） Stenocorynus weevils（*Stenocorynus* sp.） Whitefringed weevil（*Naupactus leucoloma*） Cane weevil borer［*Rhabdoscelus obscurus*（New Guinea）Weevil borer］

2. 查明了分布范围

赭色鸟喙象在我国其他省份尚无报道。在云南省分布于勐海（勐遮、勐混、勐阿、勐

海)、孟连（芒信、娜允）、弥勒（朋普）、景东（文井）、盈江、元阳等海拔 950～1 400 米地区。其中尤以勐海受害最重，孟连、弥勒、景东发生少，邻星发生，其他蔗区尚未发现。此害虫多分布于竹林较多的蔗区及一些壤土、胶泥土蔗地。

3. 查清了危害损失

赭色鸟喙象成虫咬食甘蔗嫩茎或未展开的心叶，嫩茎被咬食后，可见数个排列不规则的小孔或粗糙的长形槽，嫩茎组织变赤红色，坏死，新抽茎节缩短变细，叶片发黄干枯。心叶被咬食后发黄变红，蔗茎生长受抑制。幼虫孵化后即蛀食蔗茎，向下蛀食，使蔗株枯死。低龄幼虫食量少，蛀道细，高龄幼虫食量大，可蛀空整个蔗头，蛀食声似老鼠取食声。一般 1 头幼虫危害 1 株甘蔗，有的可连续转株危害 2～3 株，蛀食无论多少，都可导致甘蔗枯死，是具有毁灭性的害虫。据调查，勐海县甘蔗受害株率一般为 26.2%～48.2%，重的达 61.5%，个别田块高达 90% 左右。受害后的蔗地留养宿根，因发苗不均，而缺塘断垄，产量损失严重。

4. 发现其寄主植物 4 种，捕食性和寄生性天敌 3 种

调查发现赭色鸟喙象除危害甘蔗外，还危害竹子、玉米、类芦，其中最喜食甘蔗。危害部位为竹笋及新抽嫩茎和玉米、类芦茎秆。田间调查发现白僵菌和曲霉菌侵染赭色鸟喙象成虫、蛹，红蚂蚁捕食赭色鸟喙象幼虫，捕食率 1.5%。自然天敌对赭色鸟喙象的抑制作用极微。

5. 描述了赭色鸟喙象形态特征

（1）成虫

雄虫体长 17.0～19.5 毫米，宽 8.0～9.1 毫米；雌虫体长 18.0～21.5 毫米，宽 8.2～10.0 毫米。体略呈菱形，黄褐色至赤褐色。头、喙黑色，触角、跗节深黑色；体背光滑无鳞，有黑色斑纹；腹面和足的腹缘有稀疏长毛。头小，半球形，两侧具黑色椭圆形复眼，眼大，头与喙背面相接处有 1 小窝点。喙细长，密布纵皱纹刻点，端部 2/3 扁宽；雄虫喙稍短扁直，背面有两行小瘤突；雌虫喙稍弯且长，圆柱形，表面光滑。触角着生于喙基部，触角沟坑状，柄节长超过索节之和，索节 6 节，棒节愈合，呈靴形。前胸背板盾形，前缘缢缩，中部最宽，后缘中间向后突出；背面较隆，密布圆形刻点；前、后缘黑色，中间有 1 个梭形黑色纵斑纹。胸部腹面黑色，小盾片黑色，为长腰三角形。鞘翅宽于前胸，肩部最宽，每个鞘翅各有黑斑 2 个，肩部及外缘内角黑色；后翅赤褐色。臀板外露，腹面可见 5 节，黑色，腹板 5 有赤褐色三角形斑。前足基节分离；足与体同色，唯各节相连处黑色，胫节端部有 1 锐刺；跗节 3 宽叶状，爪分离。

（2）卵

长椭圆形，长径 3.5～4.0 毫米，短径 1.5～1.8 毫米，初产时玉白色，渐变成乳白色，表面光滑，无斑纹，孵化前卵的一端半透明。

（3）幼虫

初孵幼虫体长 3.0～3.5 毫米，宽 1.4～1.6 毫米，全体乳白色、柔软，取食后体乳黄色，头部淡黄褐色。老熟幼虫体长 20～26 毫米，宽 8～11 毫米，深黄色，头部黄褐色，口器黑色；体呈拱形弯曲，多皱褶，可见浅黄褐色背线 1 条；头部着生棕色刚毛数根，腹末端呈六边形凹陷，内有气门 1 对，周边具 6 对较长棕色刚毛。

（4）蛹

体长 20～22 毫米，宽 9～11 毫米，头上有 6 对棕色长刚毛。喙与前足胫节平齐，上有 2 对棕色长刚毛。触角伸达前足腿节端部。腿节端部外侧各有 1 根棕色刚毛。腹部背面各节有横列突起，其上长有棕色刚毛。气门 7 对，位于各腹节背面两侧。茧附有蔗残渣纤维与泥土，长椭圆形，长径 40～60 毫米，短径 20～40 毫米。

6. 摸清了赭色鸟喙象的生活习性

赭色鸟喙象除成虫出土取食、寻偶交配、活动外，其余均在蔗茎内蛀食活动，观察较困难。经科研人员认真探索，总结出了一套科学的室内饲养方法，然后于每年 6、7 月成虫出土后，采集成虫带回室内进行了连续 3 年系统饲养观察，结合田间情况选择发虫严重的田块，10～15 天作一次抽样调查，摸清了赭色鸟喙象的生活习性。

（1）成虫

①羽化。成虫于 9 月下旬开始羽化，初羽化成虫鲜黄色，后变为黄褐色或赤褐色。成虫羽化后仍在土中蛹室内越冬，直到翌年 5 月底 6 月初开始出土。

②活动。出土成虫于日出后方可活动，以晴天 8—11 时、15—18 时活动最多，中午、夜间及雨天多停息于蔗叶背面或地面隐蔽。成虫飞翔力强，以雄虫飞行为多，飞行时速度缓慢，嗡嗡作响。成虫有假死性，一遇惊扰，随即坠落地面、草丛，腹部向上，经片刻即翻身爬行飞去；亦有少数在坠落途中即展翅飞去。成虫出土后，即可咬食嫩茎或未展开的心叶，补充营养。

③交尾。成虫经补充营养后，即寻偶交尾。交尾时，雌虫多在蔗株上取食，雄虫飞来在雌虫体侧停息、挑斗，再行交尾。常有 2～3 头雄虫在雌虫体侧相争交尾，寻不到雌虫交尾的雄虫躁动不安，不停地爬行纷飞，常见生殖器伸出腹末端。雌虫边交尾边取食，若遇惊扰，慢慢拔出喙不动，惊扰稍大，即双双飞去或坠落地面躲藏。交尾方式为重叠式，观察 12 对成虫交尾，每次需时 10～21 分钟，交尾完毕雄虫会用足轻轻擦拭雌虫腹背。1 天可交尾多次，昼夜可行交尾，但以每天 8 时至 11 时交尾最多。一雄可与多雌交尾，一雌也可同多雄交尾。

④产卵。交尾后 2～3 天开始产卵，产卵前，雌虫先飞行寻觅未产过卵的蔗株，择其嫩茎部位啄 1 个较圆且光滑的产卵孔，然后产卵 1 粒，并分泌一褐色物覆盖孔口，保护卵粒。成虫在 1 株蔗株只产卵 1 粒，成虫在产卵期间仍继续取食、交尾。1997 年室内饲养的成虫产卵始期为 6 月 19 日，1998 年的为 6 月 26 日。产卵前期为 260 天左右，如 1997年 10 月 27 日羽化的成虫，到 1998 年 7 月 14 日产卵。雌虫分次产卵，大多 1 天 1～3 粒，少数 4～7 粒，产卵多在夜间或早上。系统观察 30 对成虫，产卵历期 25～79 天，其中产卵日 19～47 天，一生产卵 28～86 粒，平均 46.3 粒。统计 22 对成虫，6 月下旬至 9 月中旬共产卵 1 180 粒，其中 92.71% 的卵量在 8 月中旬以前产出。雌虫产卵大多在 9 月上旬结束，少数到 9 月中旬结束，一般产卵结束 2～12 天便死去。

⑤性比。室内饲养羽化或田间采集的成虫，一般都是雄虫多于雌虫，据 747 头成虫统计，平均雌雄性比为 1：2.05。

⑥寿命。观察 30 对成虫，寿命一般为 10～11 个月，雄虫比雌虫多活 10～20 天。成虫在土中长达 7～8 个月，出土活动 3 个月左右。

（2）卵

卵通常单粒散产，初产时玉白色，1 天后两端清澈，中间浓白色；2～3 天卵的一端半透明，另一端出现乳白色丝状物；3～4 天可见褐色上颚及淡黄褐色幼虫头部，此时幼体不时在卵壳内上下蠕动，上颚刺破卵壳，经 4～6 分钟头部慢慢伸出并作左右摆动，历时35～45 分钟的间歇性蠕动，幼虫完成脱壳而出。在饱和湿度条件下，日平均温度 26.6～27.8℃范围内，卵期 3～5 天，多数 4 天。卵耐湿不耐干，在干燥条件下极易干瘪死亡，但在湿润条件下孵化率很高。观察 22 对成虫室内所产卵粒，孵化率达 87.27%～100%，平均为 93.87%。前期产的卵孵化率高，后期产的卵孵化率低。

（3）幼虫

初孵幼虫稍待休息，即从孵化孔处沿蔗茎中央向下蛀食。起初蛀道细，蛀移较快，每5 天可蛀移 7～9 厘米；随虫体生长发育，食量渐增，蛀道渐宽；蛀入蔗头后，则活动变慢，一直蛀食蔗头直到成熟为止。幼虫昼夜取食，边取食边排泄出纤维状虫粪。蛀道通直，赤红色，有酸腐味。1 头幼虫蛀食 1 株甘蔗，蔗头蛀空未成熟，常转株危害，仍蛀食蔗头。初孵幼虫对干燥十分敏感，在干燥条件下 1～2 小时便失水干瘪而死，但在湿润条件下 24 时不取食仍可存活。老熟幼虫在蔗头下入土化蛹，一般入土 8～15 厘米，深者达25 厘米左右。幼虫筑蛹室时，需数次回到入土口拉入一些蔗渣纤维，与土做成蛹室。观察 1998 年 7 月 20 日至 8 月 18 日室内孵化饲养的 40 头幼虫，历期 56～96 天，多数 70 天左右。

（4）蛹

幼虫老熟后身体缩短僵直，经 10～14 天的前蛹期化蛹。初化蛹体乳白色，后期蛹体浅黄褐色。蛹体平卧蛹室内，多静不动，室内饲养时，移动频繁不能正常发育。查 50 头幼虫，化蛹率为 96%。蛹期的长短随温度而异，在室内饲养，日平均温度 27.12℃，蛹期18～20 天；日平均温度 24.3℃，蛹期 24～28 天。

7. 摸清了赭色鸟喙象的生活史

通过田间调查和室内饲养观察，赭色鸟喙象 1 年发生 1 代。在土中蛹室内越冬的成虫于翌年 5 月底 6 月初春雨降后，土壤湿润，逐渐出土活动、取食、寻偶交尾。7 月中下旬出土最盛，9 月下旬成虫终见。6 月中旬至 9 月中旬产卵，7 月中旬至 8 月上旬为产卵盛期。6 月下旬至 10 月上旬幼虫取食危害。9 月上旬至 11 月上旬幼虫老熟入土化蛹，化蛹盛期为 10 月上中旬。9 月下旬至 11 月下旬成虫羽化，其羽化盛期在 10 月下旬至 11 月上旬，羽化后的成虫在土中蛹室内越冬。

8. 揭示了影响种群消长的生态因子

①春季降雨。春季降雨早、降水量多，土壤湿润，有利甘蔗蛀茎象虫出土，发生早，危害重；春季降雨迟、降水量少，土壤干旱，不利成虫出土，发生偏后，危害较轻。如勐海 1996 年、1997 年 2—5 月均先后降雨，成虫 5 月底即开始出土，6 月下旬开始出现受害枯死株，其中受害株约 80% 都属主茎株，损失重；而 1998 年 2—5 月未降雨，成虫 6 月中旬才开始出土，7 月中旬开始出现受害枯死株，其中受害株约 50% 都属分蘖株，损失较轻。

②土壤质地。胶泥土上的赭色鸟喙象比沙壤土上发生重，如在勐遮黎明农场调查，胶

泥土蔗地受害株率 25%～48%；沙壤土蔗地受害株率 0%～10%。究其原因，胶泥土黏性重，冬春土表层温湿度适中，有利甘蔗蛀茎象虫入土做茧、繁衍生存；沙壤土松散，冬春土表层易干旱、温度高，不利，甘蔗蛀茎象虫入土做茧、繁衍生存。

③宿根年限。宿根蔗一般比新植蔗受害重。宿根年限越长，虫口累积越多，甘蔗受害越重。在勐海调查，新植蔗受害株率 10%～20%，1～2 年宿根蔗升为 30%～48%，3～4 年宿根蔗高达 50%～70%；亩产甘蔗分别为 6.4～7.2 吨，3.8～5.6 吨，2.0～3.5 吨。

④耕作制度。甘蔗长期连作、成片种植，或与玉米轮作的田块受害重；甘蔗与水稻轮作、零星种植的田块受害轻，受害株率低于 10%。

⑤甘蔗品种。不同甘蔗品种的赭色鸟喙象发生轻重不同。台糖 172、元红 76/14、垦垦 80/27、桂糖 12 等受害株率高，为易感虫品种；而台糖 160、福引 79/8、桂糖 11、选蔗 3 号等受害株率低，为抗虫品种。

⑥天敌。田间调查发现，白僵菌和曲霉菌侵染赭色鸟喙象成虫、蛹，发病率 2%～3%，红蚂蚁捕食赭色鸟喙象幼虫，捕食率 1.5%。

9. 比较研究了不同寄主植物对赭色鸟喙象取食、发育和繁殖的影响

①成虫对寄主植物的趋性及产卵选择性。赭色鸟喙象成虫对 4 种不同寄主植物的趋性及产卵选择性明显不同。其中在甘蔗上的取食孔数和产卵量分别为 595.75 个和 60.25 粒，显著高于类芦（205 个、31.08 粒）、玉米（186 个、12.25 粒）、竹子（89.5 个、4.75 粒）。室内饲养和田间发生情况基本一致，赭色鸟喙象成虫趋向甘蔗取食和产卵。

②寄主植物对赭色鸟喙象繁殖的影响。取食不同寄主植物的赭色鸟喙象，其繁殖力和成虫寿命差别均很大。取食甘蔗的每雌产卵量和产卵历期分别为 38.92 粒和 32～55 天，均显著高于和长于取食其他 3 种寄主植物的上述 2 个指标，尤以取食竹子的上述 2 个指标最低、最短，仅为 11.5 粒和 14～26 天；取食甘蔗的赭色鸟喙象成虫寿命最长，80% 的成虫到 9 月上旬才死亡，取食竹子的寿命最短，明显低于甘蔗，80% 的成虫在 8 月上旬即死亡，取食玉米和类芦的差不多，80% 的成虫在 8 月中旬死亡。上述结果表明，4 种寄主植物中尤以甘蔗最有利于该虫的繁殖。

③不同寄主植物对赭色鸟喙象卵发育的影响。取食 4 种不同寄主植物的赭色鸟喙象所产卵粒，饱满度差异不大，以取食甘蔗所产卵粒略好；卵期基本一致，均为 3～4 天；但孵化率差异很大，以取食甘蔗所产卵粒孵化率最高（96.39%），显著高于类芦（66.67%）、玉米（63.95%）、竹子（60.94%）。这说明赭色鸟喙象取食甘蔗所产卵粒发育好，孵化率高，有利于其种群的增长。

10. 选择筛选出了防治蛀茎象虫的理想药剂及相应的施用技术

为尽快控制蛀茎象虫扩展蔓延危害，寻求理想的防治药剂，几年来科研人员先后选择了多种农药，分别在黎明农场以及勐海等的重灾区开展多点多次农药筛选试验。综合几年试验结果，杀虫单、杀虫单·噻虫嗪等是目前防治蛀茎象虫的理想药剂，具有较好的防治效果，各受害蔗区可结合当地实际合理使用。根据蛀茎象虫的发生规律及危害特点，确定了最佳施药时期及相应的施用技术：①严重发生地块，每亩用 10% 杀虫单·噻虫嗪颗粒剂 3 千克，与 40 千克干细土或化肥混合均匀，在 6 月中下旬培土时撒施于蔗株基部及时覆土，到 7 月上旬底和 8 月上旬初再结合其他害虫的防治，用 90% 杀虫单可溶性粉剂

1 000 倍液叶面喷雾，防治效果可达 90％以上。②于 7 月上旬成虫产卵盛期前，用 40％水胺硫磷乳油 600～800 倍液叶面喷雾，隔 15 天 1 次，连喷 3 次，防治效果可达 90％左右。

11. 研究并拟定出切实可行有效的综合防治技术

根据甘蔗蛀茎象虫的生活习性及发生规律，通过试验示范，科研人员总结出了以下综合防治技术措施是切实可行且有效的。

①深耕。危害严重蔗地不留宿根，甘蔗收砍后，应及时深耕勤耙，营造不利甘蔗蛀茎象虫生存的环境，加上机械作用和人工捡拾，减少越冬成虫。

②缩短宿根年限。虫害严重蔗地不留 2 年宿根，以减少甘蔗蛀茎象虫种群在田间积累，降低受害率。

③蔗稻轮作。甘蔗与水稻轮作，通过长期淹水可消灭土壤中残存甘蔗蛀茎象虫，能大大降低受害率。据勐海蔗区调查，蔗稻轮作地块甘蔗蛀茎象虫危害株率低于 10％，而连作的地块在 20％以上。

④品种合理布局。增加种植台糖 160、福引 79/8、桂糖 11、选蔗 3 号等抗虫品种；减少种植台糖 172、元红 76/14、垦垦 80/27、桂糖 12 等易感虫品种；最好不要与玉米轮作。

⑤人工捕杀。出土成虫以晴天 8—11 时、15—18 时活动最多，而且虫体大，行动缓慢，有假死性，可在 7—8 月成虫出土盛期，巡田捕杀，以减少田间卵量；8—9 月幼虫钻蛀取食，枯死蔗株大量出现，幼虫尚未入土，可人工割除枯死蔗株，取杀其中幼虫，以减少转株危害和压低虫口密度。

⑥水淹防治。10 月上中旬幼虫入土盛期，甘蔗生长旺盛且不怕水淹，可放水淹灌蔗地。一般淹过垄面 3 天左右，可淹死地下甘蔗蛀茎象虫。

⑦农药防治。严重发生地块，每公顷选用 3.6％杀虫双、5％杀虫单·毒死蜱等颗粒剂 60～90 千克，与 600 千克干细土或化肥混合均匀，在 6 月中下旬培土时撒施于蔗株基部及时覆土，到 7 月上旬和 8 月上旬再结合其他害虫的防治，用 95％杀虫单原粉、48％毒死蜱乳油等 1 000 倍液喷雾叶面，防治效果可达 90％以上。于 7 月中旬每公顷用 20％阿维·杀螟松乳油 1.5 升对飞防专用助剂及水 15 千克，采用无人机飞防作业第一次喷施叶面，15 天后每公顷用 90％杀虫单可溶粉剂 2.25 千克＋8 000 国际单位/毫克苏云金杆菌悬浮剂 1.5 升对飞防专用助剂及水 15 千克，采用无人机飞防作业第二次喷施叶面。于 9 月底至 10 月初幼虫入土盛期，选用 95％杀虫单原粉、48％毒死蜱乳油、50％辛硫磷乳油等 200～300 倍液淋灌蔗株基部。

（三）项目推广应用及社会经济效益

1. 项目示范推广与社会经济效益

为了尽快控制甘蔗蛀茎象虫的发生，减少对甘蔗生产的危害，科研人员边研究发生规律，边作大面积综合防治示范推广。根据甘蔗蛀茎象虫的生活习性及发生规律，通过试验示范，总结出了深耕晒垄、缩短宿根年限、蔗稻轮作、品种合理布局、人工捕杀、水淹防治、结合甘蔗大培土施药等一套切实可行的综合防治技术措施。为了指导蔗农防治，每年防治关键时期，深入生产一线，分区、分片进行防治试验示范，并分别在黎明农场 3 队、

6队、7队及勐海蔗区等几个重灾蔗区组织 1 000～2 000 亩中心样板。通过组织参观、现场指导，使大批农场、乡村的干部及广大蔗农迅速掌握科学的防治技术，确保大面积综合防治按时、按质实施完成。几年来在黎明农场、勐海蔗区等受害蔗区组织进行了大面积综合防治示范推广，均取得了良好的防治效果和增产效果。累计综合防治示范面积达 14.5 万亩，亩挽回甘蔗损失 700～1 090 千克，共挽回甘蔗损失 14 440 万千克，蔗农增收 2 310.4 万元，糖厂多产糖 1 588.4 万千克，糖厂增收 4 447.52 万元，增加税收 504.1 万元，获得了显著的社会经济效益，为甘蔗生产的持续发展及边疆人民的增收作出了重大贡献。

2. 技术培训、现场指导

蛀茎象虫是当时新发生的害虫，蔗区广大干部、蔗农对其生活习性、发生规律及危害特点等均不熟知。为使防治工作落在实处，防治好蛀茎象虫，科研人员采取了多种形式大力宣传，在会议上、在田边地头，利用图片、实物、资料向蔗农宣传讲解，使广大干部、蔗农正确识别蛀茎象虫及其危害特征，认识防治的重要性和经济效果，掌握防治技术，将防治工作变成蔗农的自觉行动，想做、会做、做得好。几年来科研人员在各受害蔗区先后共举办技术培训及现场示范 25 次，参加人员 1 250 人次，印发资料 1 050 份，有力地促进了防治工作的开展。

3. 有效控制蛀茎象虫，确保甘蔗生产持续发展

甘蔗是黎明农场的主要经济作物，1994—1996 年由于蛀茎象虫连年猖獗发生，危害严重，致使甘蔗生产大滑坡，全场 3 万余亩甘蔗的平均单产下降到 4.88 吨。1997—2000 年科研人员通过对蛀茎象虫的系统研究，摸清其生物学特性，总结出切实可行的综合防治技术措施，同时边研究边防治，有效控制了蛀茎象虫的发生危害。几年来由于大面积防治好蛀茎象虫，确保甘蔗生产持续发展，单产得到大幅度提高，全场 3.5 万余亩甘蔗的平均单产上升到 6.47 吨，处全省领先水平。研究中还相继在孟连、弥勒、景东发现了蛀茎象虫，科研人员随即与当地有关部门座谈、交流，并向广大干部、蔗农讲解、介绍蛀茎象虫的危害性及防治的科学技术知识和经济效果，及时采取措施组织防治，有效控制了蛀茎象虫扩展蔓延，避免了这些蔗区重蹈勐海蔗区覆辙。

二、甘蔗地下害虫综合防治技术研究与应用

（一）项目背景及来源

2005年以来，受农业结构调整，种植制度改变，化学农药不合理使用，植期多样化、连作现象突出，引种频繁以及气候环境异常等因素影响，甘蔗地下害虫（蔗龟、蔗头象虫）逐年发展成为德宏蔗区的一大敌害，发生面广、虫口密度高、危害严重，导致大面积单产低，宿根年限缩短，种植成本增加，严重挫伤了农民种蔗积极性。针对甘蔗地下害虫发生危害日趋严重情况，2006年，云南省甘蔗协会下达了"甘蔗地下害虫综合防治技术研究与应用"项目，由云南省农业科学院甘蔗研究所与德宏傣族景颇族自治州甘蔗科学研究所联合攻关，请各蔗糖生产企业积极配合，对甘蔗地下害虫进行深入系统研究，总结切实可行综合防治措施，尽快解决甘蔗生产上大面积综合防治甘蔗地下害虫技术问题，提高防治水平，有效控制甘蔗地下害虫发生危害，为蔗糖业的持续稳定发展提供技术支撑，确保蔗农种蔗不受损失，达到蔗农增收、企业增效的目的。

项目落实及任务明确后，云南省农业科学院甘蔗研究所与德宏傣族景颇族自治州甘蔗科学研究所即组织项目组全力以赴开展研究。几年来在各级部门的关心支持以及蔗糖企业的积极配合下，经项目组全体成员的共同努力，通过全面系统深入调查研究，确定了甘蔗地下害虫主要发生种类，并查明了其分布范围、危害损失情况及不同受害蔗区几种地下害虫的种群结构，建立了虫情档案，科学划分了防治重点区域，确保防治工作有的放矢；通过田间调查与室内饲养相结合的研究，较详细地摸清和掌握了5种地下害虫的发生发展规律、田间种群结构及发生危害特点，并从复杂性虫源、寄主植物、种植制度、天敌等因素着手，系统分析了甘蔗地下害虫猖獗发生的原因，为制定行之有效的综合防治措施提供了科学依据。以不同生态蔗区为划分单元，将灯诱测报与田间定点定时发育进度调查相结合，建立了甘蔗地下害虫预警监测技术，为科学有效防控地下害虫提供了技术支撑。科学利用蔗龟成虫强趋光性，在甘蔗上规模性地推广运用频振式杀虫灯诱杀蔗龟成虫，为综合防治甘蔗地下害虫成功开辟了一条经济高效、环保安全的新途径。同时筛选出了高效中低毒、经济环保型农药毒死蜱、杀虫双、毒·辛等多种理想药剂，可供各蔗区选用，并针对不同虫种的发生规律及危害特点，确定了最佳施药时期及相应的施药技术。根据地下害虫的生活习性及发生规律，通过试验示范，研究制定出以减少虫源基数的农业防治、物理防治方法为基础，统一化学防治为重点和抓好关键时期科学用药等一套切实可行的综合防治技术措施。几年来在受害蔗区组织进行了大面积综合防治，取得了明显的防治效果，累计综合防治示范面积达115万亩，平均亩

挽回甘蔗损失 0.6 吨，共挽回甘蔗损失 69 万吨，农业产值增加 1.7 亿余元，蔗糖增产 8.63 万吨，工业产值增加 3.8 亿余元，合计增加工农业产值 5.6 亿余元，增加税收 3 千万余元，获得了显著的社会经济效益，为甘蔗生产的持续稳定发展及边疆人民的脱贫致富作出了重大贡献。

（二）项目研究成果及主要科技创新

1. 研究明确了甘蔗地下害虫主要发生种类及分布、危害损失，科学划分了防治重点区域，确保防治工作有的放矢

先后对云南省严重受害蔗区德宏州 5 县（市）进行了认真普查，确定了严重危害云南甘蔗生产的地下害虫主要有：大等鳃金龟［*Exolontha serrulata*（Gyllenhal）］、突背蔗金龟（*Alissonotum impressicolle* Arrow）、光背蔗金龟［*Alissonotum pauper*（Burmeister）］、细平象（*Trochorhopalus humeralis* Chevrolat）和斑点象（*Diocalandra* sp.）共 5 种，并查明了其分布范围、危害损失情况及不同受害蔗区几种地下害虫的种群结构，建立了虫情档案，科学划分了防治重点区域，确保防治工作有的放矢。

（1）确定了甘蔗地下害虫主要发生种类

地下害虫是严重危害云南甘蔗生产的一类重要害虫，种类繁多、分布广、食性杂，生活在土壤中，危害隐蔽，混合发生。而云南尚未对甘蔗地下害虫开展较系统的研究，对其主要发生种类以及种群分布均不清楚。为了弄清这一问题，明确甘蔗地下害虫主要发生种类，科研人员先后到芒市、瑞丽、盈江、陇川、梁河等蔗区的各主产乡镇、各单元糖厂，向各地蔗糖部门、科技人员了解、座谈，并进行全面和广泛的实地调查，选择具有代表性的田块（新植、宿根），随机多点取样，采集虫源，通过鉴定，确定了严重危害云南甘蔗生产的地下害虫主要有：大等鳃金龟［*Exolontha serrulata*（Gyllenhal）］、突背蔗金龟（*Alissonotum impressicolle* Arrow）、光背蔗金龟［*Alissonotum pauper*（Burmeister）］、细平象（*Trochorhopalus humeralis* Chevrolat）和斑点象（*Diocalandra* sp.）共 5 种。

其中，细平象（*Trochorhopalus humeralis* Chevrolat）标本经中国科学院动物研究所赵养昌先生鉴定，属鞘翅目象虫科隐颊象亚科；斑点象（*Diocalandra* sp.）标本经中国科学院动物研究所张润志先生鉴定，属鞘翅目象虫科隐颊象亚科二点象属。经多方查阅文献资料及云南省农业科学院农业经济与信息研究所成果检索查新，细平象、斑点象均是中国分布新记录，国内首次报道的甘蔗害虫新记录种，与国外、国内所报道过的蔗头（根）象虫不同（表 2-1），属云南省特有。

表 2-1　国内外蔗区蔗头（根）象虫种类

蔗区	种　　类
中国云南	细平象（*Trochorhopalus humeralis* Chevrolat） 斑点象（*Diocalandra* sp.） 赭色鸟喙象（*Otidognathus rubriceps* Chevrolat）
中国广西	蔗根象虫（*Episomoides albinus* Mats） 白疣象虫（*Episomus turritus* Gyllenhal） 甘蔗根象（*Cosmopolites* sp.） 香蕉球茎象虫（香蕉根象虫）（*Cosmopolites sordidus* Germar）

（续）

蔗区	种　类
中国广东	甘蔗根象（*Cosmopolites* sp.） 香蕉球茎象虫（香蕉根象虫）（*Cosmopolites sordidus* Germar）
中国福建	蔗头象虫（*Beris* sp.） 蔗根象虫（*Episomoides albinus* Mats） 香蕉球茎象虫（香蕉根象虫）（*Cosmopolites sordidus* Germar）
中国四川	蔗头象虫（*Beris* sp.）
中国贵州	蔗根象虫（*Episomoides albinus* Mats） 香蕉球茎象虫（香蕉根象虫）（*Cosmopolites sordidus* Germar）
中国海南	蔗根象虫（*Episomoides albinus* Mats） 甘蔗根象（*Cosmopolites* sp.）
中国江西	蔗根象虫（*Episomoides albinus* Mats）
中国台湾	甘蔗根象（*Tanymecus cicumdatus* Wiedeman） 蔗根象虫（*Episomoides albinus* Mats） 香蕉球茎象虫（香蕉根象虫）（*Cosmopolites sordidus* Germar） 几内亚甘蔗象［*Rhabdoscelus obscurus*（Boisduval）］ 蔗根象［*Diaprepes abbreviata*（L.）］
印度	甘蔗象虫（*Metamasius hemipterus*）
古巴	蔗丝光象虫（*Metamasius sericeus*）
巴西圣保罗	根象鼻虫（*Diaprepes naupactus* Pantomorus）
美国	蔗头象虫（*Anacencrus* sp.） 蔗根象［*Diaprepes abbreviata*（L.）］
澳大利亚	Sugarcane butt weevil（*Leptopius maleficus*） Stenocorynus weevils（*Stenocorynus* sp.） Whitefringed weevil（*Naupactus leucoloma*） 几内亚甘蔗象［*Rhabdoscelus obscurus*（Boisduval）］
巴布亚新几内亚	几内亚甘蔗象［*Rhabdoscelus obscurus*（Boisduval）］
菲律宾	褐纹甘蔗象［*Rhabdoscelus lineaticollis*（Heller）］

（2）查明了甘蔗地下害虫分布范围

通过对云南芒市、瑞丽、盈江、陇川、梁河、畹町、云县、临翔、耿马、双江、永德、镇康、沧源、隆阳、昌宁、龙陵、腾冲、澜沧、孟连、景东、景谷、镇沅、勐海、勐腊、景洪、弥勒、开远、建水、石屏、蒙自、元江、新平共32个县（市）主产蔗区的调查分析，查明了5种地下害虫的分布范围（表2-2），不同受害蔗区几种地下害虫种群结构不同。大等鳃金龟多分布在肥沃的沙壤土地带，突背蔗金龟、光背蔗金龟多分布在缓坡地带或河谷冲积沙壤土，细平象和斑点象多分布于沿江河坝地及一些低湿蔗田。

表 2-2　5 种地下害虫的分布范围

虫害名称	分布范围
大等鳃金龟 [*Exolontha serrulata* (Gyllenhal)]	芒市、瑞丽、盈江、陇川、梁河、云县、耿马、双江、临翔、沧源、隆阳、昌宁、腾冲、澜沧、景东、景谷、镇沅、勐海、勐腊、弥勒、开远、建水、石屏、蒙自、元江、新平
突背蔗金龟 (*Alissonotum impressicolle* Arrow)	芒市、瑞丽、盈江、陇川、梁河、云县、双江、耿马、腾冲、景谷、勐海
光背蔗金龟 [*Alissonotum pauper* (Burmeister)]	芒市、瑞丽、盈江、陇川、梁河、云县、双江、耿马、腾冲、景谷、勐海
细平象 (*Trochorhopalus humeralis* Chevrolat)	景东、盈江、芒市、瑞丽、梁河、陇川、昌宁、景谷、镇沅、勐海、镇康
斑点象 (*Diocalandra* sp.)	景东、盈江、芒市、瑞丽、梁河、陇川、昌宁、景谷、镇沅、勐海、镇康

（3）查清了甘蔗地下害虫危害损失

大等鳃金龟主要以幼虫危害甘蔗根部。由于虫体大、食量大，危害期从 6 月上旬至 11 月中旬长达 6 个月之久，能把须根全部吃光，只剩一根蔗桩插在土内，手提就起，风吹就倒，造成整丘、整片死亡，完全无收，是具有毁灭性的虫种。

突背蔗金龟、光背蔗金龟 4—5 月主要以成虫咬食蔗苗基部，造成枯心死亡，往往被误认为是螟害枯心苗，严重时蔗苗受害率可达 40% 以上，造成严重缺塘断垄。当年 9 月至翌年 3 月主要以幼虫取食蔗茎的地下部，将蔗头蛀食成洞穴状，严重影响宿根发苗。3 种蔗龟除危害甘蔗外，还喜食花生、玉米、甘薯、小麦等作物，轮作则反会增加其虫口密度，加重对甘蔗的危害。

细平象以幼虫及成虫在甘蔗地下蔗头内危害，4 月中旬初孵幼虫蛀入蔗苗嫩根，并沿髓部向上蛀食，最后进入蔗头内危害，危害期长达 8～10 个月；斑点象主要以幼虫危害地下蔗头，危害期从当年 7 月起直到翌年 2—4 月，整个幼虫期均在蔗头内危害，此虫无越冬现象。被害蔗株于 7 月间始见下部叶片枯黄，蔗头内出现小隧道，10—12 月蔗头严重受损，有的被蛀成粉碎状，一个蔗头内有 5～6 头虫，多的 20～30 头。受害后每亩损失甘蔗 0.5～3.0 吨，严重的无收；甘蔗田间锤度降低 4%～6%，一般只能留养宿根 1 年。此外，受害蔗头易感染赤腐病，加速了腐烂，易倒伏，损失更重。2 种象虫除危害甘蔗外，还危害玉米、甜根子草、斑茅、类芦及白茅等及甘蔗属野生近缘植物。

（4）建立了虫情档案，科学划分了防治重点区域，确保防治工作有的放矢

通过对云南芒市、瑞丽、盈江、陇川、梁河、畹町、云县、临翔、耿马、双江、永德、镇康、沧源、隆阳、昌宁、龙陵、腾冲、澜沧、孟连、景东、景谷、镇沅、勐海、勐腊、景洪、弥勒、开远、建水、石屏、蒙自、元江、新平共 32 县（市）各主产乡镇及糖厂蔗区甘蔗地下害虫危害情况普查，摸清了蔗区地下害虫的发生种类、虫口密度、分布情况、危害面积及防治重点区域。

根据蔗区地下害虫危害情况普查结果，按地下害虫的发生种类、虫口密度、分布情况、危害面积等科目资料，建立了虫情档案，科学划分了重点防治区、疫区和预防区，为科学防治、集约防治提供了科学依据，确保防治工作有的放矢。

2. 摸清了甘蔗地下害虫发生发展规律

通过田间调查和室内饲养观察，3种蔗龟、2种蔗头象虫均1年发生1代（图2-1）。

（1）大等鳃金龟

成虫于4月开始羽化，4月中旬至6月下旬为成虫发生期，夜间活动，有趋光性。黄昏时成群结队盘旋飞行选择交配场所，接着在树枝上或田间蔗叶上交配，随后便可产卵。卵集中产在蔗头20~25厘米深处，成虫不取食，产卵后不久便死亡。5月下旬至6月下旬为产卵期，卵期一般10~15天。6月上旬至11月中旬为幼虫活动期，初孵幼虫在蔗沟内取食已腐烂的有机质，随后移到蔗头根部咬食蔗根，入土较浅，深10.0~13.5厘米。11月上、中旬以后，老熟的幼虫潜入20~30厘米的土壤中做土室越冬，翌年3月上、中旬化蛹，蛹期12~15天。

（2）突背蔗金龟、光背蔗金龟

成虫于4月开始羽化，刚羽化出土时（即4、5月）潜伏在土壤中咬食蔗苗基部，造成蔗苗枯心死亡。夜间活动，有较强的趋光性。6—8月取食甚少，大多进行越夏。8月下旬开始产卵，卵期15天。9月中旬开始有一龄幼虫，9月中旬至翌年3月为幼虫活动期。初孵幼虫取食已腐烂的有机质，随后取食蔗茎的地下部，将蔗头蛀食成洞穴状。3月下旬开始化蛹，蛹期约20天。

宿根蔗一般比新植蔗受害严重，且宿根年限越长，虫口累积越多，甘蔗受害越重。土壤中已腐烂有机质含量高，适合初孵幼虫生存，虫口密度高，甘蔗受害重。

（3）细平象

在蔗头蛀道内越冬的成虫于翌年1月下旬，当气温上升到13℃以上时开始活动。逐渐从蛀道内外出，栖息与活动在地下的蔗蔸上或附近的土壤中，寻偶交尾。4—6月为产卵盛期。4月中旬至7月上旬为幼虫孵化盛期，初孵幼虫蛀入蔗苗嫩根，沿髓部向上蛀食并进入蔗头危害。直到9月中旬至11月中旬，幼虫老熟在虫道内化蛹，化蛹盛期为10月下旬。10月中旬至12月中旬成虫羽化，其羽化盛期在11月中旬，羽化后的成虫仍在蛀道内越冬。成虫一般在早上羽化，越冬成虫于1月下旬开始活动、交配，雌、雄都有多次交配现象。交配后58~106天开始产卵，卵产于土表下寄主嫩根上、幼芽以及鳞叶间或根际附近土壤中。每头雌虫一生产卵1~70粒，平均20.2粒。成虫寿命长达7~8个月。成虫耐饥力较强，具有喜湿性、反趋光性、钻土性和假死性。

在饱和湿度条件下，4—6月卵期10~15天，多数12天。卵耐湿不耐干，在湿润条件下孵化率平均为77.2%。初孵幼虫稍待休息，即可四处爬行，当找到寄主嫩根就蛀入髓部，边食边前进，进入蔗头后，则活动变慢。整个幼虫期都在距地表3厘米以下的蔗头内取食，一般在同一蔗头内活动，很少转移危害。幼虫老熟后，经一段不食不动的前蛹期便化蛹在蔗头蛀道内。蛹期的长短随温度而异，气温16.2℃，蛹期23天；气温15℃，蛹期27天。

（4）斑点象

4月中旬至5月下旬为成虫羽化期，其羽化盛期为5月。产卵盛期在6月中旬至7月底。6月中旬至翌年3月为幼虫取食活动期，化蛹盛期在4月中下旬。成虫于4月中旬开始羽化，羽化不久成虫便由蔗头内外出，在地下蔗蔸上和附近土中活动，寻偶交配，一生交配多次。交配后17~27天开始产卵。卵产在土表下寄主嫩根上、幼芽以及鳞片间或根际附近土壤中。每头雌虫一生产卵3～19粒。成虫寿命一般为3～4个月。成虫无假死性，活动敏捷，具有喜湿性、反趋光性、钻土性。在饱和湿度条件下，卵期16～20天，多数17天。初孵幼虫先取食嫩根和幼芽，蛀入髓部，边食边前进，整个幼虫期都在同一蔗头内危害，直到翌年2月成熟为止。幼虫老熟后，经一段不食不动的前蛹期便在蔗头里的蛀道内化蛹，蛹期10～17天，多数16天。

两种象虫均不会飞翔，其大面积扩散主要靠流水将有虫蔗苑冲到无虫蔗地。蔗头象虫的发生与土质和土壤的含水量关系密切。沙壤土物理性状好，有利象虫正常发育，甘蔗受害严重。同样的土质条件下，土壤潮湿的蔗田比土壤干燥的蔗田危害严重。宿根蔗一般比新植蔗受害重，且宿根年限越长，虫口累积越多，甘蔗受害就越重（图2-1）。

月	1	2	3	4	5	6	7	8	9	10	11	12
旬	上中下	上中下	上中下	上中下	上中下	上中下	上中下	上中下	上中下	上中下	上中下	上中下
细平象	(+)(+)(+)	+++	+++ ●●	+++ ●●●	+++ ●●●	+++ ●●●	+++ ●●	+++ ●●●	+++ ●●● △△	++ ● △△△ ++	△△△ +++	△△ (+)(+)(+)
斑点象	―――	―――		++ ● △△△	+++ ●●● △△△	+++ ●●● △△	+++ ●●●	+++ ●●●	+++ ●●●	+++ ●●	―――	―――
大等鳃金龟	(一)(一)(一)	(一)(一)(一)	(一)(一) △△△	++ ● △	+++ ●●●	●	―――	―――	―――	―――	――（一）	(一)(一)(一)
突背蔗金龟	―――	―――	―――	++ △	+++ △△△	+++	+++	+++ ●	+++ ●●● ――	+++ ●●●	+++ ●●●	●
光背蔗金龟	―――	―――	―――	++ △	+++ △△△	+++	+++	+++ ●	+++ ●●●	+++ ●●●	+++ ●●●	
甘蔗生育过程		1 ———— 2 ——————— 3 ————————— 5				4 ——————————— 5						

图2-1 5种地下害虫各虫态生活史图

＋成虫 （＋）越冬成虫 ●卵 一幼虫 （一）越冬幼虫 △蛹

1.下种期 2.萌芽及幼苗期 3.分蘖期 4.伸长期 5.成熟期

3. 揭示了甘蔗地下害虫猖獗发生原因，为制定行之有效的综合防治措施提供了科学依据

根据多年来的调查研究资料分析，地下害虫在云南蔗区猖獗发生的因素主要有以下几方面。

（1）复杂性虫源

云南甘蔗种植面积大，分布广，大部分蔗区属于热带、亚热带气候，蔗区气候及环境复杂多变，植物资源十分丰富，具有害虫繁殖生存的有利条件。因此，发生在蔗田内的地下害虫种类繁多，且几种地下害虫常混合发生，发生期不一，防治难度大，技术性强，致使甘蔗地下害虫长期以来得不到有效的防控，虫口逐年积累，扩展蔓延迅速。这是云南蔗区甘蔗地下害虫猖獗发生、危害成灾的关键因素。

（2）甘蔗地下害虫寄主植物多元化，复种指数高

甘蔗地下害虫分布广，食性杂，除危害甘蔗外，还喜食花生、玉米、竹子、甘薯、小麦等多种作物。20世纪80年代以前，云南主要以水稻生产为主，作物结构单一，复种指数低，甘蔗地下害虫由于寄主单一，缺乏适宜食料，营养条件有限，增殖速度慢，生存密度低。20世纪80年代中后期以来，随着农业生产的发展，农业产业结构的战略性调整，甘蔗、玉米、花生、小麦等多种作物竞相种植，作物结构多元化，复种指数高。尤其甘蔗、玉米种植面积迅速扩大，两者均是甘蔗地下害虫喜食作物，生长期长，连片种植，可供取食面广，选择性多，营养条件好，物候期与发生期相吻合，为地下害虫生存繁殖创造了良好的物质条件。这是云南蔗区甘蔗地下害虫虫口逐年积累、猖獗危害的主要因素。

（3）种植制度利于甘蔗地下害虫繁殖

现行甘蔗种植制度多样化；早、中、晚熟品种搭配种植，品种多元化，结构特点及生长期不同，为地下害虫取食繁殖提供了条件。另外甘蔗种植1次大多宿根3～4年，长的达6～7年，种植、生长周期长，加上耕地面积有限，为保证糖厂原料加工，大部分蔗地长期连续种植，得不到合理轮作及深耕晒地，尤其是未能采取水旱轮作，这就为大半年都生存于地下的甘蔗地下害虫提供了优越的生态条件，越冬存活率高，有利虫口增长蔓延。

（4）天敌较少

田间调查发现，制约甘蔗地下害虫的天敌主要有：白僵菌（*Beauvria* sp.）、绿僵菌（*Metarhizium* sp.）、红蚂蚁〔*Tetramorium guineense*（Fabricius）〕等。但几种天敌对甘蔗地下害虫的自然控制作用均极微，发病率及捕食率一般在 1.5%～10.0%，这就使得甘蔗地下害虫在几乎无自然抑制因素的条件下猖獗发生。

4. 建立了甘蔗地下害虫预警监测技术，科学指导地下害虫防控工作

准确及时的预测预报信息是有效防治害虫的前提条件。项目以各蔗区普遍严重发生的蔗龟为主要对象，科学制定了灯诱及田间发育进度调查与数据统计分析方法，采用智能型虫情测报灯诱集与田间定点定时发育进度调查相结合的方法，优化建立了甘蔗地下害虫预警监测技术。并以各主产乡镇、各单元糖厂为划分单元，设立地下害虫预警监测点，建立覆盖滇西南优势产区虫情监测网，对甘蔗重要地下害虫实施有效监测，实时掌握虫情动态，及时发布信息，科学指导防控工作，为有效防控甘蔗重要地下害虫提供了技术支撑，奠定了基础。

5. 研究并规模化推广运用频振式杀虫灯诱杀蔗龟成虫技术，为综合防治甘蔗土栖害虫成功开辟了一条经济高效、环保安全新途径

项目利用蔗龟成虫强趋光性，研究杀虫灯在甘蔗地下害虫防治中的应用，以选择最佳灯光源以及开灯时间、挂灯高度、田间布局等，科学评价灯光诱杀防治效果。通过光源、开灯时段、挂灯高度、挂灯密度的优化选择，提高杀虫灯诱虫防治效果，研究形成了频振式杀虫灯诱杀蔗龟成虫技术，即在蔗龟成虫盛发期（4—6月），采用频振式杀虫灯诱杀蔗龟成虫，每30～60亩安装1盏灯（单灯辐射半径100～120米），安装高度一般以1.0～1.5米为宜（接虫口对地距离），每天开灯时间以20时至22时成虫活动高峰期为佳。

项目选择重灾区德宏蔗区，规模化推广运用频振式杀虫灯诱杀蔗龟成虫技术，防治效果十分显著，为综合防治甘蔗地下害虫成功开辟了一条经济高效、环保安全的新途径。2006年在云南德宏英茂糖业有限公司蔗区5个单元厂率先安装频振式杀虫灯331盏，全年诱杀蔗龟成虫2.691吨，按理论测算，减少次年金龟子幼虫3496万头，对有效降低虫口基数、减轻当年及来年的虫害起到了积极作用。2006年的成功防治促进了频振式杀虫灯诱杀蔗龟成虫技术推广，2007年在云南德宏英茂糖业有限公司、云南力量生物制品有限公司、陇川陇把糖厂等蔗区共新增安装频振式杀虫灯760盏，全年诱杀蔗龟成虫27.627吨。两年累计共诱杀蔗龟成虫30.318吨（表2-3）。按每千克蔗龟成虫812头计，共诱杀蔗龟成虫2 461.82万头；按雌雄比7∶3、每头雌虫产卵84粒、卵孵化率85%来计，减少来年幼虫12.3亿头；按严重危害程度亩虫口平均5 000头计，有效防治面积达24.6万亩；按每亩投入防治土栖害虫农药4.5千克20.00元计，防治24.6万亩蔗地，蔗农共少投入防治土栖害虫农药1 107吨，合计492万元（表2-3）。

表2-3　频振式杀虫灯诱杀蔗龟成虫统计表

推广运用单位	安装杀虫灯数量（盏）		诱杀蔗龟成虫数量（吨）		
	2006年	2007年	2006年	2007年	合计
云南德宏英茂糖业有限公司	331	586	2.691	11.943	14.636
云南力量生物制品有限公司	10	89		2.003	2.003
陇川陇把糖厂	4	82		13.636	13.636
芒市华侨糖厂	0	3		0.045	0.045
合计	345	760	2.691	27.627	30.318

6. 试验筛选出新型高效低风险农药，研究确定了相应的最佳施药时期和科学施药技术

为科学有效控制甘蔗地下害虫扩展蔓延危害，寻求理想的防治药剂，按"配方筛选、试验示范、药效调查、测产验收、效益分析、残留检测"六步植保防控体系，多年来科研人员先后试验多种新型农药，分别在芒市、盈江、陇川、瑞丽、耿马、勐海、弥勒、开远等重灾区选择蔗头象虫和蔗龟等重要地下害虫常年发生危害严重田块进行了新型农药试验筛选与防治试验示范，并重点抓好防治中心样板示范。通过对多点多次不同药剂处理防控试验示范效果调查及实收称量测产，综合评价筛选出了3.6%杀虫双、15%毒死蜱等高效中低毒农药以及绿色生物农药2×10^{9}孢子/克布氏白僵菌粉剂，对蔗龟、蔗头象虫等重要地下害虫均具有良好的防效和显著增产增糖效果，是科学有效控制甘蔗地下害虫理想的新型高效低风险农药。与对照相比，亩增产蔗 354.71～4 700 千克，增幅 5.57％～80.00％，甘蔗糖分提高 0.18％～0.86％。

同时，结合云南甘蔗生产实际，针对地下害虫发生危害特点，研究确定了相应的最佳施药时期和科学施药技术，并制定了云南蔗区重要地下害虫科学防控用药指导方案，为大面积推广示范工作提供了新农药、新技术支撑。地下害虫严重发生地块，每公顷选用 3.6％杀虫双颗粒剂 45～75 千克或 15％毒死蜱颗粒剂 15～18 千克，与 600 千克干细土或化肥混合均匀，在 3—4 月结合新植下种和宿根蔗松蔸或 5—6 月大培土时均匀撒施于蔗株基部并及时覆土；或选用 95％杀虫单原药、48％毒死蜱乳油等，以 200～300 倍液淋灌蔗株基部并覆土，防治效果可达 80％左右，增产效果显著，同时还可延长宿根年限，降低成本。

7. 研究并拟定切实可行的综合防治技术，成功解决了甘蔗生产上大面积综合防治甘蔗重要地下害虫技术问题

根据地下害虫的生活习性及发生规律，通过试验示范，研究集成了以减少虫源基数的农业防治为基础，以物理防治和生物防治方法为辅，以统一化学防治为重点和抓好关键时期科学用药等一套切实可行的综合防治技术措施，成功解决了甘蔗生产上大面积综合防治重要地下害虫的技术问题。

（1）农业防治

①深耕晒垡。地下害虫危害严重不留宿根蔗地，甘蔗收砍后应及时深耕勤耙，营造不利地下害虫生存的环境，加上机械作用和人工捡拾，可有效除去越冬老熟幼虫及部分蛹。

②翻蔸烧蔸。不留宿根的严重发虫蔗地，1 月中旬前及时收砍翻犁，将蔗蔸集中晒干销毁，可杀死大量的越冬成虫或老熟幼虫，降低虫口数量，控制其大面积传播。

③缩短宿根年限。虫害严重蔗地，不留二年宿根，以减少蔗头象虫种群在田间积累，降低受害率。

④蔗稻轮作。甘蔗与水稻轮作，通过长期淹水可消灭土壤中残存害虫，能大大降低甘蔗受害率，可以减轻 80％左右的危害。

⑤避开初孵幼虫发生期（5—6 月）施用已腐烂的有机肥，营造不利初孵幼虫生存的环境，控制蔗龟的发生，以减轻危害。

⑥水淹防治法。大等鳃金龟在 7—8 月危害蔗地，突背蔗金龟、光背蔗金龟在 10—11 月危害蔗地，甘蔗生长旺季不怕水淹，而地下害虫处于幼虫期，有条件的可放水淹灌蔗地，一般淹过垄面 7 天左右，可淹死地下害虫。

⑦清除灌溉沟内蔗蔸。翻挖出来的有虫蔗蔸不堆放在沟壑埂上，发现灌溉沟内有蔗蔸应随时拣出，以免流水将有虫蔗蔸带入无虫蔗地。

⑧认真清除田边地埂上的甜根子草、斑茅、类芦、白茅等甘蔗象虫的野生寄主植物，最好不要与玉米轮作。

⑨蔗头象虫不会飞行，若从发生区引种，最好采用半茎做种，如采用全茎做种需注意不要从接近土表的地方砍，以免甘蔗象虫随种苗远距离传播。

（2）物理防治

利用蔗龟成虫的强趋光性，采用频振式杀虫灯诱杀成虫（成本低、环保安全），可降低虫口基数．保护蔗苗，减轻危害。具体方法：在成虫盛发期（4—6月），每 30～60 亩安装 1 盏灯（单灯辐射半径 100～120 米），安装高度一般以 1.0～1.5 米为宜（接虫口对地距离），每天开灯时间以 20 时至 22 时的成虫活动高峰期为佳。

（3）生物防治

每公顷选用 2％白僵菌粉粒剂、2％绿僵菌粉粒剂 40～60 千克，与 600 千克干细土或化肥混合均匀，在 3—4 月结合新植下种和宿根蔗松蔸或 5—6 月大培土时均匀撒施于蔗株基部并及时覆土。

（4）药剂防治

由于甘蔗地下害虫种类繁多、混合发生、发生期不一、虫期重叠、危害期长，防治难度大，技术性强。因此，应根据不同害虫发生危害特点，选择最佳施药时期及施用技术、施药方法防治。

①大等鳃金龟。在 5 月底 6 月初（初孵幼虫发生时期），结合甘蔗大培土，每公顷选用 3.6％杀虫双颗粒剂 45～75 千克或 15％毒死蜱颗粒剂 15～18 千克，与 600 千克干细土或化肥混合并均匀撒施于蔗株基部及时覆土。

②突背蔗金龟、光背蔗金龟。在 4 月初（成虫始盛期），结合蔗苗松蔸除草，每公顷选用 3.6％杀虫双颗粒剂 45～75 千克或 15％毒死蜱颗粒剂 15～18 千克，与 600 千克干细土或化肥混合并均匀撒施于蔗株基部及时覆土；同时于 10 月底，每亩选用 48％毒死蜱乳油 300～400 毫升、90％杀虫单可溶粉剂 300 克、50％辛硫磷乳油 500 毫升等，按亩用药量对水稀释后再均匀淋灌蔗株基部。

③蔗头象虫。在 3—4 月结合新植下种和宿根蔗松蔸，或 4—5 月大培土时，每公顷选用 3.6％杀虫双颗粒剂 45～75 千克或 15％毒死蜱颗粒剂 15～18 千克，与 600 千克干细土或化肥混合并均匀撒施于蔗株基部并及时覆土，或选用 90％杀虫单可溶粉剂、48％毒死蜱乳油，以 200～300 倍液淋灌蔗株基部并覆土。

（三）项目推广应用及社会经济效益

1. 组织进行大面积综合防治示范推广，获得了显著的防治效果和社会经济效益

为了尽快控制地下害虫的发生，减少对甘蔗生产的危害，科研人员一边研究发生规律，一边进行大面积综合防治示范推广。为了指导蔗农防治，每年防治关键时期，科研人员深入生产一线，分区、分片进行防治试验示范，并在芒市、盈江、陇川、瑞丽等重灾蔗区重点抓好 1 000～2 000 亩中心样板示范，通过现场指导、以点带面，确保大面积综合防治按时按质实施完成。于 12 月或 1 月危害期结束，从各中心样板对照区和防治区分别随机取 10～20 个点，每点 0.5 亩，挖根调查蔗龟、蔗头象虫残留虫口数，计算虫口平均值，分析评价防治效果，研究、拟定最佳防治方案。按照拟定的最佳防治方案在全蔗区推广防治，最终达到将地下害虫的虫口密度控制在每平方米 5 头以下的经济安全标准（表 2-4）。几年来在芒市、盈江、陇川、瑞丽、梁河等受害蔗区组织进行了大面积综合防治甘蔗地下害虫示范推广，增产增糖效果显著。2008—2010 年累计综合防治示范面积达 115 万亩，通过防治，平均虫口密度降低 80％，防治效果达 80％以上，平均亩挽回甘蔗损失 0.6 吨，共挽回甘蔗损失 69 万吨，农业产值增加 1.7 亿余元，蔗糖增产 8.63 万吨，工业产值增加

3.8 亿余元，合计增加工农业产值 5.6 亿余元，增加税收 3 千余万元，获得了显著的防治效果和社会经济效益。解决了甘蔗生产上大面积综合防治甘蔗地下害虫的技术问题，提高了防治水平，有效控制了甘蔗地下害虫的发生危害，为蔗糖业的持续稳定发展、降耗增效提供了技术支撑，为地方经济发展和边疆人民的脱贫致富作出了重大贡献。

表 2 - 4 甘蔗地下害虫防治区虫口密度调查统计表

处理	2006 年 2 月		2007 年 2 月			2008 年 2 月		
	点数	虫口密度（头/亩）	点数	虫口密度（头/亩）	虫口密度较 2006 年 2 月降低（%）	点数	虫口密度（头/亩）	虫口密度较 2006 年 2 月降低（%）
综合防治区	240	4 751	461	1 153	76	190	952	80
重点防治区	45	7 250	203	1 114	85	88	754	90
平均	285（合计）	6 001	664（合计）	1 134	81	278（合计）	853	85

2. 大力开展技术培训、现场指导，有力地促进了防治工作开展

多年来科研人员在各受害蔗区先后举办技术培训及现场示范共 100 余期次，培训农技人员和蔗农 1 万余人次，相继撰写和发放甘蔗地下害虫防治技术资料和宿根甘蔗管理技术资料 2 万多份。通过讲授技术课，进行现场示范指导，使广大干部、蔗农和农务人员能够识别甘蔗地下害虫，认识防治工作的重要性，加强了防虫意识、提高了防虫技能，有力地促进了防治工作的开展。

3. 有效控制地下害虫，确保甘蔗生产持续发展

蔗糖产业是云南德宏重要的区域经济支柱产业，在全州占有重要地位。但由于甘蔗地下害虫危害造成大面积单产低、宿根年限缩短、种植成本增高，严重影响了广大蔗农的种蔗积极性，致使全州甘蔗种植面积由 2004 年的 81.71 万亩，锐减到 2005 年的 65.81 万亩，减少了 15.9 万亩，其中地下害虫危害最为严重的弄璋糖厂、瑞丽糖厂等蔗区出现了新植甘蔗因地下害虫危害严重，收砍一季后不能留宿根而大面积翻蔸的现象。据统计，仅2004 年云南德宏由于虫害严重，种植一年后即翻蔸的面积就高达 26 000 多亩，严重影响和制约了甘蔗产业持续健康发展。2006—2010 年科研人员通过对甘蔗地下害虫的系统研究，摸清了甘蔗地下害虫发生发展规律，总结出切实可行的综合防治技术措施，同时一边研究一边防治，有效控制了甘蔗地下害虫的发生危害。几年来由于大面积防治甘蔗地下害虫，单产得到大幅度提高，农民看到了种植的希望，消除了顾虑，广大蔗农种蔗积极性明显提高，种植面积逐年扩大。通过项目实施，云南德宏甘蔗种植面积由 2005/2006 年榨季的 65.5 万亩扩大到 2006/2007 年榨季的 80.35 万亩，到 2007/2008 年榨季达到了 92 万亩，比项目实施前 2005 年的 65.5 万亩增加 26.5 万亩，增幅 40%，创造了云南德宏甘蔗年种植面积达 90 多万亩的历史最高纪录，确保了甘蔗生产持续稳定发展。

三、甘蔗种苗温水脱毒处理设备和技术研究与应用

（一）项目背景及来源

甘蔗品种改良与更新是蔗糖产业持续发展的根本保障，国内生产经验表明，只有甘蔗品种一代比一代好，一代比一代健康，才能实现蔗糖产业的持续发展。甘蔗作为用蔗茎腋芽进行无性繁殖的作物，由于多年反复种植，极易受种苗传播病原反复侵染，造成产量和品质下降，从而导致宿根年限缩短以及种性退化。防止种苗带菌（毒）传播病害，最经济有效的措施就是生产、繁殖和推广脱毒种苗。近年来，我国蔗区大面积种植的 ROC16、ROC22、粤糖 93-159 等主栽品种，由于受病虫危害，特别是宿根矮化病等感染严重，逐年退化，严重制约了蔗糖产业发展，生产上亟待推广新品种和主栽品种健康种苗。针对蔗糖生产中存在的种传病害防控关键技术问题，应建立脱毒种苗繁殖基地、规范生产制度、推广使用脱毒健康种苗，有效防止危险性病虫害随种苗传播蔓延，增强减灾防灾能力，确保甘蔗品种质量和生产安全。

针对我国蔗区种传病害（宿根矮化病等）危害，为解决甘蔗脱毒问题，研究实用高效的脱毒技术体系，在农业部公益性行业（农业）科研专项（nyhyzx07-019）、现代农业产业技术体系建设专项（nycytx-024-01-09）、2011 年农技推广与体系建设（种植业）项目，科技部农业科技成果转化资金重点项目（2010GB2F300434）、云南省科技厅国际合作项目（2002GH18）、人才培养项目（2008PY087）和云南省农业厅现代农业甘蔗产业技术体系建设专项等项目支持下，由云南省农业科学院甘蔗研究所和云南省国防科技工业局研究设计院联合攻关。对甘蔗种苗温水脱毒处理设备和技术进行研究，从生产流程、技术规范、推广应用等层面对温水脱毒技术进行系统研究和示范。以期总结形成成熟的甘蔗温水脱毒种苗生产技术、方法和脱毒种苗快速繁育技术体系，制定标准化技术规程，探索县域条件下甘蔗脱毒健康种苗生产车间及繁育基地布局与建设经济模式，为我国生产和推广应用脱毒种苗开辟技术新途径，尽快解决占甘蔗种植面积 2/3 的宿根蔗感染宿根矮化病严重，导致的长期低产低糖、宿根年限短、生产成本高、效益差等问题，攻克种传病害防控及温水脱毒种苗生产关键技术难题，提高甘蔗产业科技水平，为蔗糖产业的持续稳定发展提供技术支撑，达到蔗农增收、企业增效、财税增长目的。

项目落实、任务明确后，云南省农业科学院甘蔗研究所即组织项目组全力以赴开展研究。几年来，在各级部门的关心支持以及蔗糖企业的积极配合下，云南省农业科学院甘蔗所和云南省国防科技工业局研究设计院联合攻关，历经 2003—2012 年近 10 年

努力，在国内首次成功研制出甘蔗种苗温水脱毒处理设备，获得了国家发明专利授权；首次总结形成了成熟的甘蔗温水脱毒种苗生产技术、方法和脱毒种苗快速繁育技术体系，制定了标准化技术规程，探索了县域条件下甘蔗脱毒健康种苗生产车间及繁育基地布局与建设经济模式，为我国甘蔗脱毒种苗产业化开发和推广应用开辟了技术新途径，解决了甘蔗种传病害防控和温水脱毒种苗生产关键技术问题，积累了较全面的基础资料，提高了甘蔗产业科技水平，显著推动了蔗糖产业的技术进步，在理论和应用上均具有重要价值。几年来，在云南红河、临沧、西双版纳、玉溪、普洱、保山、德宏共 7 个主产州（市）15 个县（市）和广西博庆食品有限公司蔗区组织进行了温水脱毒种苗展示示范和推广应用，增产增糖效果十分显著。2009—2011 年在云南、广西蔗区累计推广温水脱毒种苗 24.8 万亩，平均亩增产甘蔗 0.8～1.32 吨，共增产甘蔗 23.614 万吨，增加产值 1.1 亿余元，蔗糖增产 2.99 万吨，工业产值增加 2.1 亿余元，合计增加工农业产值 3.2 亿元，增加税利 1 000 余万元，成果转化程度高，取得了重大的社会效益和经济效益，为地方经济发展和边疆人民脱贫致富作出了重大贡献。

（二）项目针对的问题以及技术的提出

1. 甘蔗宿根矮化病（Sugarcane ratoon stunting disease，RSD）是目前我国甘蔗生产上危害较大病害之一

甘蔗宿根矮化病（Sugarcane ratoon stunting disease，RSD）是一种普遍发生于世界各植蔗地区的重要细菌性病害。自 1945 年在澳大利亚发现以来，已有 47 个国家报道了此病的发生。我国台湾于 1954 年最先报道，大陆于 1986 年首次报道，目前此病广泛存在于我国各植蔗省份。

云南、广西、广东、海南等蔗区采样检测结果表明，目前栽培品种（品系）中 RSD 检出率达 100％，田块发病率高达 86.5％，蔗株平均感染率为 69.05％，干旱缺水时感病率可达 100％。RSD 田间症状表现为蔗株矮化、分蘖减少、茎秆变细、节间缩短，常被误认为是由管理不当或品种退化等其他因素引起的，一般导致蔗茎减产 10％～30％，干旱天气与缺元素土壤使发病更为严重，减产率可高达 60％以上。

RSD 的病原菌寄生于蔗株维管束中，无明显外部和内部症状，病原菌难以分离、培养，传统诊断方法极其困难。病菌主要由种茎或宿根传带致使再生植株染病，病株汁液通过耕作机械、砍刀等传播在田间扩散，由于外部症状不显著，常被忽视导致病害任意传播、扩展蔓延，对甘蔗生产危害极大。

2. 甘蔗温水脱毒健康种苗生产技术原理

甘蔗宿根矮化病由棒杆菌属细菌 *Leifsonia xyli subsp. xyli*（Lxx）寄生于蔗株维管束中引起，主要通过蔗种传播蔓延，且传播性极强。RSD 属维管束病害，用一般物理、化学方法难以消除，温水处理是防治宿根矮化病的有效方法之一。

温水处理脱毒依据是 RSD 病菌与甘蔗细胞对高温忍耐程度不同，利用这一差异，选择适当温度和处理时间，即温水（50±0.5）℃脱毒处理 2 小时，能直接有效去除带毒蔗种中 RSD 病菌，去除率为 99％以上。花叶病毒耐温性高，虽不能根除，但可使其钝化、浓度降低、运行速度减慢，而甘蔗细胞仍然存活并加快分裂和生长，甘蔗生长健壮，抗病毒

能力增强，从而达到脱毒、抗毒目的。

（三）项目技术研发的历程

为解决甘蔗脱毒问题，研究实用高效的脱毒技术体系，从 2003 年开始，在国家农业部、科技部和云南省科技厅、农业厅等支持下，云南省农业科学院甘蔗研究所和云南省国防科技工业局研究设计院联合攻关，历经近 10 年努力，研究开发甘蔗温水脱毒种苗工厂化生产技术，对甘蔗种苗温水脱毒处理设备和技术进行研究，从生产流程、技术规范、推广应用等层面对温水脱毒技术进行了系统研究和示范，研究形成了甘蔗种苗温水脱毒方法、工艺流程和甘蔗脱毒种苗快速繁育技术体系，建成我国第一家研发型甘蔗种苗温水脱毒处理车间，2009 年获得了我国健康种苗核心发明专利授权，并同时申请了一批健康种苗繁育与检测专利技术（图 3-1）。

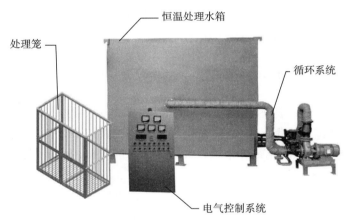

图 3-1　甘蔗温水脱毒健康种菌生产技术路线图

2003—2004 年，项目组进行温水脱毒处理设备研制和温水脱毒技术研究，成功研制出温水脱毒处理设备，建成温水脱毒处理车间，初步形成甘蔗温水脱毒种苗工厂化生产技术，含温水脱毒的方法、工艺流程等。脱毒处理车间含厂房 160 米^2、处理设备 1 台和自动控制系统 1 套。处理设备由恒温处理水池、冷却池、循环系统、处理笼、进水系统、排水系统、电气自动控制系统组成，设备具有自动进水、自动水位控制、自动恒温、多点检测温度、自动记录温度、自动计时及报警等功能。

处理设备外形尺寸为 2.7 米（长）×2.4 米（宽）×2.7 米（高），有效水容量 13 米^3、每次有效处理蔗种 1.2～1.6 吨；每天可生产健康种苗 6～8 吨，一年按 100 天计可生产健康种苗 600～800 吨。加热功率 120 千瓦，由 15 支电发热管提供。水体循环由一台功率为 5.5 千瓦、流量为 86.6 米^3/小时水泵提供，理论水体循环次数 6.7/小时。温度控制采用智能仪表自动控制、自动巡检，温度在环境温度至 55℃间任意设定，测温点为 3 个。温度自控及温度监测保证水体温度在（50±0.5）℃之间，并及时对各层水体温度进行巡检控制（表 3-1）。

表 3-1　设备主要技术指标及参数

	长	宽	高
外形尺寸（米）	2.7	2.4	2.7
电加热功率（千瓦）	加热功率	恒温功率	
	120	60	

主要技术参数	水容量（米³）	13
	每次处理量（米³）	3
	处理温度（℃）	（50±0.5）
	初加温温度（℃）	（52±0.5）
	温度控制方式	数显智能仪表（无纸记录仪记录温度参数）
	温度控制点数	1
	温度监测点数	3
	热源类型	电热型
	控制精度（℃）	＜±0.5
	水位控制	自动
	恒温处理时间控制	自动控制时间、到时报警

2004—2005 年，对温水脱毒处理设备进行调试整合，优化相关技术和参数，同时进行处理方法研究，分析评价温水脱毒对种苗田间生长的影响和温水脱毒效果。

2005—2008 年，进行 RSD 普查、检测技术研究、繁殖技术规程研究及规程应用，优化完善了甘蔗温水脱毒种苗生产技术、方法和甘蔗脱毒种苗快速繁育技术体系，形成了标准化技术规程。

2008—2011 年，进行甘蔗温水脱毒技术示范和生产验证。选择粤糖 93-159、ROC10号、闽糖 69-421、ROC25 号、桂糖 17 号、ROC22 号、ROC26 号、ROC16 号等主栽及新品种进行温水脱毒种苗试验示范，与常规种苗相比，脱毒种苗在整个生长期都表现出明显生长优势，早生快发、伸长拔节早、长相健壮；株高、茎径、有效茎数等参数指标均明显高于对照种苗，增产增糖效果十分显著。试验示范结果表明：粤糖 93-159、ROC10 号、闽糖 69-421、ROC25 号、桂糖 17 号等主栽品种经温水脱毒处理后能显著提高出苗率，促进甘蔗生长、蔗茎增粗、有效茎数增多、产量增加，与常规种苗相比，出苗率提高 1.47%～32.86%，株高增加 8～31 厘米，茎径增粗 0.19～0.35 厘米，亩有效茎增多 261～1546 条；新植宿根 5 年平均亩增产甘蔗 936～2 479 千克，增幅 19.85%～59.76%；甘蔗糖分提高 0.35%～0.86%；脱毒种苗 5 年宿根 RSD 检测结果仍呈阴性，蔗株仍保持明显生长势，可延长宿根年限 2～3 年。2010 年，该技术被农业部纳入主推技术，并列为"2011 年、2012 年甘蔗健康种苗示范项目"，连续 2 年给以立项支持；被科技部立为农业科技成果转化资金重点项目资助，进行转化开发示范。

2009 年成功在广西博庆食品有限公司示范建设了一套日处理 6～10 吨的温水脱毒种苗生产车间，2011 年示范种植 3 万亩，温水脱毒健康种苗示范效果显著；2010 年在耿马南华糖业有限公司示范建设了一套日处理 6～10 吨的温水脱毒种苗生产车间，2011 年推广示范 4170 亩，核心区比常规种苗平均亩增产 1.32 吨，增幅 23.5%；2011 年先后在云南新平云新糖业有限责任公司、云南新平南恩糖纸有限责任公司、云南省云县幸福糖业有限公司、双江南华糖业有限公司、云南西双版纳英茂糖业有限公司景真糖厂建成温水脱毒种苗生产车间 5 间，当年即生产脱毒种苗 800 多吨进行示范种植；2012 年在凤庆县营盘糖厂、施甸县龙坪糖厂、元江县曼林糖厂、盈江县弄璋糖厂、昌宁县勐统糖厂新建 6 间，截至 2012 年，云南脱毒种苗生产车间建成 14 间，为云南推广应用脱毒健康种苗奠定坚实基础，全省年生产脱毒种苗规模可达万吨以上；2013 年云南 8 个国家糖料生产基地计划建设 8 间，云南脱毒种苗生产车间将达 22 间，全省年生产脱毒种苗规模可达 2 万吨以上，通过一、二级专用种苗圃扩繁，每年可为生产提供无病种苗 100 万吨以上，将为云南蔗区全面推广应用脱毒健康种苗提供有力支撑和脱毒种苗种源保障。

项目组历经 2003—2012 年近 10 年努力，对甘蔗种苗温水脱毒处理设备和技术进行研究，从生产流程、技术规范、推广应用等层面对温水脱毒技术进行了系统研究和示范，总结形成了成熟的甘蔗脱毒健康种苗生产技术和经验，5 年的数据显示了显著的增产增糖效果，示范应用效果直观明显，得到了各级领导、制糖企业和蔗农的广泛认可和普遍接受，为该技术快速转化和推广应用奠定了良好基础。

1. 技术路线和要点

调查不同生态蔗区主栽品种和新品种 RSD 发生和分布情况并采集样品→利用 EM（电镜负染）、ELISA（酶联免疫吸附试验）及 PCR（聚合酶链式反应）等检测技术对采集样品进行 RSD 检测→明确 RSD 致病性；主栽品种和新品种采用温水处理设备进行 (50±0.5)℃温水脱毒处理→建立无病种苗圃（三级苗圃制）。温水脱毒种苗通过一级、二级、三级专用种苗圃扩繁，为大面积生产提供无病种苗（图 3-2）。

2. 甘蔗温水处理生产健康种苗

（1）样品采集

调查不同生态蔗区主栽品种和新品种 RSD 发生和分布情况并采集样品→于甘蔗成熟期选择具有代表性的品种，根据品种、植期分类进行随机取样→每个样本取 6～10 条蔗茎，每条蔗茎截取中下部茎节，用刀切成 7 厘米左右长，再用钳子挤压 25 毫升甘蔗汁于50 毫升离心管内混匀，样品放于冰箱中，于－20℃保存待用。每取一个样品后均用 75%的酒精对取样工具进行消毒。

（2）病原检测

用电镜 EM、ELISA 及 PCR 等检测技术对采集样品进行 RSD 病菌检测→根据检测结果，对带有 RSD 病菌的甘蔗品种进行温水脱毒处理。

（3）甘蔗种苗温水脱毒处理

选择生长健壮成熟蔗茎，切成带有 2～4 个芽的节段（或 170 厘米/节段），装入网袋（或绑成小捆）堆放于吊篮内→处理池水温加热到 51～52℃，放入装有种苗吊篮，使其完全浸没→(50±0.5)℃温水脱毒处理 2 小时（从甘蔗种苗放入处理池开始计时）→种苗从处理池吊出后，放入装有 50%多菌灵可湿性粉剂 800 倍液冷却消毒池浸泡 5～10 分钟冷却消毒，消毒后即可种植（也可摆放 1～2 天待胚芽硬化后种植）。

（4）甘蔗温水处理生产健康种苗成本核算（表 3-2）

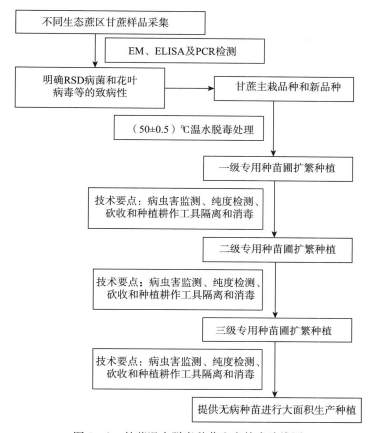

图 3-2　甘蔗温水脱毒种苗生产技术路线图

表 3-2　甘蔗温水处理生产健康种苗成本核算表

项目	费用（元）
用电	75 千瓦·时×0.85 元/千瓦·时＝63.75 元
用水	0.6 米^3×2.6 元/米^3＝1.56 元
设备操作用工	15 元
装卸调运（30 千米）	101.74 元
合计	182.05 元
利用糖厂热水用电减少一半	182.05 元－31.88 元＝150.17 元

（5）甘蔗温水处理后的健康种苗繁殖

在工厂化生产温水脱毒健康种苗基础上，建立无病种苗圃（三级苗圃制）。温水脱毒健康种苗通过一、二、三级专用种苗圃扩繁，为大面积生产提供无病种苗。

①苗圃选址。苗圃应位于交通和管理都比较方便的地方。排灌方便，地势平坦，地块土质、肥力均较好，水利设施配套，田间道路完善。一级苗圃宜设在温水脱毒种苗生产车间附近。

②种苗繁育。一级苗圃专用于繁育经温水处理的脱毒种苗。脱毒种苗摆放 1～2 天待

胚芽硬化后种植，每亩下种量为 8 000～10 000 芽，双行接顶摆放（与当地常规种植方式相同）。一级苗圃需强化病虫害综合防治，各项操作应由经过培训的技术人员担任。二级苗圃大量繁育从一级苗圃收获的蔗种，从下种开始直至收获，都应加强田间管理，专业技术人员定期巡查指导病虫害防治。二级苗圃收获的蔗种即为生产用脱毒种苗，可提供蔗农种植。

③田间管理。按照当地生产实际进行田间施肥及栽培管理。注重病虫害监测、种苗纯度检测。种苗砍收和种植全过程中，接触甘蔗的工具应经过 75％的酒精消毒。

（6）甘蔗温水脱毒健康种苗高产综合栽培技术

在脱毒种苗苗圃繁殖过程中，配套地膜覆盖、配方施肥、化学除草、病虫害综合防治等高产综合栽培技术，可提高甘蔗脱毒健康种苗繁殖倍数和增产效能，降低生产成本，加快推广应用。

（7）甘蔗温水脱毒健康种苗质量要求及监测

在脱毒种苗各级苗圃繁育过程中，利用 EM、ELISA 及 PCR 等检测技术，采集样品进行 RSD 病菌检测。经 EM、ELISA 或 PCR 检测呈阳性者为带毒种苗，各级种苗带毒允许率及其他质量要求见表 3-3。根据检测结果，达到脱毒健康种苗标准后，可提供蔗农种植，逐级进行推广。

表 3-3　甘蔗温水脱毒种苗质量要求

项目	要求					
	品种纯度（％）	夹杂物（％）	茎径（厘米）	含水量（％）	发芽率（％）	带毒检出率（％）
一级苗圃种苗	100.0	≤1.0	≥2.2	60～75	≥80.0	0.0
二级苗圃种苗	100.0	≤1.0	≥2.2	60～75	≥80.0	≤5.0

（8）甘蔗温水脱毒种苗性能特点

温水脱毒处理是国际上广泛采用的脱毒健康种苗生产技术，操作简单、成本低、简便易行。田间栽种管理与大田生产一致，蔗农易于接受。

与常规种苗相比，脱毒种苗在整个生长期中都表现出明显生长优势，早生快发、伸长拔节早、长相健壮；株高、茎径、有效茎数等参数指标均明显高于带病种苗，增产增糖效果十分显著（表 3-4）。

温水脱毒种苗种植平均亩产比传统种植提高 1 吨以上，按吨蔗价 420 元计，亩增收420 元；甘蔗糖分提高 0.5％，延长宿根年限 2～3 年。

表 3-4　甘蔗温水脱毒健康种苗试验示范结果（云南开远 2007.3—2012.3 平均值）

品种名称	处理	出苗率（％）	比对照增（％）	株高（厘米）	比对照增（厘米）	茎径（厘米）	比对照增（厘米）	有效茎（条/亩）	比对照增（条）	亩产量（千克）	比对照增（千克）	增幅（％）	甘蔗糖分（％）	比对照增（％）	PCR检测
粤糖	温水处理	78.25	32.86	201	31	2.76	0.19	5 769	1 546	5 510	1 664	43.27	17.13	0.57	—
93-159	对照	45.39		170		2.57		4 223		3 846			16.56		+

（续）

品种名称	处理	出苗率（%）	比对照增（%）	株高（厘米）	比对照增（厘米）	茎径（厘米）	比对照增（厘米）	有效茎（条/亩）	比对照增（条）	亩产量（千克）	比对照增（千克）	增幅（%）	甘蔗糖分（%）	比对照增（%）	PCR检测
ROC10	温水处理	61.77	21.74	197	8	2.86	0.19	4 373	261	4 914	1 578	47.3	16.08	0.86	—
	对照	40.03		189		2.67		4 112		3 336			15.22		＋
闽糖69-421	温水处理	62.53	14.21	238	8	2.84	0.24	5 242	380	5 221	1 279	32.45	17.57	0.68	—
	对照	48.32		230		2.60		4 862		3 942			16.89		
ROC25	温水处理	60.74	1.47	250	1	2.73	0.29	5 587	627	5 652	936	19.85	15.99	0.37	—
	对照	59.27		249		2.44		4 960		4 716			15.62		
桂糖17	温水处理	55.72	6.56	268	22	2.80	0.35	6 736	928	6 627	2 479	59.76	15.66	0.35	—
	对照	49.16		246		2.45		5 808		4 148			15.31		＋
备注		新植（1年）3样品重复平均值						新植宿根（5年）砍收实产平均值		新植（1年）3样品重复平均值			新植宿根（5年）检测结果一致		

注："＋"为RSD的PCR检测结果呈阳性；"—"为RSD的PCR检测结果呈阴性。

（四）项目研究及主要科技创新

1. 在国内首次成功研制出甘蔗种苗温水脱毒处理设备，2009年获得了国家发明专利授权（ZL200710065968.2）。在云南、广西建成温水脱毒处理车间15间，年生产脱毒种苗规模达万吨以上，实现了甘蔗温水脱毒种苗工厂化、规模化和标准化生产

2003—2004年，在农业部"云南甘蔗品种改良分中心"建设项目支持下，借鉴国外相关先进技术和脱毒种苗生产技术要求，确定设备研制总体方案和主要技术指标及参数，通过系列试制和测试，成功研制出甘蔗种苗温水脱毒处理设备，建成温水脱毒处理车间。处理设备由恒温处理水池、冷却池、循环系统、处理笼、进水系统、排水系统、电气自动控制系统组成，设备具有自动进水、自动水位控制、自动恒温、多点检测温度、自动记录温度、自动计时及报警等功能。设备独特的结构及加热恒温控制，实现了大水体高精度恒温技术，2009年获得了国家发明专利授权（ZL200710065968.2）。

2004—2005年，以50℃温水、2小时为基点，研究不同梯度温度和时间进行脱毒处理的方法，对脱毒蔗种进行小区种植，在各生育期调查研究甘蔗出苗率、生长速度，收获期进行产量和糖分检测及RSD的PCR检测，分析评价不同处理对种苗的脱毒效果和田间生长影响，研究形成甘蔗种苗温水脱毒处理方法及生产工艺技术，即：甘蔗种苗采用处理设备进行（50±0.5）℃温水脱毒处理2小时，能直接有效去除带毒蔗种中RSD病菌，去除率为99%以上；同时，可使花叶病毒钝化、浓度降低、运行速度减慢，而甘蔗细胞仍然存活并加快分裂和生长，甘蔗生长健壮，抗病毒能力增强，从而达到脱毒、抗毒目的；甘蔗种苗温水脱毒处理设备达到甘蔗种苗温水脱毒处理技术指标及参数要求。

2005—2007年，本着轻简化、节约化的原则对处理设备进行调试整合，优化相关技术和参数，完善各个系统，使设备稳定达到甘蔗种苗温水脱毒处理技术指标及参数要求。

2007—2011 年，温水脱毒种苗显著增产增糖，示范应用效果直观明显，得到了各级领导以及企业和蔗农广泛认可和普遍接受，各地踊跃引进脱毒种苗示范种植，为该技术快速转化和推广应用奠定了良好基础，切实提高了脱毒种苗推广普及率。2010 年，该技术被农业部纳入主推技术，并列为"2011 年、2012 年甘蔗健康种苗推广示范项目"，连续 2 年立项支持；被科技部立为农业科技成果转化资金重点项目，进行转化开发示范。

2009 年在广西博庆食品有限公司建成脱毒种苗生产车间 1 间，2010 年在耿马南华糖业有限公司建成脱毒种苗生产车间 1 间，2011 年在云南新平云新糖业有限责任公司、云南新平南恩糖纸有限责任公司、云南省云县幸福糖业有限公司、双江南华糖业有限公司、云南西双版纳英茂糖业有限公司景真糖厂建成脱毒种苗生产车间 5 间，2012 年在凤庆县营盘糖厂、施甸县龙坪糖厂、元江县曼林糖厂、盈江县弄璋糖厂、昌宁县勐统糖厂新建 6 间，截至 2012 年云南脱毒种苗生产车间建成 14 间，为推广应用脱毒种苗奠定坚实基础，年生产脱毒种苗规模可达万吨以上；2013 年云南 8 个国家糖料基地计划建设 8 间，云南脱毒种苗生产车间达 22 间，年生产脱毒种苗规模可达 2 万吨以上，通过一、二级专用种苗圃扩繁，每年可提供脱毒种苗 100 万吨以上，为推广应用脱毒种苗提供有力支撑和脱毒种苗种源保障。

2. 在国内首次建立了 RSD 的 EM、I-ELISA（间接酶联免疫吸附试验）、**TBIA**（组织斑点免疫试验）、**PCR 等检测方法和技术体系，申请了相关国家发明专利，为该病有效诊断与防控、脱毒种苗生产与推广应用提供了关键技术支撑**

RSD 病原菌寄生于蔗株维管束中，无明显外部和内部症状，病原菌难以分离、培养，传统诊断方法极其困难。由于外部症状不显著，常被忽视导致病害任意传播、扩展蔓延，对甘蔗生产危害极大，因而迫切需要建立简便、快速、准确、实用检测技术方法，为 RSD 有效诊断与防控、脱毒种苗生产及推广应用提供关键技术支撑。为此，通过国际合作，从澳大利亚、法国引进了 RSD 标准抗原抗体进行消化、吸收和利用，研究建立了 RSD 系统的 EM、I-ELISA、TBIA 和 PCR 等检测方法和技术体系，为 RSD 有效诊断与防控、脱毒种苗生产及推广应用提供了关键技术支撑。申请了"甘蔗宿根矮化病菌的快速检测方法（I-ELISA）"（200810058996.6）、"甘蔗宿根矮化病菌的检测方法（TBIA）"（200810058999.X）和"一种改进的甘蔗宿根矮化病菌 PCR 检测方法"（2009100594875.1）国家专利 3 项。

几种检测方法的创新点及有益效果：I-ELISA 克服了传统剖茎检测法和相差显微镜检测法准确性差、操作烦琐、灵敏度低等不足，能简便、快速、准确、有效检测出 RSD，适合大批量样品快速检测。TBIA 能快速准确检测 RSD，检测结果易于目测判断，操作简单、取样少、节省劳力、结果可靠，不易受污染，不需特殊仪器，也不需特殊条件，适合于田间大批量样品检测。改进 PCR 克服了原有 PCR 检测技术采用常规 CTAB 法抽提 DNA 或病菌快速裂解释放 DNA 后再 PCR 扩增导致抽提或裂解释放总 DNA 含量低、检测灵敏度低、实验体系不易稳定等缺点，改进了蔗汁总 DNA 提取方法，能快速、稳定、准确、灵敏、特异检测出 RSD，适合大批量样品快速检测。

（1）EM 检测法

①仪器设备。JEM100CX-Ⅱ型透射电子显微镜；砍刀、钳子、疏水膜、覆有 Formvar 膜

的铜网、镊子、可调移液器、滴管、培养皿、滤纸。

②试剂。2％钼酸铵（pH 6.4）。

③操作步骤。

a. 样品采集：每个样本取 6～10 条蔗茎，每条蔗茎截取中下部茎节，用砍刀切成 7 厘米左右长，再用钳子挤压 25 毫升左右的甘蔗汁于 50 毫升离心管内混匀（每取一个样品后均用 75％的酒精消毒砍刀和钳子），放于－20℃冰箱保存待用。

b. 负染检测：吸取约 200 微升待测蔗汁点于疏水膜上，把制备好的铜网膜面朝下覆于待测样上吸附 5 分钟，用镊子取出，余液用滤纸沿边缘吸去，背面置滤纸上晾 1 分钟；将 2％钼酸铵（pH 6.4）滴于疏水膜上，把已晾干的铜网样品面朝下覆于染液上，染色 3 分钟，用镊子取出，背面置滤纸上晾干 10 分钟，用 JEM100CX-Ⅱ型透射电子显微镜检测 RSD 病菌（图 3-3）。

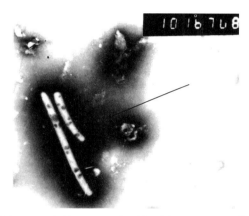

图 3-3　电镜下 RSD 病原菌形态（×10 000 倍）

c. 结果及判别："±"表示 1 万倍下平均每视野少于 1 个细菌体；"＋"表示 1 万倍下平均每视野 1～5 个细菌体；"＋＋"表示 1 万倍下平均每视野 6～10 个细菌体。

（2）I-ELISA 检测法

①仪器设备。BIO—RAD Model 550 型酶标仪、恒温培养箱、台式高速离心机、旋涡混合器；96 孔聚乙烯酶标板、可调移液器、砍刀、钳子。

②试剂。RSD 抗体和碱性磷酸酶标记抗体（4℃保存）；包被缓冲液（pH 为 9.6，1.59 克 Na_2CO_3、2.93 克 $NaHCO_3$ 加水至 1 000 毫升）；PBST 缓冲液（8.0 克 NaCl、0.2 克 KH_2PO_4、2.9 克 $Na_2HPO_4 \cdot 2H_2O$、0.2 克 KCl 加水至 1 000 毫升，然后加 0.5 毫升吐温 20）；封闭缓冲液（PBST 中加入 5％的脱脂奶粉）；底物缓冲液（10％ 乙二醇胺，pH 9.8）；底物（硝基苯磷酸盐 P-NPP，－20℃或－4℃保存）。

③操作步骤。

a. 样品采集和制备：每个样本取 6～10 条蔗茎，每条蔗茎截取中下部茎节，用砍刀切成 7 厘米左右长，再用钳子挤压 25 毫升左右的甘蔗汁于 50 毫升离心管内混匀（每取一个样品后均用 75％的酒精消毒砍刀和钳子），放于－20℃冰箱保存待用。取待测蔗汁

1 000 微升于旋涡混合器震荡混匀后 13 000 转/分钟离心 3 分钟，弃上清；沉淀加 1 000 微升包被缓冲液，旋涡混合器震荡混匀后 13 000 转/分钟离心 3 分钟，弃上清；沉淀再加 1 000 微升包被缓冲液，旋涡混合器震荡混匀后 13 000 转/分钟离心 3 分钟，弃上清；沉淀加 300 微升包被缓冲液稀释混匀。

b. 检测程序：分别将上述制备好的样液加入酶标板反应孔，每孔 100 微升，同时设阳性对照（1：50 包被缓冲液稀释）、阴性对照（用健康蔗汁制备）和空白对照（用 PBST），每个样品 2 重复（2 孔），盖上盖子，37℃恒温培养过夜；PBST 慢洗 2 次，每次 5 分钟，拍干；每孔加 200 微升封闭缓冲液，室温封闭 30 分钟，PBST 同上慢洗 1 次，拍干；每孔加 100 微升 RSD 抗血清（用含 2.5％脱脂奶粉的 PBST 以 1：1 000 稀释），室温孵育 1.5 小时，PBST 同上慢洗 1 次，拍干；每孔加 100 微升碱性磷酸酶标记的羊抗兔酶标抗体（用含 2.5％脱脂奶粉的 PBST 以 1：10 000 稀释），室温孵育 1.5 小时，PBST 同上慢洗 5 次，拍干；用 10％乙二醇胺溶解硝基苯磷酸盐（1 毫克/毫升），加入酶标板，每孔 100 微升，室温下充分显色。

c. 结果及判别：在 BIO—RAD Model 550 型酶标仪 405nm 波长下分别读取每个样品 0 小时和充分显色后的 OD 值。每个样品充分显色后的 OD 值减去 0 小时 OD 值的差大于 0.15 为阳性，小于 0.05 为阴性，在 0.05～0.15 之间为可疑。

（3）TBIA 检测法

①仪器设备。恒温培养箱、显微镜；转子、刀片、硝酸纤维素膜、培养皿。

②试剂。RSD 抗体和碱性磷酸酶标记抗体（4℃保存）；TBST 缓冲液（pH 为 8.0，6.05 克 Tris-HCl、2.92 克 NaCl，加双蒸水至 1 000 毫升，再加入 0.5 毫升吐温 20）；封闭缓冲液（TBST 中加入 5％的脱脂奶粉）；底物/缓冲液：底物 5-溴-4-氯-3-吲哚-磷酸盐/氮蓝四唑 2 片加 20 毫升双蒸水溶解。

③操作步骤。

a. 制样和组织印迹：取待测甘蔗样品中下部茎节，用砍刀切成约 10 厘米长，用转子钻出中间部分后再用锋利刀片将其横切成平面，用力将横切面在硝酸纤维素膜上垂直点压 10～15 秒，获得印迹斑，室温下自然风干。

b. 检测程序。封闭：印迹斑风干后把硝酸纤维素膜浸入封闭缓冲液中，37℃下孵育 45 分钟；TBST 缓冲液快速洗膜 1 次：倒去培养皿里的封闭缓冲液，加入 TBST 缓冲液，使硝酸纤维素膜浸入其中，轻轻转动几下，再弃去 TBST 缓冲液；加抗体：把硝酸纤维素膜浸入含 0.1％RSD 特异性抗血清、1％脱脂奶粉的 TBST 缓冲液中，37℃下孵育 2 小时，TBST 缓冲液洗膜 3 次，每次 3 分钟；加酶标抗体：把硝酸纤维素膜浸入含 0.01％碱性磷酸酶标记抗体、1％脱脂奶粉的 TBST 缓冲液中，37℃下孵育 2 小时，TBST 缓冲液洗膜 4 次，每次 3 分钟；加底物显色：把硝酸纤维素膜转入底物/缓冲液中显色 5～10 分钟，取出后用双蒸水冲洗，自然干燥。

c. 结果及判别：肉眼观察或显微镜观察判别，感染 RSD 病菌的样品组织斑上呈紫色，不感染的组织斑上不显色。

（4）PCR 检测法

①仪器设备。PCR 扩增仪、台式高速冷冻离心机、旋涡混合器、恒温水浴锅、微波

炉、电泳仪、BIO-RAD 凝胶成像系统；研钵，可调移液器，砍刀，钳子，1.5 毫升、2.0 毫升离心管、PCR 管。

②试剂。2%CTAB 抽提缓冲液［2%CTAB、100 毫摩尔/升的 TRIS-HCI（pH 为 8.0）、20 毫摩尔/升的 EDTA（pH 为 8.0）、1.4 摩尔/升的 NaCl；2×PCR Taq 混合物；0.5%TBE 电泳缓冲液［5.4 克 Tris、2.75 克硼酸、2.0 毫升 0.5 摩尔/升 EDTA（pH 为 8.0），加双蒸水 1 000 毫升］；异丙醇；氯仿：异戊醇（24：1）；无水乙醇；70%乙醇；琼脂糖；Goldview 核酸染料。

③操作步骤

a. 样品采集：每个样本取 6～10 条蔗茎，每条蔗茎截取中下部茎节，用砍刀切成 7 厘米左右长，再用钳子挤压 25 毫升左右的甘蔗汁于 50 毫升离心管内混匀（每取一个样品后均用 75%的酒精消毒砍刀和钳子），放于－20℃冰箱保存待用。

b. 蔗汁总 DNA 的提取：用改进的 CTAB 法提取。每样品取 2 000 微升蔗汁放入离心管中，12 000 转/分钟离心 10 分钟，弃上清；沉淀加入 300 微升灭菌去离子水稀释混匀；加入 600 微升经 65℃预热的 2%CTAB 抽提缓冲液，65℃水浴 1 小时（期间每隔 20 分钟摇匀一次）；加入 600 微升氯仿：异戊醇（24：1）剧烈振荡 30 秒，12 000 转/分钟离心 10 分钟；取上清液 700 微升置于新的 1.5 毫升离心管中，加入等体积氯仿：异戊醇（24：1）温和地混匀，12 000 转/分钟离心 10 分钟；取上清液 650 微升置于新的 1.5 毫升离心管中，加入 2/3 体积（455 微升）的异丙醇，混匀后置于－20℃冰箱中沉淀 4 小时或过夜；4℃下 12 000 转/分钟离心 10 分钟，弃上清液；沉淀分别用 400 微升冷 70%乙醇和冷无水乙醇各洗一次；室温下风干，溶于 30 微升双蒸水中（用手指轻弹离心管使沉淀充分悬浮），－20℃保存。使用 1.0%琼脂糖凝胶电泳检测提取质量。

c. 引物设计：根据 RSD 病原细菌 Lxx 16S～23S rDNA 基因间隔区设计特异引物，其序列为：上游引物 Lxxl：5′-CCGAAGTGAGCAGATTGACC-3′；下游引物 Lxx2：5′-ACCCTGTGTTGTTTTCAACG-3′。目标片段为 438bp。

d. PCR 扩增：在 PCR 管中按序加入双蒸水 8.6 微升、2×PCR Taq 混合物 8 微升、DNA 模板 3 微升、上游引物 0.2 微升、下游引物 0.2 微升；加完后短速离心 10 秒后放进 PCR 仪，95℃预变性 5 分钟；94℃变性 30 秒，56℃退火 30 秒，72℃延伸 1 分钟，35 个循环后 72℃延伸 5 分钟，1.0%琼脂糖凝胶电泳检测。

e. 结果及判别：取 10 微升 PCR 产物使用 1.0%琼脂糖凝胶（胶里预先加入 0.005%的 Goldview 核酸染料）（0.5% TBE 和 140 伏特的电压）电泳 20 分钟后，用 BIO-RAD 凝胶成像系统观察判别，扩增到 438bp 条带的为阳性，未扩出 438bp 条带的为阴性（图 3－4）。

3. 通过田间调查与室内病原检测综合研究，明确了 RSD 病菌的致病性、分布区域、传播途径和发病情况，为应用推广温水脱毒种苗提供了科学依据

先后对云南红河、玉溪、德宏、临沧、西双版纳、普洱、保山共 7 个主产州（市）15 个县（市）和广西博庆食品有限公司、广西博宣食品有限公司、广西博华食品有限公司蔗区进行广泛调查并采集样品 7 254 份，应用 EM、I-ELISA 及 PCR 等技术分离鉴定检测各主产蔗区不同甘蔗品种 RSD 病菌，比较不同分离物致病性差异，并从蔗区、植期、田块、品种等因素着手，系统分析明确了云南、广西主产蔗区 RSD 致病性、分布区域、传播途

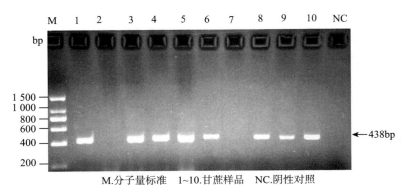

M.分子量标准　1~10.甘蔗样品　NC.阴性对照

图 3-4　云南蔗区 10 个样品 RSD 的 PCR 检测结果

径和发病情况，为应用推广温水脱毒种苗提供了科学依据。

　　于 2004 年 1 月、2005 年 3 月及 10 月、2006 年 2 月甘蔗成熟期，先后从云南红河、开远、新平蔗区田间采样，3 年 4 批共 42 个样本。采样选择具有代表性的主栽品种、旱地蔗，根据品种、植期分类，随机取样。每个样本取 5~6 条蔗茎，每条蔗茎截取中下部茎节，用砍刀切成 15 厘米左右长（每取一个样品后均用 75% 的酒精消毒砍刀），再用打气泵吹 2 毫升左右的甘蔗汁于 2 毫升离心管内，置于冰上，带回室内放于 4℃ 和 -18℃ 冰箱保存待用。在实验室利用 EM 和 I-ELISA 法等检测技术进行 RSD 检测，结果表明：29 个样本为阳性，13 个样本为阴性，确认云南蔗区存在 RSD（表 3-5）。

表 3-5　红河、开远、新平蔗区 RSD 的 I-ELISA 及 EM 检测结果

样品编号	品种名称	采集地点	种植年限	I-ELISA	EM
H1	选蔗 3 号	云南红河	2	＋	＋
H2	闽糖 69-421	云南红河	3	＋	＋
H3	新台糖 10 号	云南红河	2	－	－
H4	桂糖 11 号	云南红河	3	＋	＋
H5	选蔗 3 号	云南红河	3	－	－
H6	云蔗 89-151	云南红河	3	＋	＋
H7	桂糖 11 号	云南红河	4	×	－
H8	桂糖 11 号	云南红河	7	×	－
H9	云蔗 89-151	云南红河	4	×	＋
H10	闽糖 69-421	云南红河	4	×	＋
K1	云蔗 00-506	云南开远	1	×	＋
K2	云蔗 89-151	云南开远	1	×	＋
K3	新台糖 25 号	云南开远	1	×	＋
K4	云蔗 99-5	云南开远	1	×	＋
K5	CP70-1133	云南开远	1	×	＋

（续）

样品编号	品种名称	采集地点	种植年限	I-ELISA	EM
K6	粤糖 81-3254	云南开远	2	++	++
K7	粤农 83-511	云南开远	2	+	+
K8	闽糖 77-208	云南开远	2	—	—
K9	闽糖 70-611	云南开远	2	—	—
K10	云蔗 75-644	云南开远	2	++	++
K11	云蔗 81-173	云南开远	2	—	—
K12	粤糖 59-264	云南开远	2	+	+
K13	粤农 81-762	云南开远	2	+	+
K14	桂糖 69-360	云南开远	2	++	++
K15	桂糖 69-156	云南开远	2	—	—
K16	川糖 66-64	云南开远	2	+	+
K17	川糖 66-196	云南开远	2	+	+
X1	闽糖 69-421	云南新平	2	+	+
X2	新台糖 10 号	云南新平	2	+	+
X3	新台糖 10 号	云南新平	2	+	+
X4	新台糖 25 号	云南新平	3	—	—
X5	粤糖 93-159	云南新平	1	+	+
X6	闽糖 69-421	云南新平	2	—	—
X7	新台糖 16 号	云南新平	2	—	—
X8	粤糖 93-159	云南新平	2	+	+
X9	闽糖 69-421	云南新平	3	+	+
X10	新台糖 25 号	云南新平	3	+	+
X11	桂糖 17 号	云南新平	1	++	++
X12	新台糖 10 号	云南新平	2	—	—
X13	闽糖 69-421	云南新平	3	—	+
X14	新台糖 1 号	云南新平	2	++	++
X15	粤糖 89-113	云南新平	3	—	—
CK1	阴性对照			—	—
CK2	阳性对照			++	++

"+"为 RSD 检测结果阳性，"—"为 RSD 检测结果阴性，"×"为未进行 I-ELISA 检测。

于 2009 年 12 月至 2010 年 1 月甘蔗成熟期，对云南耿马贺派、耿马、四排山、勐撒、勐永等甘蔗主产乡镇 RSD 的发生和分布进行了调查。采样选择具有代表性的主栽品种或主推品种，根据品种、蔗地（旱地、水田）、植期分类随机取样，共采集 97 个样本。每个样本取 10 条蔗茎，每条蔗茎截取中下部茎节，用砍刀切成 7 厘米左右长，再用钳子挤压 25 毫升左右的甘蔗汁于 50 毫升离心管内充分混匀（每取一个样品后均用清水冲洗砍刀和钳子，再用75%的酒精消毒），放于4℃和-20℃冰箱保存待用。在实验室采用PCR和I-ELISA检测法，对田间采集的97个样本进行RSD检测。结果表明，73个样本为阳性，阳性检出率75.26%，24个样本为阴性，确认耿马蔗区存在RSD；通过系统分析，明确了不同品种、不同植期、不同蔗地RSD发生状况，为耿马蔗区推广应用温水脱毒健康种苗，有效防控RSD提供了科学依据。

4. 研究形成了甘蔗温水脱毒种苗生产技术，制定了云南省地方标准《甘蔗温水脱毒种苗生产技术规程》（DB53/T 370—2012），为我国甘蔗脱毒种苗产业化开发和推广应用开辟了技术新途径

根据RSD主要通过带病蔗种传播危害的特点，采用温水处理研究甘蔗种苗脱毒技术，以50℃温水、2小时为基点，设置不同梯度的温度和时间进行浸泡处理，对甘蔗脱毒蔗种进行小区种植，在各生育期分别调查研究甘蔗出苗率、甘蔗生长速度，收获期间进行产量检测和甘蔗糖分检测、RSD检测，评价不同的温水脱毒效果。研究形成了甘蔗种苗温水脱毒方法、工艺流程和脱毒种苗生产技术体系，并制定了云南省地方标准《甘蔗温水脱毒种苗生产技术规程》（DB53/T 370—2012），为我国甘蔗脱毒种苗产业化开发和推广应用开辟了技术新途径。

甘蔗种苗温水脱毒处理流程：

①选择生长健壮的成熟蔗茎，切成带有2~4个芽的节段（或170厘米/节段），装入网袋（或绑成小捆）堆放于吊篮内。

②处理池水温加热到51~52℃，放入装有种苗吊篮，使其完全浸没。

③（50±0.5）℃温水脱毒处理2小时，从甘蔗种苗放入处理池开始计时。

④种苗从处理池吊出后，放入装有50%多菌灵可湿性粉剂800倍液冷却消毒池浸泡5分钟冷却消毒，即可种植。也可摆放1~2天待胚芽硬化后种植。

5. 探索了县域条件下甘蔗脱毒健康种苗生产车间及繁育基地布局与建设经济模式

针对现有县域经济发展和甘蔗产区布局，本着经济高效原则，探索了县域条件下甘蔗脱毒健康种苗生产车间及繁育基地布局与建设经济模式。10万亩蔗区宜布局建设脱毒处理车间1间，设备1台，一级种苗圃700亩，二级种苗圃5 000亩，以满足每年3.5万亩新植、3.5万吨脱毒种苗用种需求；20万亩蔗区宜布局建设脱毒处理车间2间，设备2台，一级种苗圃1 400亩，二级种苗圃10 000亩，以满足每年7万亩新植、7万吨脱毒种苗用种需求；30万亩蔗区宜布局建设脱毒处理车间3间，设备3台，一级种苗圃2 100亩，二级种苗圃15 000亩，以满足每年10.5万亩新植、10.5万吨脱毒种苗用种需求；10万亩以下蔗区参照10万亩蔗区布局建设。

6. 建立了甘蔗温水脱毒种苗生产、繁殖和示范应用体系，形成了甘蔗温水脱毒种苗配套高效综合栽培技术，为产业化应用甘蔗温水脱毒种苗提供全程技术支撑

甘蔗是一种栽培用种量大的作物，亩用种量高达8 000~10 000芽，但繁殖速度慢，严重影响了脱毒种苗繁殖推广。在工厂化生产脱毒种苗的基础上，建立了无病种苗圃一、二级苗圃繁殖和示范应用体系，即通过一、二级专用种苗圃扩繁脱毒种苗，为大面积生产提供脱毒种苗。一级苗圃设在脱毒种苗生产车间附近，专用于繁育经温水处理脱毒种苗。脱毒种苗摆放1~2天待胚芽硬化后种植，每亩下种量为8 000~10 000芽，双行接顶摆放

（与当地常规种植方式相同）。一级苗圃强化病虫害综合防治，各项操作由经过培训的技术人员执行；二级苗圃大量繁育从一级苗圃收获蔗种，从下种开始直至收获，由专业种植大户加强田间管理，专业技术人员定期巡查指导病虫害防治。二级苗圃收获蔗种即为生产用脱毒种苗，可提供蔗农种植。

6年来，项目实施建立了标准化、规模化甘蔗脱毒种苗繁殖基地一级种苗圃 7 000 亩、二级苗圃 50 000 亩和高效、简便易行脱毒种苗生产、繁殖和示范应用体系；同时，将脱毒种苗技术与配套技术结合，在脱毒种苗圃繁殖过程中，配套以"砍具消毒、蔗叶还田、地膜覆盖、配方施肥、化学除草、病虫害综合防治"进行集成创新，研究形成了脱毒种苗配套高产综合栽培技术，切实提高了脱毒种苗繁殖倍数，达到增产提效、降低生产成本的效果，使甘蔗温水脱毒种苗产业化开发实现全程技术化，为产业化应用脱毒种苗提供全程技术支撑。

（五）项目推广应用及社会经济效益

1. 组织进行温水脱毒种苗展示示范和推广应用，获得了显著的经济、社会和生态效益，为地方经济发展和边疆人民脱贫致富作出了重大贡献

2006—2011 年，大力开展脱毒种苗展示示范和生产验证，积极组织蔗农参观，科学引导蔗农种植脱毒种苗。选择主栽品种及新品种进行温水脱毒种苗试验示范，结果表明：粤糖 93-159、ROC 10 号、闽糖 69-421、ROC 25 号、桂糖 17 号等主栽品种经温水脱毒处理能显著提高出苗率，促进生长，蔗茎增粗、有效茎数增多、产量增加。与常规种苗相比，新植宿根 5 年平均亩增产甘蔗 936～2 479 千克，增幅 19.85%～59.76%；糖分提高 0.35%～0.86%；脱毒种苗 5 年宿根 RSD 检测结果仍呈阴性，蔗株仍保持明显生长势，可延长宿根年限 2～3 年。5 年数据显示了显著增产增糖效果，示范应用效果直观明显，得到了各级领导、企业和蔗农广泛认可和普遍接受，各地踊跃引进脱毒种苗示范种植，为该技术快速转化和推广应用奠定了良好基础，切实提高了脱毒种苗推广普及率。

2009—2011 年，研究成果在云南、广西蔗区累计推广 24.8 万亩，平均亩增产甘蔗 0.8～1.32 吨，共增产甘蔗 23.614 万吨，农业产值增加 11 056 万元，蔗糖增产 2.99 万吨，工业产值增加 20 930.44 万元，合计增加工农业产值 31 986.44 万元、工业税利 1 196 万元，获得了显著的经济、社会和生态效益，为地方经济发展和边疆人民脱贫致富作出了重大贡献。

2. 切实做好项目宣传，大力举办项目技术培训，有力地促进了脱毒种苗示范推广工作开展

在实施"甘蔗种苗温水脱毒处理设备和技术的研究示范"项目中，加大宣传力度，先后在新华网，云南日报，昆商糖网，甘蔗科技网和第七届、第八届中国—东盟博览会农村先进适用技术暨高新技术展，"十一五"国家重大科技成就农村农业领域展、2011 年云南生物产业科技成果展示交易会等宣传、展览"甘蔗温水脱毒种苗生产技术"，取得了良好效果。

结合甘蔗脱毒种苗示范推广，大力举办甘蔗温水脱毒种苗及配套栽培技术培训及现场示范 100 余期次，培训农技人员和蔗农 1 万余人次，结合培训发放"甘蔗温水脱毒种苗生产技术"等相关资料 2 万余份。培训重点对温水脱毒种苗生产技术原理以及温水脱毒种苗生产、繁殖、推广应用等关键技术环节进行了系统讲授；2008—2009 年连续 2 年通过举办"第一、二届甘蔗新品种新技术推介会"，重点就温水脱毒种苗生产技术及效果进行了推介，还组织部分学员到现场观摩了甘蔗温水脱毒种苗生产车间，实地查看脱毒种苗长势效果。通过培训和现场观摩，使广大干部、蔗农加深了对脱毒健康种苗的认识，深入了解了温水脱毒健康种苗生产技术，为全方位做好甘蔗脱毒健康种苗示范推广工作奠定了基础，提供了技术支撑，有力地促进了脱毒种苗示范推广工作开展。

3. 大力开展脱毒种苗展示示范工作，科学引导蔗农种植甘蔗脱毒种苗，切实提高甘蔗脱毒种苗推广普及率

2007—2011 年，大力开展脱毒种苗展示示范工作，建立规范的示范现场，积极组织蔗农参观，科学引导蔗农种植甘蔗脱毒种苗。先后选择粤糖 93-159、ROC 10 号、闽糖 69-421、ROC 25 号、桂糖 17 号、ROC 22 号、ROC 26 号、ROC 16 号等主栽品种及新品种进行温水脱毒种苗试验示范，与常规种苗相比，脱毒种苗在整个生长期都表现出明显生长优势，早生快发、伸长拔节早、长相健壮，株高、茎径、有效茎数等参数指标均明显高于对照种苗，增产增糖效果十分显著，得到了各级领导、制糖企业和蔗农的广泛认可和普遍接受，各地踊跃引进脱毒种苗进行展示示范，为该技术的快速转化和推广应用奠定了良好基础，切实提高了甘蔗脱毒种苗推广普及率。

4. 项目经济效益和社会生态效益

（1）经济效益

几年来，在云南红河、临沧、西双版纳、玉溪、普洱、保山、德宏共 7 个主产州（市）15 个县（市）和广西博庆食品有限公司蔗区组织进行了温水脱毒种苗展示示范和推广应用，增产增糖效果十分显著。2009—2011 年，研究成果在云南及广西主产蔗区累计推广 24.8 万亩，平均亩增产甘蔗 0.8～1.32 吨，共增产甘蔗 23.614 万吨，农业产值增加 1.1 亿余元，蔗糖增产 2.99 万吨，工业产值增加 2.1 亿余元，合计增加工农业产值 3.2 亿元，增加税利 1 000 余万元；同时推广使用脱毒种苗可使宿根年限延长 1 倍（3 年）以上，甘蔗种植种苗成本每亩节约 210 元，栽种劳动力成本每亩节约 150 元。成果转化程度高，取得了重大的经济效益，为地方经济发展和边疆人民的脱贫致富作出了重大贡献。

（2）社会效益

项目实施解决了占甘蔗种植面积 2/3 的宿根蔗感染 RSD 严重，长期低产低糖、宿根年限短、生产成本高、效益差等问题，攻克种传病害防控及温水脱毒种苗生产关键技术难题，培养锻炼了一批从事甘蔗温水脱毒种苗生产、繁殖及推广工作的技术队伍和脱毒种苗扩繁能手；大大加强规模化提供甘蔗脱毒种苗能力，对推动云南蔗区乃至全国糖业可持续发展有重要作用和意义。总结形成了成熟的甘蔗温水脱毒种苗生产技术、方法和脱毒种苗快繁技术体系以及配套高产综合栽培技术，通过集中展示示范甘蔗脱毒种苗和配套高产综合栽培技术，切实引导蔗区推广应用甘蔗脱毒种苗和配套高产综合栽培技术，从粗放生产向科学生产转变，提高了边境地区的甘蔗产业科技水平和蔗农种蔗积极性，增加就业人数，有力保障国家糖料安全，促进边疆民族经济发展，具有显著社会效益。

（3）生态效益

项目的实施，通过示范推广温水脱毒种苗及高效栽培技术，有效减少化学农药和化学肥料的用量，从而逐渐减少农药残留污染和对土地原有生态系统的破坏，增加蔗田生物多样性，有效改善甘蔗的种植条件，将提高土地的生产力，为农业可持续发展奠定坚实基础。同时降低了生产成本，保障了人畜安全，维持了蔗田良好的生态平衡，促进了人与生态的和谐，生态效益极其显著。

四、甘蔗种传病害病原检测鉴定与应用

（一）项目背景及来源

甘蔗是我国主要的糖料作物，随着甘蔗产业链条逐年延伸完善，甘蔗产业已经成为我国南方甘蔗主产区的主要产业之一，成为边疆民族地区经济发展的重要支柱和农民增收的主要来源。

甘蔗属无性繁殖宿根性作物，我国蔗区（尤其云南）生态多样化，甘蔗病害病原种类复杂多样，多种病原复合侵染，尤其种传病害病原具有潜育期和隐蔽性，传统方法难以诊断，易随种苗传播蔓延、危害成灾，甘蔗受损极为严重，每年造成减产 20% 以上，蔗糖分损失 0.5% 以上。甘蔗种传病害发生危害已成为影响我国甘蔗产业发展的主要障碍因素之一，全国甘蔗生产正面临日益严峻的灾害威胁。调查表明，甘蔗宿根矮化病蔗株平均感染率 70% 以上，造成甘蔗减产 12%~37%，干旱情况下减产可达 60%，蔗糖分降低 0.5%；目前的主栽品种 ROC 22 宿根蔗黑穗病平均发病率达 18%，个别田块高达 90% 以上；花叶病在我国蔗区普遍发生，尤以旱地蔗发生更重，发病株率达 30% 以上，可导致甘蔗产量损失 10%~50%，而我国甘蔗 80% 以上为旱地蔗，损失更严重；甘蔗白叶病是近年我国甘蔗上首个由植原体引起的危险性重要新病害，扩散蔓延十分迅速，可对甘蔗造成毁灭性危害，感病品种发病率高达 50% 以上，严重的甚至高达 100%。因此，切实加强对甘蔗种传病害的研究和科学有效防控以减少危害损失成为现代甘蔗生产中最迫切的任务。精准有效地对甘蔗种传病害病原进行诊断检测，明确监测病害致病病原是科学有效防控甘蔗种传病害的基础和关键。为此，针对甘蔗种传病害诊断检测基础薄弱、主要病害病原种类及株系（小种）类群不明等关键问题，通过现代农业产业技术体系建设专项（CARS-20-2-2）、植物病虫害生物学国家重点实验室开放基金（SKL2010OP14）和云南省农业生物技术重点实验室开放基金（2003B02）等相关项目研究，以严重危害我国甘蔗生产的黑穗病、宿根矮化病、病毒病、白叶病等种传病害为研究对象，历经近 12 年协同攻关，研究建立了 9 种种传病害 11 种病原的分子快速检测技术，研究探明了甘蔗种传病害病原种类、主要株系（小种）类群及遗传多样性，明确了重点监测的病原目标基因。研究技术成果创新性突出，实用性强，为甘蔗种传病害的精准有效诊断、脱毒种苗检测及引种检疫提供了关键技术支撑，给抗病育种和科学有效防控甘蔗种传病害奠定了重要基础。

（二）项目研究及主要科技创新

1. 系统研究建立了 9 种种传病害 11 种病原的分子快速检测技术，为甘蔗种传病害精准有效诊断与防控、脱毒种苗检测及引种检疫提供了关键技术支撑

我国蔗区（尤其云南）生态多样化，甘蔗病害病原种类复杂多样，多种病原复合侵染，尤其种传病害病原具有潜育期和隐蔽性，传统方法难以诊断，易随种苗传播蔓延、危害成灾，甘蔗受损极为严重。快速精准有效地对甘蔗种传病害病原进行诊断检测，明确病害致病病原是科学有效防控甘蔗种传病害的基础和关键。项目针对甘蔗种传病害诊断检测基础薄弱、主要病害病原种类及株系（小种）类群不明等关键问题，以严重危害我国甘蔗生产的黑穗病、宿根矮化病、病毒病、白叶病等种传病害为研究对象，系统研究建立了甘蔗黑穗病、甘蔗宿根矮化病、甘蔗白条病、甘蔗赤条病、甘蔗花叶病、甘蔗黄叶病、甘蔗杆状病毒病、甘蔗斐济病和甘蔗白叶病共 9 种种传病害 11 种病原的分子快速检测技术，为甘蔗种传病害精准有效诊断与防控、脱毒种苗检测及引种检疫提供了关键技术支撑。

（1）甘蔗黑穗病 PCR 检测技术

①样品来源。检测样本采自云南开远、元江等蔗区，阳性对照甘蔗黑穗病菌基因组 DNA 由云南省甘蔗遗传改良重点实验室提供，阴性对照为脱毒健康蔗株，空白对照为双蒸水。

②DNA 的提取。取 0.5 克甘蔗黑穗病菌孢子或病部组织于研钵中，加入液氮研磨成粉状。采用 DNA Kit 植物 DNA 提取试剂盒提取叶片总 DNA，具体步骤按照说明书操作，提取后用 Eppendorf AG 22331 蛋白/核酸分析仪鉴定 DNA 质量。

③扩增甘蔗黑穗病菌的特异性引物。根据甘蔗黑穗病菌基因组 bE 交配型基因核苷酸保守序列设计特异性引物，其序列为上游引物 bE4：5′-CGCTCTGGTTCATCAACG-3′，下游引物 bE8：5′-TGCTGTCGATGGAAGGTGT-3′；目的片段长度为 420 bp。

④PCR 扩增检测。25 微升 PCR 扩增体系中含 10 × PCR 反应缓冲液 2.5 微升，25 毫摩尔/升 $MgCl_2$ 2.0 微升，10 毫摩尔/升 dNTPs 1.0 微升，1 U Taq 酶 1.0 微升，上、下游引物（10 微摩尔/升）各 2.0 微升，DNA 模板 2 微升，加灭菌超纯水至 25 微升。PCR 反应程序：94℃预变性 4 分钟；94℃变性 30 秒，55℃退火 30 秒，72℃延伸 1 分钟，35 个循环；最后 72℃延伸 10 分钟。每个样品进行 3 次重复扩增检测。

⑤结果及判别。取 10 微升 PCR 反应产物于 1.0 % 琼脂糖凝胶上电泳，用 BIO-RAD 凝胶成像系统观察、判别结果，扩增出 420 bp 条带的为阳性，未扩增出 420 bp 条带的为阴性（图 4 - 1）。

（2）甘蔗宿根矮化病 PCR 检测技术

①样品采集与处理。检测样本采自云南开远蔗区。于甘蔗成熟期采样检测，采用五点取样法，每个样品取 10 株，每株截取中下部茎节各 1 节，每节切成约 7 厘米长，纵向"十"字剖为 4 份，再用钳子挤压蔗茎，共取约 25 毫升的蔗汁于 50 毫升离心管内混匀，样品放于冰箱中，于－20℃保存待用。每取一个样品后，取样工具先用清水冲洗，再用 75％的酒精进行消毒。阳性对照甘蔗宿根矮化病菌基因组 DNA 由云南省甘蔗遗传改良重点实验室提供，阴性对照为脱毒健康蔗株，空白对照为双蒸水。

②DNA 的提取。每个样品取 2 000 微升蔗汁放入离心管中，12 000 转/分钟离心 10

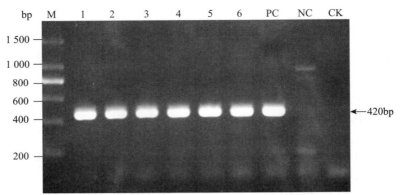

M. DNA分子量标准　1~6.甘蔗样品　PC.阳性对照　NC.阴性对照　CK.空白对照

图 4-1　甘蔗黑穗病菌 PCR 检测

分钟，弃上清液。采用 DNA Kit 植物 DNA 提取试剂盒提取叶片总 DNA，具体步骤按照说明书操作，提取后用 Eppendorf AG 22331 蛋白/核酸分析仪鉴定 DNA 质量。

③扩增甘蔗宿根矮化病菌的特异性引物。根据甘蔗宿根矮化病菌 16S～23S rDNA 基因间隔区保守序列设计特异性引物，其序列为上游引物 Lxx1：5′-CCGAAGTGAG-CAGATTGACC-3′，下游引物 Lxx2：5′-ACCCTGTGTTGTTTTCAACG-3′；目的片段长度为 438 bp。

④PCR 扩增检测。20 微升 PCR 扩增体系中含双蒸水 8.6 微升，2×PCR Taq 混合物 8 微升，DNA 模板 3 微升，上、下游引物（20 微克/微升）各 0.2 微升；PCR 反应程序为：95℃预变性 5 分钟；94℃变性 30 秒，56℃退火 30 秒，72℃延伸 1 分钟，35 个循环；72℃延伸 5 分钟。每个样品进行 3 次重复扩增检测。

⑤结果及判别。取 10 微升 PCR 反应产物于 1.0 ％ 琼脂糖凝胶上电泳，用 BIO-RAD 凝胶成像系统观察、判别结果，扩增出 438 bp 条带的为阳性，未扩增出 438 bp 条带的为阴性（图 4-2）。

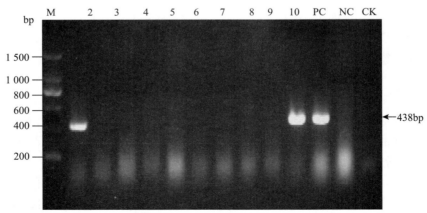

M. 分子量标准　1~10.甘蔗样品　PC.阳性对照　NC.阴性对照　CK.空白对照

图 4-2　甘蔗宿根矮化病菌 PCR 检测

（3）甘蔗白条病 PCR 检测技术

①样品采集与处理。与甘蔗宿根矮化病相同。

②样品制备。取采集的蔗汁 1.5 毫升放入离心管中，13 000 转/分钟离心 3 分钟，弃上清液，向沉淀中加入 1 000 微升灭菌水，13 000 转/分钟重复操作 2 次，向沉淀中加入 20～200 微升灭菌水，－20℃保存备用。

③扩增甘蔗白条病菌的特异性引物。根据甘蔗白条病菌基因组保守序列设计特异性引物，其序列为上游引物 XaF：5′-CCTGGTGATGACGCTGGGTT -3′，下游引物 XaR：5′-CGATCAGCGATGCACGCAGT-3′；目的片段长度为 600 bp。

④PCR 扩增检测。25 微升 PCR 扩增体系中含10× PCR 反应缓冲液 2.5 微升，25 毫摩尔/升 $MgCL_2$ 2.0 微升，10 毫摩尔/升 dNTPs 1.0 微升，上、下游引物（20 微克/微升）各 0.5 微升，5U Taq DNA 聚合酶 0.2 微升，DNA 模板 1.0 微升，双蒸水 17.3 微升。PCR 反应条件为：95℃ 5 分钟；94℃ 45 秒，65℃ 1 分钟，72℃ 1 分钟，10 个循环；94℃ 45 秒，65℃ 1 分钟，72℃ 2 分钟，10 个循环；94℃ 45 秒，65℃ 1 分钟，72℃ 3 分钟，10 个循环；72℃ 10 分钟。每个样品进行 3 次重复扩增检测。

⑤结果及判别。取 10 微升 PCR 反应产物于 1.0 ％ 琼脂糖凝胶上电泳，用 BIO-RAD 凝胶成像系统观察、判别结果，扩增出 600 bp 条带的为阳性，未扩增出 600 bp 条带的为阴性（图 4-3）。

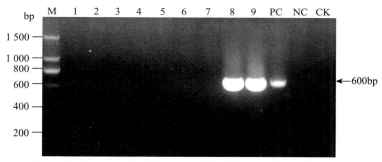

M. DNA分子量标准　1~9.甘蔗样品　PC.阳性对照　NC.阴性对照　CK.空白对照

图 4-3　甘蔗白条病菌 PCR 检测

（4）甘蔗赤条病 PCR 检测技术

①样品来源。检测样本采自云南元江蔗区，阳性对照赤条病菌基因组 DNA 由云南省甘蔗遗传改良重点实验室提供，阴性对照为脱毒健康蔗株，空白对照为双蒸水。

②DNA 的提取。取 0.2 克甘蔗叶片，加入液氮研磨成粉状。采用 DNA Kit 植物 DNA 提取试剂盒提取叶片总 DNA，具体步骤按照说明书操作，提取后用 Eppendorf AG 22331 蛋白/核酸分析仪鉴定 DNA 质量。

③扩增甘蔗赤条病菌的特异性引物。根据甘蔗赤条病菌 16S～23S rDNA 基因间隔区保守序列设计特异性引物，其序列为上游引物 P0f：5′-GAGAGTTTGATCCTGGCTCAG-3′，下游引物 P6r：5′-CTACGGCAACCTTGTTACGA -3′；目的片段长度为 1 500 bp。

④PCR 扩增检测。25 微升 PCR 扩增体系中含双蒸水 11.0 微升、2×PCR Taq 混合物

12.5微升、DNA模板1.0微升、上、下游引物（10微克/微升）各0.25微升。PCR反应程序为：95℃预变性5分钟；95℃变性30秒，55℃退火30秒，72℃延伸1分钟，25个循环；最后72℃延伸7分钟。每个样品进行3次重复扩增检测。

⑤结果及判别。取10微升PCR反应产物于1.5％琼脂糖凝胶上进行电泳，用BIO-RAD凝胶成像系统观察、判别结果，扩增出1 500 bp条带的为阳性，未扩增出1 500 bp条带的为阴性（图4-4）。

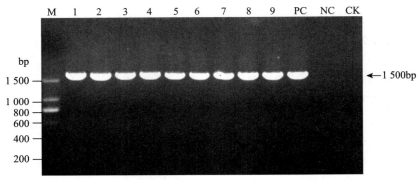

M. DNA分子量标准　1~9.甘蔗样品　PC.阳性对照　NC.阴性对照　CK.空白对照

图4-4　甘蔗赤条病菌PCR检测

（5）甘蔗花叶病毒病 RT-PCR 检测技术

①样品来源。检测样本采自云南开远、弥勒蔗区，阳性对照甘蔗花叶病毒分离物由云南省甘蔗遗传改良重点实验室提供，阴性对照为脱毒健康蔗株，空白对照为双蒸水。

②RNA 的提取。取新鲜叶片0.1克于研钵中，加入液氮研磨成粉状。采用 RNA Kit 植物 RNA 提取试剂盒提取叶片总 RNA，具体步骤按照说明书操作，提取后用 Eppendorf AG 22331 蛋白/核酸分析仪鉴定 RNA 质量。

③扩增甘蔗花叶病毒的特异性引物。根据 GenBank 登录的甘蔗花叶病毒外壳蛋白（CP）基因保守序列设计特异性引物，其序列为上游引物 SCMV-F：5′-GATGCAG-GVGCHCAAGGRGG-3′，下游引物 SCMV-R：5′-GTGCTGCTGCACTC CCAACAG-3′；目的片段长度为924bp。

④RT-PCR 扩增检测。用 TransScript One-Step gDNA Removal and cDNA Synthesis Supermix 试剂盒进行反转录。反转录程序：10微升 RT 体系中含2×TS reaction mix 5微升、DEPC 水1.5微升、0.5微克/微升 Oligod (T)$_{18}$ 0.5微升、RT/RI enzyme 混合物0.5微升、gDNA remover 0.5微升、RNA 2.0微升；RT 反应条件是：25℃ 10分钟，42℃ 30分钟。PCR 程序：20微升 PCR 体系中含双蒸水7.2微升、2×PCR Taq 混合物10微升，cDNA 模板2微升，上、下游引物（20微克/微升）各0.4微升；PCR 扩增程序为：94℃预变性5分钟；94℃变性30秒，60℃退火30秒，72℃延伸1分钟，35个循环；72℃延伸10分钟。每个样品进行3次重复扩增检测。

⑤结果及判别。取10微升PCR反应产物于1.0％琼脂糖凝胶上电泳，用BIO-RAD凝胶成像系统观察、判别结果，扩增出924 bp条带的为阳性，未扩增出924 bp条带的为

阴性（图 4 - 5）。

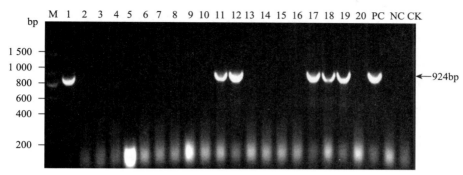

M. DNA分子量标准　1~20. 甘蔗样品　PC. 阳性对照　NC. 阴性对照　CK. 空白对照

图 4 - 5　甘蔗花叶病毒 RT-PCR 检测

（6）高粱花叶病毒病 RT-PCR 检测技术

①样品来源。检测样本采自云南开远、弥勒蔗区，阳性对照高粱花叶病毒分离物由云南省甘蔗遗传改良重点实验室提供，阴性对照为脱毒健康蔗株，空白对照为双蒸水。

②RNA 的提取。取新鲜叶片 0.1 克于研钵中，加入液氮研磨成粉状。采用 RNA Kit 植物 RNA 提取试剂盒提取叶片总 RNA，具体步骤按照说明书操作，提取后用 Eppendorf AG 22331 蛋白/核酸分析仪鉴定 RNA 质量。

③扩增高粱花叶病毒的特异性引物。根据 GenBank 登录的高粱花叶病毒外壳蛋白（CP）基因保守序列设计特异性引物，其序列为上游引物 SrMV-F：5′-CATCARGCAG-GRGGCGGYAC-3′，下游引物 SrMV-R：5′-TTTCATCTGCATGTG GGCCTC-3′；目的片段长度为 828 bp。

④RT-PCR 扩增检测。用 TransScript One-Step gDNA Removal and cDNA Synthesis Supermix 试剂盒进行反转录。反转录程序：10 微升 RT 体系中含 2×TS reaction mix 5 微升、DEPC 水 1.5 微升、0.5 微克/微升 Oligod (T)$_{18}$ 0.5 微升、RT/RI enzyme 混合物 0.5 微升、gDNA remover 0.5 微升、RNA 2.0 微升；RT 反应条件是：25℃ 10 分钟，42℃ 30 分钟。PCR 程序：20 微升 PCR 体系中含双蒸水 7.2 微升、2×PCR Taq 混合物 10 微升、cDNA 模板 2 微升，上、下游引物（20 微克/微升）各 0.4 微升；PCR 扩增程序为：94℃预变性 5 分钟；94℃变性 30 秒，60℃退火 30 秒，72℃延伸 1 分钟，35 个循环；72℃延伸 10 分钟。每个样品进行 3 次重复扩增检测。

⑤结果及判别。取 10 微升 PCR 反应产物于 1.0 % 琼脂糖凝胶上电泳，用 BIO-RAD 凝胶成像系统观察、判别结果，扩增出 828 bp 条带的为阳性，未扩增出 828 bp 条带的为阴性（图 4 - 6）。

（7）甘蔗条纹花叶病毒病 RT-PCR 检测技术

①样品来源。检测样本采自云南开远、元江蔗区，阳性对照甘蔗条纹花叶病毒分离物由云南省甘蔗遗传改良重点实验室提供，阴性对照为脱毒健康蔗株，空白对照为双蒸水。

②RNA 的提取。取新鲜叶片 0.1 克于研钵中，加入液氮研磨成粉状。采用 RNA Kit

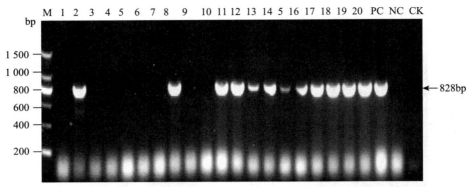

M. DNA分子量标准　1~20. 甘蔗样品　PC. 阳性对照　NC. 阴性对照　CK. 空白对照

图 4-6　甘蔗高粱花叶病毒 RT-PCR 检测

植物 RNA 提取试剂盒提取叶片总 RNA，具体步骤按照说明书操作，提取后用 Eppendorf AG 22331 蛋白/核酸分析仪鉴定 RNA 质量。

③扩增甘蔗条纹花叶病毒的特异性引物。根据 GenBank 登录的甘蔗条纹花叶病毒外壳蛋白（CP）基因保守序列设计的特异性引物，其序列为上游引物 SCSMV-F：5′-ACAAGGAACGCAGCCACCT-3′，下游引物 SCSMV-R：5′-ACTAAGCGGTCAGGCAAC-3′；目的片段长度为 939 bp。

④RT-PCR 检测。用 TransScript One-Step gDNA Removal and cDNA Synthesis Supermix 试剂盒进行反转录。反转录程序：10 微升 RT 体系中含 2×TS reaction mix 5 微升、DEPC 水 1.5 微升、0.5 微克/微升 Oligod（T）$_{18}$ 0.5 微升、RT/RI enzyme 混合物 0.5 微升、gDNA remover 0.5 微升、RNA 2.0 微升；RT 反应条件是：25℃ 10 分钟，42℃ 30 分钟。PCR 程序：20 微升 PCR 体系中含双蒸水 9.6 微升、2×PCR Taq 混合物 8.0 微升、cDNA 模板 2 微升、上、下游引物（20 微克/微升）各 0.2 微升；PCR 扩增程序为：94℃预变性 5 分钟；94℃变性 30 秒，50℃退火 30 秒，72℃延伸 1 分钟，35 个循环；72℃延伸 10 分钟。每个样品进行 3 次重复扩增检测。

⑤结果及判别。取 10 微升 PCR 反应产物于 1.0 % 琼脂糖凝胶上电泳，用 BIO-RAD 凝胶成像系统观察、判别结果，扩增出 939 bp 条带的为阳性，未扩增出 939 bp 条带的为阴性（图 4-7）。

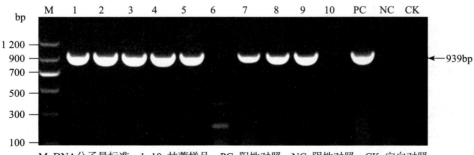

M. DNA分子量标准　1~10. 甘蔗样品　PC. 阳性对照　NC. 阴性对照　CK. 空白对照

图 4-7　甘蔗条纹花叶病毒 TR-PCR 检测

（8）甘蔗黄叶病毒病 RT-PCR 检测技术

①样品来源。检测样本采自云南开远蔗区，阳性对照甘蔗黄叶病毒分离物由云南省甘蔗遗传改良重点实验室提供，阴性对照为脱毒健康蔗株，空白对照为双蒸水。

②RNA 的提取。取新鲜叶片 0.1 克于研钵中，加入液氮研磨成粉状。采用 RNA Kit 植物 RNA 提取试剂盒提取叶片总 RNA，具体步骤按照说明书操作，提取后用 Eppendorf AG 22331 蛋白/核酸分析仪鉴定 RNA 质量。

③扩增甘蔗黄叶病毒的特异性引物。根据 GenBank 登录的甘蔗黄叶病毒外壳蛋白（CP）基因保守序列设计特异性引物，其序列为上游引物 ScYLV-F：5′-AATCAGTGCA-CACATCCGAG-3′，下游引物 ScYLV-R：5′-GGAGCGTCGCCTACCTATT-3′；目的片段长度为 634 bp。

④RT-PCR 扩增检测。采用 One Step RNA PCR Kit（大连 TaKaRa 公司）进行甘蔗黄叶病毒 CP 基因 RT-PCR 扩增，按序加入双蒸水 6.2 微升，PrimeScript 1 step enzyme 混合物 0.8 微升，2×1 step buffer10.0 微升，上、下游引物（20 微摩尔/升）各 0.5 微升，RNA 模板 2.0 微升于 PCR 管里，短速离心几秒混匀后放入 PCR 仪。PCR 程序：45℃ 30 分钟；94℃ 2 分钟；94℃ 30 秒，52℃ 30 秒，70℃ 1 分钟，30 个循环；70℃ 5 分钟。每个样品进行 3 次重复扩增检测。

⑤结果及判别。取 10 微升 PCR 反应产物于 1.0% 琼脂糖凝胶上电泳，用 BIO-RAD 凝胶成像系统观察、判别结果，扩增出 634 bp 条带的为阳性，未扩增出 634 bp 条带的为阴性（图 4-8）。

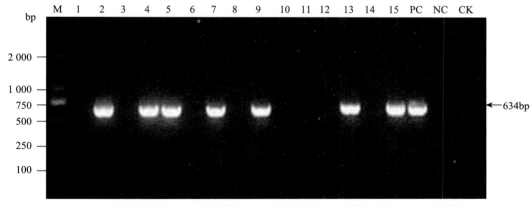

M. DNA分子量标准　1~15. 甘蔗样品　PC. 阳性对照　NC. 阴性对照　CK. 空白对照

图 4-8　甘蔗黄叶病毒 RT-PCR 检测

（9）甘蔗杆状病毒病 PCR 检测技术

①样品来源。检测样本采自云南开远蔗区，阳性对照甘蔗杆状病毒分离物由云南省甘蔗遗传改良重点实验室提供，阴性对照为脱毒健康蔗株，空白对照为双蒸水。

②DNA 的提取。取甘蔗叶组织 0.3～0.5 克加适量液氮研磨至粉状，转至 2 毫升离心管中。采用 DNA Kit 植物 DNA 提取试剂盒提取叶片总 DNA，具体步骤按照说明书操作，提取后用 Eppendorf AG 22331 蛋白/核酸分析仪鉴定 DNA 质量。

③扩增甘蔗杆状病毒的特异性引物。根据甘蔗杆状病毒基因组保守区域设计特异性引物，其序列为上游引物 PC1：5′-ACCAGATCCGAGATTACAGAAG-3′，下游引物 PC2：5′-TCACCTTGCCAACCTTCATA-3′；目的片段长度为 589 bp。

④PCR 扩增检测。在 PCR 管中按序加入双蒸水 7.6 微升，2×PCR Taq 混合物 10 微升，DNA 模板 2 微升，上、下游引物（20 微摩尔/升）各 0.2 微升；加完短速离心后放进 PCR 仪，94℃预变性 2 分钟；94℃变性 30 秒，50℃退火 30 秒，72℃延伸 1 分钟，30个循环后 72℃延伸 5 分钟。每个样品进行 3 次重复扩增检测。

⑤结果及判别。取 10 微升 PCR 反应产物于 1.0% 琼脂糖凝胶上电泳，用 BIO-RAD 凝胶成像系统观察、判别结果，扩增 589 bp 条带的为阳性，未扩增出 589 bp 条带的为阴性（图 4-9）。

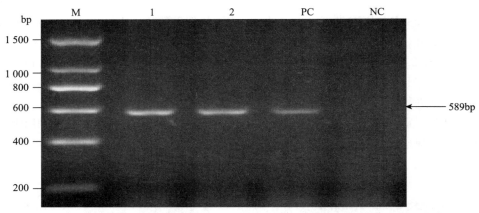

M. DNA分子量标准　1~2. 甘蔗样品　PC. 阳性对照　NC. 阴性对照

图 4-9　甘蔗杆状病毒 PCR 检测

（10）甘蔗斐济病 RT-PCR 检测技术

①样品来源。检测样本采自云南省农业科学院甘蔗研究所昆明检疫温室，为从法国、澳大利亚、菲律宾引进的甘蔗品种/材料，阳性对照甘蔗斐济病毒分离物由澳大利亚糖业试验管理局（BSES）提供，阴性对照为脱毒健康蔗株，空白对照为双蒸水。

②RNA 的提取。取新鲜叶片 0.1 克于研钵中，加入液氮研磨成粉状。采用 RNA Kit 植物 RNA 提取试剂盒提取叶片总 RNA，具体步骤按照说明书操作，提取后用 Eppendorf AG 22331 蛋白/核酸分析仪鉴定 RNA 质量。

③扩增甘蔗斐济病毒的特异性引物。根据甘蔗斐济病毒片段 9（S_9）基因组保守序列设计特异性引物，其序列为上游引物 FDV7F：5′-CCGAGTTACGGTCAGACTGT-TCTT-3′，下游引物 FDV7R：5′-CA GTGGTGACGAAAT GATGGCGA-3′；目标片段长度为 450 bp。

④RT-PCR 扩增检测。采用 C. therm RT-PCR 试剂盒进行一步法 RT-PCR 检测。于 0.5 毫升 PCR 管中加入 1.0 微升 RNA 模板，上、下游引物（20 微克/微升）各 0.25 微升，双蒸水 11.0 微升。将以上混合物在 PCR 仪上加热至 99℃变性 2 分钟，然后立即置于

冰上。在以上变性混合液中依序加入 5×buffer 5 微升，10%PVP 2.5 微升，100 毫摩尔/升 DTT 1.25 微升，100%DMSO 1.25 微升，5% BSA 1.0 微升，20 毫摩尔/升 dNTPs 0.5 微升，C. therm 酶 1.0 微升。反应总体积为 25 微升。PCR 反应条件为：57℃ 30 分钟；95℃ 2 分钟；95℃ 1 分钟，57℃ 1 分钟，72℃ 1 分钟，35 个循环；72℃ 8 分钟。每个样品进行 3 次重复扩增检测。

⑤结果及判别。取 10 微升 PCR 反应产物于 1.5 % 琼脂糖凝胶上电泳，用 BIO-RAD 凝胶成像系统观察、判别结果，扩增出 450 bp 条带的为阳性，未扩增出 450 bp 条带的为阴性（图 4－10）。

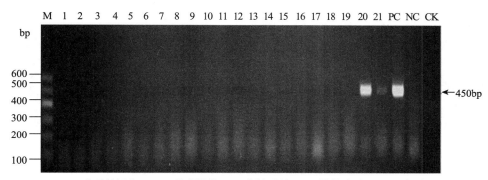

M. DNA分子量标准　1~21. 甘蔗样品　PC. 阳性对照　NC. 阴性对照　CK. 空白对照

图 4－10　甘蔗斐济病毒 RT-PCR 检测

（11）甘蔗白叶病巢式 PCR 检测技术

①样品来源。检测样本采自云南保山、临沧蔗区，阳性对照甘蔗白叶病植原体分离物由云南省甘蔗遗传改良重点实验室提供，阴性对照为脱毒健康蔗株，空白对照为双蒸水。

②DNA 的提取。取 0.2 克甘蔗叶片，加入液氮研磨成粉状。采用 DNA Kit 植物 DNA 提取试剂盒提取叶片总 DNA，具体步骤按照说明书操作，提取后用 Eppendorf AG 22331 蛋白/核酸分析仪鉴定 DNA 质量。

③扩增甘蔗白叶病植原体的引物。引物采用扩增植原体 16S rDNA 基因的通用引物对 P1/P7 和 R16F2n/ R16R2，其序列为 P1：5′-AAGAGTTTGATCCTGGCTCAGGATT -3′，P7：5′-CGTCCTTCATCGGCTCTT-3′，目的片段长度为 1 840 bp；R16F2n：5′-GAAACG ACTGCTAAGACTGG-3′，R16R2：5′-TGACGGGCGGTGTGTACAAA CCCCG-3′，目的片段长度为 1 240 bp。

④巢氏 PCR 扩增检测。以 P1/P7 为引物进行第一次 PCR 扩增，PCR 反应体系为 25 微升：总基因组 DNA 1 微升、10×PCR 反应缓冲液 2.5 微升、P1（20 微摩尔/升）1 微升、P7（20 微摩尔/升）1 微升、MgCl$_2$（25 微摩尔/升）2.0 微升、dNTPs（10 微摩尔/升）2.0 微升、Taq 酶（5 U/微升）0.2 微升、双蒸水 15.3 微升。第一次 PCR 扩增程序为：94℃预变性 3 分钟；94℃变性 30 秒，55℃退火 30 秒，72℃延伸 1 分钟，35 个循环；最后 72℃延伸 10 分钟。第二次 PCR 反应体系 25 微升：取 1 微升第一次 PCR 扩增产物（稀释 30 倍）作为模板 DNA，R16F2n（20 微摩尔/升）1 微升，R16R2（20 微摩尔/升）

1 微升，其他试剂用量同第一次 PCR 扩增。第二次 PCR 扩增程序为：94℃预变性 3 分钟；94℃变性 30 秒，57℃退火 30 秒，72℃延伸 1 分钟，35 个循环；最后 72℃延伸 10 分钟。每个样品进行 3 次重复扩增检测。

⑤结果及判别。取 10 微升 PCR 反应产物于 1.0 ％ 琼脂糖凝胶上电泳，用 BIO-RAD 凝胶成像系统观察、判别结果，扩增出 1 240 bp 条带的为阳性，未扩增出 1 240 bp 条带的为阴性（图 4-11）。

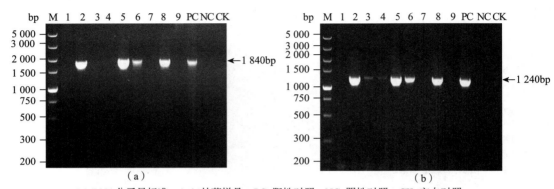

M. DNA分子量标准　1~9. 甘蔗样品　PC. 阳性对照　NC. 阴性对照　CK. 空白对照

图 4-11　甘蔗白叶病植原体巢式 PCR 检测

（a）第一次 PCR 检测扩增电泳图　（b）第二次 PCR 检测扩增电泳图

2. 研究探明了甘蔗黑穗病、甘蔗宿根矮化病、甘蔗白叶病以及甘蔗多种病毒病等种传病害病原种类、主要株系（小种）类群及遗传多样性，明确了重点监测的病原目标基因，给抗病育种和科学有效防控甘蔗种传病害奠定了重要基础

（1）甘蔗黑穗病菌（*Ustilago scitaminea* Sydow）检测鉴定

对云南红河、保山、德宏、临沧、西双版纳、玉溪以及普洱思茅共 7 个主产地和广西北海以及来宾武宣、河池宜州甘蔗黑穗病的发生和分布进行广泛调查采样，选择了 S1、S4、S6、S7、S12、S13、S14 共 7 份有代表性的黑穗病样品，分别人工接种在 F134、NCO310、ROC10、NCO376、桂糖 11 号等系列鉴别寄主上进行黑穗病生理小种鉴定试验，定期测定各寄主发病率，发现它们的致病性存在明显差异。其中样品 S1 鉴别寄主 ROC10 发病（9.1％）、桂糖 11 号发病（8.3％）；样品 S4 鉴别寄主 NCO310 发病（18.2％）；样品 S6 鉴别寄主 F134 发病（11.1％）、NCO310 发病（14.3％）；样品 S7 鉴别寄主 F134 发病（9.1％）、NCO310 发病（14.3％）；样品 S12 鉴别寄主桂糖 11 号发病（40％）；样品 S13 鉴别寄主 NCO376 发病（15.4％）、ROC10 发病（12.5％）、桂糖 11 号发病（11.1％）；样品 S14 鉴别寄主桂糖 11 号发病（7.9％）、NCO310 发病（8.4％）、F134 发病（24.1％）（表 4-1）。结果初步表明云南蔗区存在黑穗病生理小种 1、2 及新小种 3，并分离纯化保存了不同甘蔗黑穗病生理小种，为深入研究和指导引、育种，有效防控甘蔗黑穗病提供了科学依据和可贵的样品材料。

表 4 - 1 甘蔗黑穗病鉴别寄主测定结果

测定样品	鉴别寄主发病率（%）				
	F134	NCO310	ROC10	NCO376	桂糖 11 号
S1	0.0	0.0	9.1	0.0	8.3
S4	0.0	18.2	0.0	0.0	0.0
S6	11.1	14.3	0.0	0.0	0.0
S7	9.1	14.3	0.0	0.0	0.0
S12	0.0	0.0	0.0	0.0	40.0
S13	0.0	0.0	12.5	15.4	11.1
S14	24.1	8.4	0.0	0.0	7.9

注：F134（感小种 2、免疫小种 1）；NCO310（感小种 1、免疫小种 2）；ROC10 和 NCO376（感新小种 3、免疫小种 1 和 2）。

利用甘蔗黑穗病菌特异性引物 bE4/bE8 对采自云南和广西蔗区的 12 份有代表性的黑穗病样品进行 PCR 扩增、序列测定分析。结果表明，12 份样品均能扩增出 420 bp 的目的条带，扩增产物经回收、克隆、测序，与 GenBank 数据库中的甘蔗鞭黑粉菌（*Ustilago scitaminea* Sydow）的序列同源性高达 99 %，说明云南和广西蔗区甘蔗黑穗病的病原为甘蔗鞭黑粉菌（*Ustilago scitaminea* Sydow）。

（2）甘蔗宿根矮化病菌（*Leifsonia xyli* subsp. *xyli*，Lxx）检测鉴定

利用扩增甘蔗宿根矮化病菌（*Leifsonia xyli* subsp. *xyli*，Lxx）16S～23S rDNA 基因间隔区特异引物 Lxx1/Lxx2，采用 PCR 检测法，对云南开远、弥勒、耿马、云县、双江、凤庆、勐海、施甸、昌宁、盈江和广西怀远、石别、武宣等 21 个中国甘蔗主产区田间采集的 21 批 1 270 个样品进行 RSD 检测（图 4 - 12）。949 个样本为阳性，阳性检出率 74.7%。从 PCR 检测阳性的样品中随机选取 100 个 PCR 产物（其中云南 50 个、广西 50 个）进行测序，得到 100 条大小均为 438 bp，序列完全一致的核苷酸序列（GenBank 登录号：JX424816、JX424817）。BLAST 检索结果表明该序列是导致甘蔗宿根矮化病的 Lxx 基因组 16S～23S rDNA 基因间隔区序列，其与 GenBank 中公布的巴西、澳大利亚（登录号：AE016822、AF034641）分离的 RSD 致病菌基因组相应区段核苷酸序列相似性为 100%；与美国路州（AF056003）的有 1 个碱基的错配和 1 个碱基的插入，相似性为 99.54%，表明检测的片段是引起甘蔗 RSD 的病原细菌 Lxx。

（3）甘蔗花叶病毒（SCMV、SrMV、SCSMV）检测鉴定

从不同生态蔗区广泛采集有代表性的甘蔗花叶病样品，系统分离鉴定明确病毒种类和主要株系群及致病相关基因变异对病害暴发流行的影响。来源于不同生态蔗区的 77 个品种 770 份样品 3 种花叶病毒（SCMV、SrMV、SCSMV）检测结果显示：SCSMV 阳性检出率 100%（77/77）、SrMV 阳性检出率 27.27%（21/77）、SCMV 阳性检出率为 1.30%（1/77），SCSMV 为引起糖料蔗花叶病最主要病原（扩展蔓延十分迅速、致病性强），SrMV 为次要病原，且存在 2 种病毒复合侵染。

对检测到的 83 份 SCSMV 和 30 份 SrMV 进行克隆及测序分析，SCSMV 和 SrMV 均

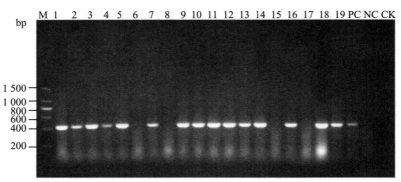

M. DNA分子量标准　1~19.甘蔗样品　PC. 阳性对照　NC. 阴性对照　CK. 空白对照

图4-12　部分甘蔗样品 RSD 的 PCR 扩增结果

具有丰富多样性。从系统发育树可看出，SCSMV 序列分为 3 个大类群，中国分离物聚为 1 个类群，印度分离物聚为 2 个类群。中国分离物除 JX467699 外全部聚在一起，印度分离物中有 4 个与中国分离物聚为 1 个大的类群，缅甸序列与中国序列聚在一起，印度尼西亚序列和巴基斯坦序列与印度序列聚在一起（图 4-13）。所有 34 个 SrMV 分离物形成 2 个组：Ⅰ和Ⅱ组，组间又分为 2 个亚组。不同来源的 SrMV 在系统发育树中交叉存在，没有明显的地理相关性。SrMV 云南分离物在各个分支中普遍存在，表现出很高的遗传多样性。

（4）甘蔗杆状病毒（*Sugarcane Bacilliform virus*，SCBV）检测鉴定

根据 GenBank 数据库中澳大利亚和摩洛哥已报道甘蔗杆状病毒基因组序列保守区设计特异性引物 PC1/PC2，对云南蔗区采集的 10 个品种 20 份表现斑驳和褪绿斑块症状样品进行 RT-PCR 检测，均扩增出大小约 600 bp 的特异性片段。扩增产物经连接、转化之后，对应每个品种选取 2 个阳性克隆进行测序，共得到 20 条大小均为 589 bp 的核苷酸序列。有 9 条序列完全一致，BLAST 检索结果表明与 SCBV 对应序列同源。去掉两侧序列，实际编码序列为 585 bp，推导编码产物为 195 个氨基酸（GenBank 登录号：GU056310）。该序列与 SCBV-Australia 对应序列相比较，核苷酸序列和氨基酸序列相似性分别为 74.0% 和 84.1%；同 SCBV-Morocco 相比，对应区域核苷酸序列和氨基酸序列相似性分别为 67.1% 和 66.7%。由此表明云南存在甘蔗杆状病毒，且 SCBV 不同分离物间的基因组序列存在高度变异特性。

（5）甘蔗黄叶病毒（*Sugarcane yellow leaf virus*，SCYLV）检测鉴定

运用研究建立的 RT-PCR 技术，对采自云南开远、弥勒、新平、勐海、孟连等蔗区甘蔗黄叶病样品进行系统检测鉴定。检测结果表明甘蔗黄叶病已广泛分布于云南各蔗区。为明确云南甘蔗黄叶病毒的基因型，根据 GenBank 数据库中已报道的包含 BRA、REU、PER 3 个 SCYLV 基因型的 9 个分离物全长及近全长序列设计 RT-PCR 引物 NF3596/NR4921，并引入 *Bam* HI、*Hind* III 和 *Xho* I 酶切位点，使用 RT-PCR-RFLP（反转录聚合酶链式反应—限制性片段长度多态）鉴别技术对甘蔗黄叶病毒进行基因型分析，89 份阳性样品 RT-PCR-RFLP 分析结果表明，云南蔗区检测的甘蔗黄叶病毒全部为 BRA 基因型（图 4-14）。

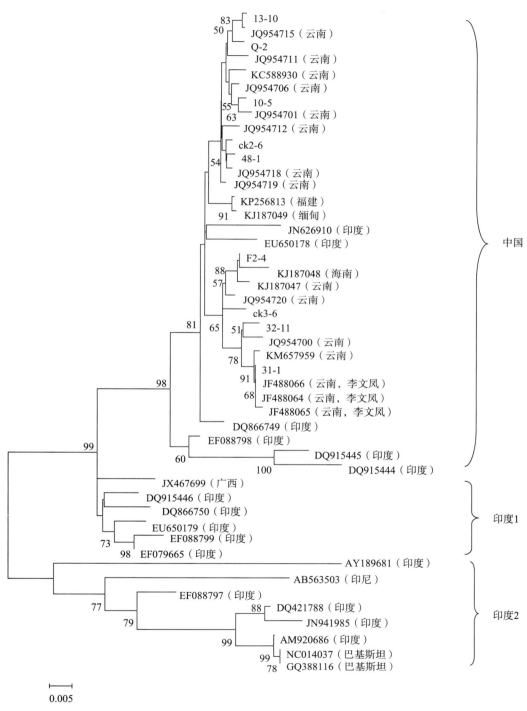

图 4-13　SCSMV 系统发育树

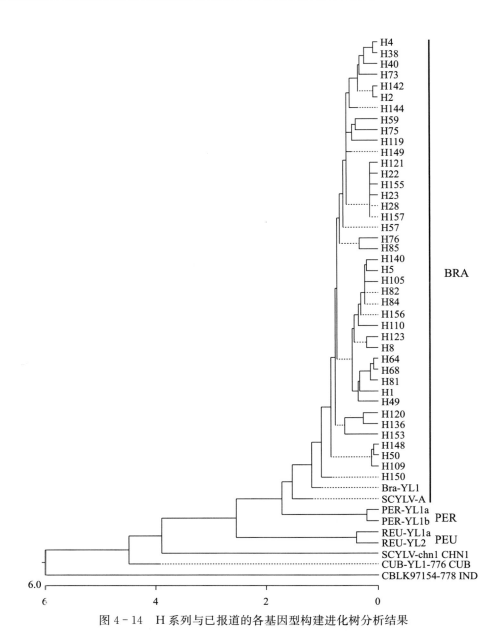

图 4-14 H 系列与已报道的各基因型构建进化树分析结果

（6）甘蔗白叶病植原体（*Sugarcane white leaf phytoplasma*）检测鉴定

运用研究建立的巢式 PCR 技术，先后对从云南保山施甸、隆阳和临沧耿马、镇康、双江、临翔等主要发生区域采集的 126 份 SCWL 样品和来源于缅甸、菲律宾、泰国、法国的 37 份 SCWL 样品进行了巢式 PCR 检测、克隆、测序。所得序列（GenBank 登录号：KC662509、KF431837、KC662511、KC662512、KC662510、KF431838）提交 GenBank 并进行 BLAST 比对检索，与 NCBI 上已知序列进行同源性比较，采用 DNAMAN6.0 和 Mega2.0 软件进行序列分析并构建了系统进化树，明确了云南保山、临沧以及缅甸、菲律宾、泰国、法国等不同国家地区 SCWL 的病原目标基因（图 4 - 15）。

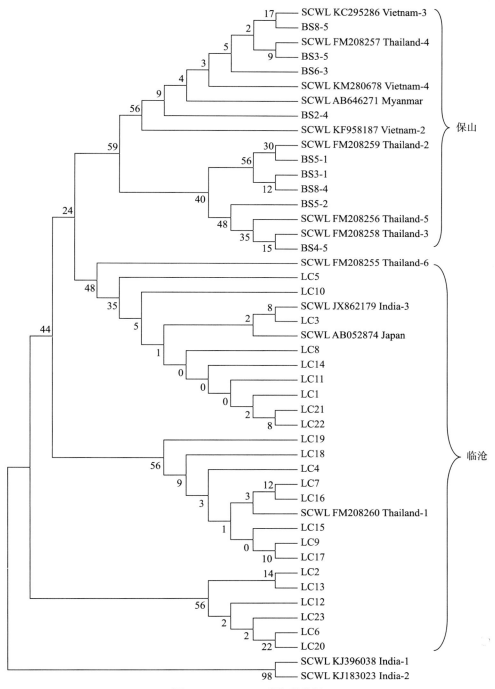

图 4 - 15　SCWL 系统进化树

3. 在国内首次检测报道了甘蔗种传病害病原甘蔗条纹花叶病毒（*Sugarcane streak mosaic virus*，**SCSMV**），**筛选出 1 个 SCSMV 强致病性分离物，分析明确了 3 个 SCSMV 分离物是 SCSMV 的 1 个新株系，为监测预警和科学有效防控新的危险性种传病害甘蔗条纹花叶病毒病提供了重要科学依据**

2010—2011 年，采用分子检测技术，从采自云南花叶病样品中首次检测到甘蔗条纹花叶病毒（SCSMV）。根据 GenBank 数据库中已报道的 1 个 SCSMV 全基因组序列（SCSMV-PAK 登录号：NC_014037）保守序列设计了 8 对引物，用分段测序的方法对 3 个样品分离物（分别命名为 SCSMV-JP1、SCSMV-JP2、SCSMV-ID）的全基因组进行测序。3 个分离物（GenBank 登录号：JF488064、JF488065 和 JF488066）的基因组大小均为 9 781 个核苷酸（包括 polyA 尾），编码一个 3 129 个氨基酸的多聚蛋白；基因组全序列和 CP 基因序列比对结果发现 SCSMV-JP1、SCSMV-JP2、SCSMV-ID 3 个分离物与 SCSMV-PAK 的一致率为 81.62%～81.67%（基因组全序列一致率）、85.38%～85.61%（CP 基因序列一致率），与 TriMV（SCSMV 亲缘关系最近的种）一致率为 51.58%～51.69%（基因组全序列一致率）、52.85%～53.07%（CP 基因序列一致率）。表明本实验获得的 3 个 SCSMV 分离物可能是 SCSMV 的 1 个新株系。

利用 MEGA4.0 软件邻近法（Neighbor-Joining），将上述 3 个 SCSMV 分离物与马铃薯 Y 病毒科不同属的代表种依据基因组全序列和 NIb 蛋白质氨基酸序列构建系统发育树，结果发现 JP1、JP2、ID 与已报道的 SCSMV-PAK 印度分离物和 TriMV 共同组成一个独立的分支，结果进一步证明马铃薯 Y 病毒科存在 1 个新属——禾本科病毒属（Susmovirus），SCSMV 是该属的代表种。通过与 GenBank 中所有的 SCSMV-CP 基因序列构建系统发育树，分析发现 JP1、JP2、ID 3 个 SCSMV 分离物在一个相对独立的分支上，表明本研究获得的 3 个 SCSMV 分离物是 SCSMV 的 1 个新株系。这是国内首次检测报道甘蔗种传病害病原甘蔗线条花叶病毒（*Sugarcane streak mosaic virus*，SCSMV）。

根据样品采集地点，选择采自开远（SCSMV-KY1、SCSMV-KY2）、弥勒（SCSMV-ML）、保山（SCSMV-BS）、德宏（SCSMV-DH）、元江（SCSMV-YJ）且寄主为当地主栽品种的 6 个 SCSMV 分离物，采用苗期病毒提取液摩擦接种法进行致病性测定。结果发现 6 个 SCSMV 分离物的致病性存在明显差异，其中 SCSMV-KY1 通过汁液摩擦容易接种且寄主范围较广，供试的 10 个寄主甘蔗品种均表现典型的系统花叶症状，说明该分离物有较强致病性，其次是 SCSMV-YJ 侵染 8 个寄主，SCSMV-KY2 侵染 7 个寄主，SCSMV-ML 侵染 4 个寄主，SCSMV-BS 和 SCSMV-DH 致病性较弱，只各侵染 3 个寄主（表 4 - 2）。

表 4 - 2　SCSMV 致病性测定结果

寄主品种	SCSMV 分离物侵染寄主情况					
	SCSMV-KY1	SCSMV-KY2	SCSMV-ML	SCSMV-BS	SCSMV-DH	SCSMV-YJ
Vmc88-354	SM	SM	SM	0	0	SM
SP80-3280	SM	SM	0	SM	SM	SM
C266-70	SM	0	0	0	0	0

（续）

寄主品种	SCSMV 分离物侵染寄主情况					
	SCSMV-KY1	SCSMV-KY2	SCSMV-ML	SCSMV-BS	SCSMV-DH	SCSMV-YJ
云蔗 04-622	SM	SM	SM	SM	SM	SM
云蔗 04-621	SM	SM	SM	SM	0	SM
云蔗 01-1413	SM	SM	0	0	0	0
德蔗 05-77	SM	0	0	0	0	SM
德蔗 04-1	SM	0	0	0	SM	SM
云瑞 05-596	SM	SM	SM	0	0	SM
云瑞 05-704	SM	SM	0	0	0	SM
感病品种数	10	7	4	3	3	8

注：SM 为侵染，0 为未侵染。

4. 在国内首次检测报道了新的危险性种传病害病原甘蔗白叶病植原体（*Sugarcane white leaf phytoplasma*，**SCWL），构建了系统发育树，研究结果丰富了植原体病害相关理论和技术基础，为 SCWL 深入研究和有效防控提供了理论指导和科学依据**

甘蔗白叶病是甘蔗上首个由植原体引起的危险性重要种传病害，通过带病蔗种远距离传播，且传播性极强。观察甘蔗感染 SCWL 植原体后，田间症状常表现为叶质柔软；叶绿素含量减少而白化，有的整叶白化，有的呈条纹状白化，有的呈斑驳状白化；分蘖明显增多，病株矮缩，茎细，节间缩短，顶部叶片丛生；株高、茎径、成茎率和单茎重明显降低或减小，造成大幅度减产。

2012—2013 年，采用巢式 PCR 检测方法，首次在云南保山蔗区的甘蔗上检测到检疫性病害 SCWL，证实 SCWL 植原体已传入云南。从检测阳性的样品中随机选取 17 个 Nest-PCR 产物进行测序与分析，17 个序列完全一致（GenBank 登录号：KC662509），BLAST 检索结果表明该序列是导致 SCWL 的植原体基因组 16S rRNA 基因间隔区序列，其与 GenBank 中公布的 SCWL 植原体基因组相应区段序列高度同源，同源性在99.05%～100%之间。

应用根据植原体 16S rDNA 序列设计的引物对 MLOX/ MLOY 和 P1/P2，对 2012 年在云南保山蔗区采集到的甘蔗白叶病症状蔗株进行巢式 PCR 扩增，得到约 200 bp 的目标片段。对扩增片段进行测序、系统发育分析和同源性分析，结果表明，该片段大小为 210 bp（登录号：KC662509）；BLAST 检索结果表明该序列是导致 SCWL 的植原体基因组 16S～23S 基因间隔区（16S～23S ISR）序列，其与 GenBank 中公布的泰国、缅甸（登录号：HQ917068、AB646271）SCWL 致病分离物的 16S～23S ISR 核苷酸序列相似性为 100%；与印度、斯里兰卡（登录号：JX862179、JF754446）的均有 1 个碱基的插入，相似性分别为 99.46% 和 99.52%；与夏威夷（登录号：JN223448）的有一个碱基的错配和一个碱基的缺失，相似性为 99.05%。表明检测的片段是引起 SCWL 的植原体。

从 GenBank 中下载各组的代表性植原体 16S～23S rRNA ISR 序列，与保山 SCWL 植原体 16S～23S rRNA ISR 序列进行同源性分析，利用 Mega 软件构建系统进化树，在构

建中选择 *Acholeplasma laidlawii*（M23932）为外群。从系统发育树可以看出，保山 SC-WL 植原体与 16Sr XI 组中的 SCWL 植原体（JN223448、HQ917068）和甘蔗草苗病（Sugarcane grassy shoot，SCGS）植原体（JF754448、JF754449 和 GU138402）处在同一分支上，均归属于 16Sr XI 组（图 4-16）。

综合田间症状观察、分子检测及序列分析结果，证实云南蔗区出现的 SCWL 疑似症状是由 16Sr XI 组中的 SCWL 植原体引起的，在国内首次报道了新的危险性种传病害病原SCWL 植原体。

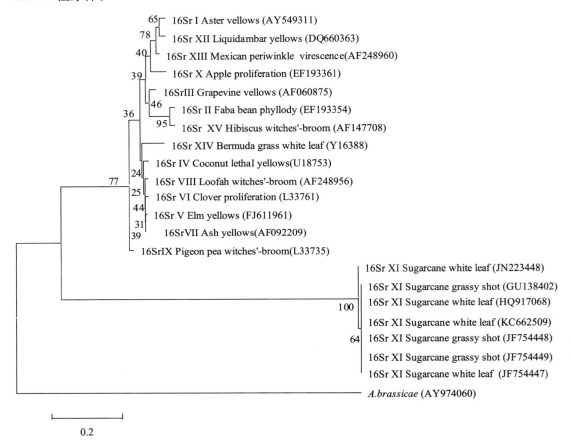

图 4-16 SCWL 系统进化树

5. 在国内首次检测报道了引起新的种传病害斑茅黑穗病的病原高粱坚孢堆黑粉菌（*Sporisorium sorghi* Ehrenberg ex. Link）

通过采用传统的病原真菌分离培养、孢子堆及孢子形态、颜色等形态学鉴定，柯赫式法则反接种观察和利用真菌 ITS1/ITS4 通用引物对病原真菌 rDNA 的 ITSL 内转录间隔区进行 PCR 扩增、ITS 序列测定分析等方法，对采自中国国家甘蔗种质资源圃斑茅上的黑穗病样品进行系统检测鉴定。从病样分离培养得到孢堆黑粉菌，形态学观察病菌孢子堆圆柱形或卵形，直径 2.5～12.0 毫米，孢子球形，淡橄榄褐色或黑色，大小（5.0～9.0）毫米×（4.0～8.5）毫米（图 4-17），鉴定为高粱坚孢堆黑粉菌（*Sporisorium sorghi* Ehrenberg ex. Link）。通过 PCR 扩增，出现了一个 750 bp 的目的片段，对该片段进行测序和分析，其 ITS 序列（GenBank 登录号：JX183795）与法国（AF038828.1）和德国（AY740021.1）高粱上的高粱坚孢堆黑粉菌分离物的 ITS 序列相似性为 98%，进一步证实该病原菌为高粱坚孢堆黑粉菌。这是高粱坚孢堆黑粉菌引起斑茅黑穗病的首次报道（图 4-17）。

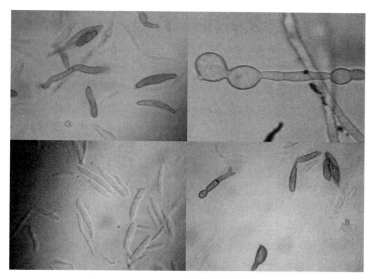

图 4-17　高粱坚孢堆黑粉菌形态特征

6. 在国内检测报道了甘蔗种传病害病原强致病性花叶病毒分离物（HH-1），分子鉴定明确 HH-1 为 SrMV 的 1 个新分离物

对云南省甘蔗主产区红河、保山、德宏、西双版纳、普洱、玉溪共 6 个州（市）当地主栽甘蔗品种花叶病进行调查，选择采集 28 个病样（分离物）进行系统分离鉴定。调查表明甘蔗花叶病在云南发生相当普遍。电镜检测采自云南 6 个蔗区主栽品种上的 28 个甘蔗花叶病病样（分离物），其中 25 个病叶汁液中观察到弯曲线状的病毒粒体，病叶组织中有风轮状和卷筒状内含体；对这 25 个分离物进行间接 ELISA 检测，16 个与马铃薯 Y 病毒属抗血清呈阳性反应，其余呈阴性反应。根据蔗区及其主栽品种的不同，挑选 7 个分离物进行鉴别寄主测定，结果显示不同分离物鉴别寄主范围和致病性存在明显差异，分离物 HH-1 有最广范围的鉴别寄主和较强的致病性。克隆并测定 HH-1 基因组 3'-末端序列，序列分析发现 HH-1 的外壳蛋白（CP）基因共 864 个核苷酸，编码 287 个氨基酸，与高粱花叶病毒（*Sorghum Mosaic virus*，SrMV）浙江余杭分离物 CP 基因氨基酸序列的同源性最高，为 97.7%；因此推定 HH-1 属于 SrMV 的 1 个新分离物。

（1）电镜观察形态学和细胞病理学特征

观察从各地采集的 28 个病样（分离物），病叶经负染后进行电镜观察：25 个分离物中可观察到大量弯曲线状的病毒粒体，长度约 700 纳米，直径约 11 纳米。对仅观察到线状病毒粒体的分离物对应的样品病叶进行包埋切片、电镜观察，存在大量风轮状和卷筒状内含体，具有典型的马铃薯 Y 病毒属（*Potyvirus*）的细胞病理特征（图 4-18、图 4-19）。

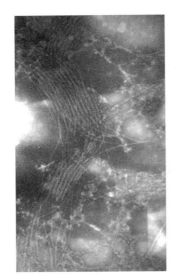
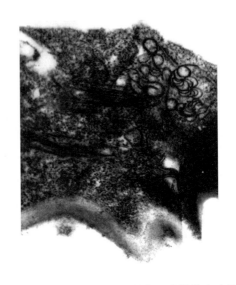

图 4-18　甘蔗花叶病线形病毒粒体　　　　图 4-19　甘蔗花叶病风轮状和卷筒状内含体

（2）ELISA 测定

用马铃薯 Y 病毒属（*Potyvirus*）PathoScreen 诊断试剂盒对有线状病毒粒体的 25 个病毒分离物进行间接 ELISA 检测，其中 HH-1、2、3、4、8、9、10、12，BS-1、2，DH-1，BN-1，SM-1、2、3，YX-1 等 16 个样品呈阳性反应，其余 9 个样品呈阴性反应。说明云南甘蔗花叶病株中病原除 *Potyvirus* 成员外还有其他种类的线形病毒存在。

（3）鉴别寄主测定

根据样品采集地点，选择 ELISA 检测呈阳性且寄主为当地主栽品种的 HH-1、HH-8、BS-1、DH-1、BN-1、YX-1 及 SM-1 共 7 个分离物进行鉴别寄主测定，发现它们的致病性存在明显差异，其中 HH-1 通过汁液容易接种且寄主范围较广，在供试的 11 个甘蔗品种、1 个甜玉米及 1 个甜高粱共 13 个鉴别寄主上，有 10 个寄主表现典型的系统花叶症状，而其余 3 个寄主则未表现症状，说明该分离物有较强致病性；其次是 BN-1，侵染 7 个寄主；BS-1、DH-1 和 YX-1 均各侵染 5 个寄主；HH-8 和 SM-1 致病性较弱，只各侵染 2 个寄主。

（4）PCR 产物克隆及序列测定

从分离物 HH-1 的感病叶片组织提取总 RNA，用 *Potyvirus* 特异性检测引物进行 RT-PCR 扩增，经 1% 琼脂糖凝胶电泳，得到大小约 1800 bp 的特异片段，与引物设计预期结果一致。

将回收的特异性片段进行克隆、筛选，得到 4 个阳性克隆，进行序列测定，结果 4 个克隆序列一致，插入片段全长为 1759 bp（GenBank 登录号：DQ530434），用 NCBI 的 BLAST 进行同源性搜索，该序列与 *Potyvirus* 高粱花叶病毒浙江余杭分离物的同源性最高，为 97.1%；根据高粱花叶病毒复制酶与 CP 在 Q/A 处切割的特点，推断分离物 HH-1 的 CP 基因共 864 个核苷酸，即获得序列的第 643 位到第 1506 位，编码 287 个氨基酸，分子量为 31.57kDa。

（5）CP 基因序列分析

用 DNAMAN 软件对 HH-1 与 SrMV、SCMV 和 MDMV 共 3 种病毒代表株系（分离物）的 CP 基因核苷酸序列进行比较分析。发现 HH-1 的 CP 基因核苷酸序列与上述病毒的 CP 基因序列的同源性在 73.7%～96.7%，氨基酸序列同源性在 85.2%～97.7%之间，与 SrMV 其他株系 CP 基因核苷酸序列的同源性大于 80.1%，氨基酸序列的同源性高于 89%。HH-1 的 CP 基因较浙江余杭分离物少 34 个氨基酸，核酸序列相应的位置少 102 个核苷酸，这一点与 MDMV 的序列对于 SrMV 的缺失相似。

根据 *Potyvirus* 病毒种和株系的划分标准，CP 基因氨基酸序列同源性小于 85%，属于不同种类的病毒；大于 85%，则属于同种病毒的不同株系。说明 HH-1 属于高粱花叶病毒的 1 个新分离物。

7. 研究明确了中国甘蔗主产区 RSD 病菌致病性及分布流行特点，揭示了不同甘蔗品种 RSD 感染状况，为中国甘蔗主产区生产繁殖脱毒种苗和有效防控 RSD 提供了科学依据

甘蔗宿根矮化病（Ratoon stunting disease，RSD）是一种世界性的重要甘蔗种传病害，对甘蔗生产危害极大。摸清蔗区 RSD 的分布、发生、危害情况，是科学推广脱毒健康种苗，有效防控甘蔗种传病害宿根矮化病的关键。

项目组分别对云南开远、弥勒、耿马、云县、双江、凤庆、勐海、施甸、昌宁、盈江和广西怀远、石别、武宣、象州等 21 个中国甘蔗主产区 RSD 的发生和分布进行了调查和田间采样。利用扩增甘蔗宿根矮化病菌（*Leifsonia xyli* subsp. *xyli*，Lxx）16S～23S rDNA 基因间隔区特异引物 Lxx1/Lxx2，采用 PCR 检测法，对田间采集的 21 批 1 270 个样品进行 RSD 检测。949 个样本为阳性，阳性检出率 74.7%；21 个甘蔗主产区均检测出 RSD，阳性检出率 65.5%～88%，尤以云南云新、南恩、云县、双江、盈江和广西博东蔗区样品阳性检出率高，达 80%以上；33 个主栽品种均感染 RSD，阳性检出率 48.9%～100%；1、2、3、4、5 年植期甘蔗均感染 RSD，阳性检出率分别为 72.4%、77.3%、74.3%、74.5%、74.8%；水田、旱地均感染 RSD，但旱地阳性检出率明显高于水田。水田甘蔗 346 个样品中 192 个呈阳性，阳性检出率为 55.5%；旱地甘蔗 924 个样品中 757 个呈阳性，阳性检出率为 81.9%。研究结果显示，RSD 在中国甘蔗主产区发生普遍且危害严重，是造成甘蔗减产、品质下降、宿根年限缩短以及种性退化的一种重要种传病害。

检测结果显示大面积主栽品种粤糖 82-882、粤糖 83-88、粤糖 60 号、桂糖 02-761、赣蔗 18 号、云引 58 号、德蔗 93-94、桂糖 94-119、粤糖 93-159、粤糖 00-236、桂糖 17 号、桂糖 11 号等易感病，阳性检出率高达 90%以上，应重点加强脱毒健康种苗生产繁殖和推广应用；而柳城 03-1137、柳城 05-136 和园林 1 号、新台糖 22 号、台糖 95-8899 等较抗病，是选育抗 RSD 品种很有利用潜力的抗源种质，在大力推广应用的同时，可作为抗病亲本利用，分析评价其抗病遗传力，选育抗 RSD 新品种，供生产上推广应用。

从 PCR 检测阳性的样品中随机选取 100 个 PCR 产物进行测序与分析，100 个序列完全一致（GenBank 登录号：JX424816、JX424817），且与 GenBank 中公布的 RSD 致病菌基因组相应区段序列高度同源，同源性在 99.54%～100%之间。

以上研究明确了中国甘蔗主产区 RSD 病菌致病性及分布流行特点，显示了不同品种 RSD 感染情况，为中国甘蔗主产区生产繁殖脱毒健康种苗和有效防控 RSD 提供了科学依据。

8. 在国内首次研究提供了符合国际检疫标准的、规范化的"一种甘蔗进口种子检疫方法"和"一种甘蔗浸种消毒剂及其制备方法"，2015 年获国家发明专利授权，为我国有序开展甘蔗种质资源交换提供了技术保障

随着国际合作的扩展，甘蔗种质资源交换工作不断深入，交换材料不再局限于甘蔗种茎，已扩展到甘蔗杂交花穗种子，而许多重要的甘蔗病害极易通过种苗及杂交花穗种子传播，如黑穗病、穗腐病以及系统性病毒病花叶病和植原体病害白叶病，导致由引种引起的病虫害传播风险不断增加。

为有效防止危险性种传病虫害随引进甘蔗种子传入我国蔓延危害，确保我国蔗糖产业的安全可持续发展及国际合作种质资源交换工作的顺利进行，项目在国内首次研究提供了符合国际检疫标准的、规范化的"一种甘蔗进口种子检疫方法（ZL201310388870.6）"和"一种甘蔗浸种消毒剂及其制备方法（ZL201310389420.9）"，2015 年获国家发明专利授权。同时，多年来采用研究建立的种传病害检测技术和进口种苗种子检疫方法对澳大利亚、法国、菲律宾等国外引进的多批次甘蔗种苗和杂交花穗种子（累计 11 批 448 份）进行检疫处理和疫情监测，并对甘蔗白条病、宿根矮化病、斐济病、花叶病（SCMV、SrMV、SCSMV）和白叶病等种传检疫性危险性病害进行 PCR、RT-PCR 和巢式 PCR 检测（表 4-3、表 4-4）；呈现阳性品种材料及时进行销毁处理，从源头上阻断种传病害病原的传播危害，确保了我国甘蔗生产安全，为我国有序开展国际合作甘蔗种质资源交换提供了技术保障。

表 4-3　2012 年 32 份国外引进甘蔗品种/材料检疫性病害检疫检测

编号	种质名称	国家	检测病害					
			斐济病	花叶病			白条病	白叶病
				SrMV	SCSMV	SCMV		
1	Vmc95-167	法国	—	—	—	—	—	+
2	Vmc95-168	法国	—	—	—	—	—	+
3	Vmc95-152	法国	—	—	—	—	—	+
4	TCP87-3388	法国	—	—	—	—	—	+
5	PSR01-46	菲律宾	—	—	—	—	—	+
6	RSP01-105	菲律宾	—	—	—	—	—	+
7	PSR02-158	菲律宾	—	—	—	—	—	+
8	PSR01-82	菲律宾	—	—	—	—	—	+
9	PSR01-51	菲律宾	—	—	—	—	—	+
10	PSR02-247	菲律宾	—	—	—	—	—	+
11	PSR01-149	菲律宾	—	—	—	—	—	+
12	PSR02-237	菲律宾	—	—	—	—	—	+

（续）

编号	种质名称	国家	斐济病	花叶病			白条病	白叶病
				SrMV	SCSMV	SCMV		
13	PMA01-183	缅甸	—	—	—	—	—	＋
14	PMA99-207	缅甸	—	—	—	—	—	＋
15	PMA00-159	缅甸	—	—	—	—	—	＋
16	PMA01-145	缅甸	—	—	—	—	—	＋
17	（PMA01-89）	缅甸	—	—	—	—	—	＋
18	k95-205	缅甸	—	—	—	—	—	—
19	k95-282	缅甸	—	—	—	—	—	—
20	k95-89	缅甸	—	—	—	—	—	＋
21	k91-2-056	缅甸	—	—	—	—	—	＋
22	k95-87	缅甸	—	—	—	—	—	＋
23	k88-92	缅甸	—	—	—	—	—	＋
24	k84-200	缅甸	—	—	—	—	—	＋
25	k95-283	缅甸	—	—	—	—	—	＋
26	kps94-13	缅甸	—	—	—	—	—	＋
27	Lk92-11	缅甸	—	—	—	—	—	＋
28	09-01	缅甸	—	—	—	—	—	＋
29	09-10	缅甸	—	—	—	—	—	＋
30	99-207	缅甸	—	—	—	—	—	＋
31	09-02	缅甸	—	—	—	—	—	＋
32	01-89	缅甸	—	—	—	—	—	＋
	阳性对照			＋	＋	＋	＋	＋
	阴性对照			—	—	—	—	—
	空白对照			—	—	—	—	—

注："—"表示检测为阴性，"＋"表示检测为阳性。

表 4 - 4 澳大利亚引进甘蔗杂交花穗种子检疫检测

编号	杂交编号	斐济病	花叶病			白叶病
			SrMV	SCMV	SCSMV	
1	08×915	—	—	—	—	—
2	08×798	—	—	—	—	—
3	09×1 091	—	—	—	—	—
4	07×1 015	—	—	—	—	—
5	09×3 952	—	—	—	—	—

（续）

编号	杂交编号	检测病害				
		斐济病	花叶病			白叶病
			SrMV	SCMV	SCSMV	
6	08×3 715	—	—	—	—	—
7	08×329	—	—	—	—	—
8	07×656	—	—	—	—	—
9	10×394	—	—	—	—	—
10	11×3 333	—	—	—	+	—
11	09×881	—	—	—	—	—
12	09×266	—	—	—	—	—
13	12×3 402	—	—	—	+	—
14	08×6 268	—	—	—	—	—
15	12×3 767	—	—	—	—	—
阳性对照		++	++	++	++	++
阴性对照		—	—	—	—	—
空白对照		—	—	—	—	—

注："—"表示检测为阴性，"+"表示检测为阳性。

9. 研究形成了甘蔗种传病害 RSD 种苗检测技术，制定颁布了云南省地方标准《甘蔗种苗宿根矮化病菌检测技术规程》（DB53/T 441—2012），为我国甘蔗脱毒种苗检测和产业化应用提供了技术支撑

由于甘蔗种传病害 RSD 病菌寄生于蔗株维管束中，无明显外部和内部症状，病原菌难以分离、培养，传统诊断方法极其困难，导致 RSD 病菌随种苗任意传播、扩展蔓延，对甘蔗生产危害极大。RSD 病菌属维管束病害，用一般的物理、化学方法难以消除，有效的防治方法是通过温水处理生产脱毒种苗用于甘蔗生产。而经过温水处理的种苗是否带菌，必须经过病菌检测才能确定。因此，随着甘蔗温水脱毒种苗在甘蔗生产上的应用推广，迫切需要建立简便、快速、准确、实用检测技术方法，为 RSD 病菌的有效检测、温水脱毒种苗生产及应用推广提供关键技术支撑。

2005—2011 年，项目组通过国际合作，从澳大利亚、法国引进了 RSD 标准抗原抗体进行消化、吸收和利用，研究形成了甘蔗种传病害 RSD 种苗检测技术，制定颁布了云南省地方标准《甘蔗种苗宿根矮化病菌检测技术规程》（DB53/T 441—2012），为我国甘蔗脱毒种苗检测和产业化应用提供了技术支撑。《甘蔗种苗宿根矮化病菌检测技术规程》的制定和实施，有助于大力培育和推广使用无菌无毒的健康甘蔗种苗，杜绝危险性种传病害 RSD 随种苗传播蔓延，增强减灾防灾能力，确保甘蔗种苗质量和甘蔗生产安全，对推进蔗糖产业持续稳定健康发展具有重要意义。

（三）项目重要科学发现

①系统研究建立了甘蔗黑穗病、甘蔗宿根矮化病、甘蔗白条病、甘蔗赤条病、甘蔗花叶病、甘蔗黄叶病、甘蔗杆状病毒病、甘蔗斐济病和甘蔗白叶病共 9 种种传病害 11 种病原的分子快速检测技术，为甘蔗种传病害精准有效诊断与防控、脱毒种苗检测及引种检疫提供了关键技术支撑。

②研究探明了甘蔗黑穗病、甘蔗宿根矮化病、甘蔗白叶病等种传病害病原种类、主要株系（小种）类群及遗传多样性，明确了重点监测的病原目标基因，给抗病育种和科学有效防控甘蔗种传病害奠定了重要基础。

③在国内首次检测报道了甘蔗种传病害病原甘蔗条纹花叶病毒、甘蔗白叶病植原体、高粱坚孢堆黑粉菌，为监测预警和科学有效防控新的危险性甘蔗种传病害提供了重要科学依据。

④在国内检测报道了甘蔗种传病害病原强致病性花叶病毒分离物（HH-1），分子鉴定明确 HH-1 为 SrMV 的 1 个新分离物；研究明确了中国主产蔗区 RSD 病菌致病性及分布流行特点，揭示了不同甘蔗品种 RSD 感染状况，为中国主产蔗区生产繁殖脱毒种苗和有效防控 RSD 提供了科学依据。

⑤在国内首次研究提供了符合国际检疫标准的、规范化的"一种甘蔗进口种子检疫方法"和"一种甘蔗浸种消毒剂及其制备方法"，2015 年获国家发明专利授权，为我国有序开展甘蔗种质资源交换提供了技术保障。

⑥研究形成了甘蔗种传病害 RSD 种苗检测技术，制定颁布了云南省地方标准《甘蔗种苗宿根矮化病菌检测技术规程》（DB53/T 441—2012），为我国甘蔗脱毒种苗检测和产业化应用提供了技术支撑。

五、甘蔗引种检疫技术研究与应用

(一) 项目背景及来源

据报道，目前世界上已发现的甘蔗病害有 120 种以上，甘蔗害虫上百种，不同国家、不同蔗区甘蔗病虫害种类不同，病菌生理小种、病毒株系也不相同。而许多重要的甘蔗病虫害都是通过种茎（苗）、种子传播的，如真菌病害中的黑穗病、霜霉病等，细菌病害中的流胶病、白条病等，以及几乎所有病毒病（如斐济病、花叶病等）和植原体病害白叶病，还有甘蔗粉介壳虫以及多种蔗螟、螨类等都是通过种苗种子传播的。在世界甘蔗引种历史上就有过惨痛教训，例如美国夏威夷在 1900 年引种，由于没有经过检疫，一种害虫随同品种被引进，此虫迅速繁殖，甘蔗受害严重，产量损失达 1/2。后来从太平洋的塔希提岛引进 Cahaina 品种时又带进一种根腐病，使蔗糖产量再度降低，因此不得不从 1905 年起停止引种，直到 1925 年建立了检疫制度后才取消禁令。1904 年在我国台湾省从澳大利亚引进的品种上首次观察到霜霉病，此后该病在台湾一直未被根治，不时造成严重危害。云南省蔗区原本没有黄螟危害，但 1964 年从广西大量引种时不慎把黄螟带入，在滇东南蔗区黄螟一度蔓延危害成灾。四川省蔗区原来没有粉介壳虫危害，1960 年从外省引种时引进了粉介壳虫，此虫曾扩展蔓延成为凉山州甘蔗产区主要害虫之一。1976 年广东省农业代表团到菲律宾考察引进甘蔗品种，由于未进行检疫，种植后发现某些品种严重感染叶焦病，只好将这些染病品种全部销毁。国外引种是一条快速、便捷利用世界各地最新育种成果，改良我国甘蔗品种结构及增加遗传资源的有效途径，但同时也增加了危险性病虫害随引进种质传入我国，对我国蔗糖产业造成巨大损失的潜在风险。此外，随着国际甘蔗种质资源交换工作不断深入，交换材料已不再局限于甘蔗种茎而扩展到了甘蔗种子交换，潜在的检疫性有害生物种类增加，由此也增加了危险性病虫害，尤其是种传病害（甘蔗花叶病、甘蔗斐济病、甘蔗黑穗病、甘蔗宿根矮化病、甘蔗白条病和甘蔗白叶病等）随引进种质传入我国蔓延危害的潜在风险。因此，研究并构建国外甘蔗引种检疫技术体系，建立健全国际国内甘蔗引种检验检疫制度，科学、快速、高效地实施甘蔗有害生物检验检疫将是现代甘蔗产业的必然发展趋势，也是有效防止危险性病虫害通过引种传入我国蔗区蔓延危害的关键。

2000 年以来，云南省农业科学院甘蔗研究所与澳大利亚、法国、菲律宾和南亚、东南亚的多个国家广泛开展国际合作，进行甘蔗种质资源交换。多年来，采用研究构建的国外甘蔗引种检疫技术体系和建立健全的国际甘蔗引种检验检疫制度，对澳大利亚、法国、菲律宾等国外引进的多批次甘蔗种苗和杂交花穗种子（累计 24 批 731 份）进行检疫处理和疫情监测，并对甘蔗白条病、宿根矮化病、斐济病、花叶病（SCMV、SrMV、SC-SMV）和白叶病等种传检疫性危险性病害进行 PCR、RT-PCR 和巢式 PCR 检测；呈现阳性品种/材料及时进行销毁处理，从源头上阻断危险性病虫害尤其是种传病害（甘蔗花叶病、斐济病、黑穗病、宿根矮化病、白条病和白叶病等）随引进种质传入我国蔓延危害的潜在风险，确保了我国甘蔗生产安全，为我国有序开展国际甘蔗种质资源交换提供了技术保障。

（二）甘蔗引种平台载体检疫温室建设

2002 年和 2013 年，云南省农业科学院甘蔗研究所先后两次投资 35 万元和 50 万元，分别在昆明市和嵩明县建成符合国际检疫标准的甘蔗检疫温室 336 米²，其中处理间 80 米²，温室 256 米²。处理间设有紫外灯、烧毁坑、浸种冷水、温水池（50℃±0.5℃恒温）等设施；温室分为缓冲（走廊）和单体温室（15 米²），室内设有高密度防虫网、轴流强制通风机、控温空调（温度范围 15～30℃）、手动遮阳网、紫外灯、防潮灯和顶喷淋（湿度范围 60%～90%）、消毒脚垫等相关设施设备（图 5-1）。通过国际合作，以昆明检疫温室为载体，从澳大利亚和法国引进了甘蔗主要病害检测技术以及所需的各种 PCR 引物和标准抗原、抗体等，通过消化、吸收和改进创新，建立了规范化的甘蔗主要病害检测技术和方法及符合国际标准的、规范化的"甘蔗进出口种苗、种子检疫和疫情监测程序"，主要包括：甘蔗细菌病（白条病、宿根矮化病）血清学检测技术（ELISA）和 PCR 检测技术；真菌病（黑穗病）PCR 检测技术；病毒病（花叶病、斐济病）ELISA 和 PCR 检测技术及植原体病害（白叶病）巢氏 PCR 检测技术，为我国甘蔗进出口种苗、种子检疫检测构建了平台载体并提供了关键技术支撑。

图 5-1　符合国际检疫标准的甘蔗检疫温室

（三）项目研究及主要科技创新

1. 甘蔗主要病害检疫检测技术引进消化和创新利用

为通过国际合作提高甘蔗病害检疫检测技术和水平，2003 年 3 月至 6 月，澳大利亚昆士兰甘蔗试验管理总局（BSES）负责甘蔗检疫研究人员到云南省农业科学院甘蔗研所进行了为期 3 个月的合作研究，开展了甘蔗病害血清、分子检测技术等交流培训；2003 年 12 月至 2004 年 1 月，法国甘蔗分子遗传学家到云南省农业科学院甘蔗研究所进行了为期半个月的讲学和研究；2005 年 3 月 20 日至 30 日，法国甘蔗病理学家到云南省农业科学院甘蔗研究所进行了为期 10 天的技术培训及合作研究；2007 年 11 月 11 日至 16 日，法国国际农业合作研究发展中心（CIRAD）甘蔗病理学家到云南省农业科学院甘蔗研究所进行了为期 6 天的甘蔗病害血清检测技术培训与合作交流；2007 年 12 月 12 日至 17 日，美国甘蔗病理学家到云南省农业科学院甘蔗研究所进行了为期 6 天的甘蔗病害分子检测技术合作交流；2012 年 5 月 13 日至 20 日，澳大利亚昆士兰甘蔗试验管理总局（BSES）负责甘蔗检疫的研究人员到云南省农业科学院甘蔗研究所进行了为期 8 天的甘蔗检疫和病害分子检测技术培训与合作交流。通过甘蔗主要病害检测技术和标准抗血清以及 PCR 探针等的引进消化和创新利用，在多年来的筛选和应用过程中不断探索完善，建立了规范化的甘蔗主要病害检疫检测技术体系，主要包括：甘蔗白条病 PCR 检测技术，宿根矮化病血清学检测（ELISA）和 PCR 检测技术，黑穗病 PCR 检测技术，花叶病、斐济病 RT-PCR 检测技术和白叶病巢氏 PCR 检测技术等。具体如下：

（1）甘蔗白条病 PCR 检测技术

通过从澳大利亚引进的甘蔗白条病特异 PCR 引物（XAF 和 XAR）及阳性对照，建立了出口及引进甘蔗品种/材料白条病 PCR 检测技术，并利用这一技术对出口及引进甘蔗品种/材料进行了甘蔗白条病 PCR 检测，结果显示：所有出口及引进甘蔗品种/材料并不带甘蔗白条病。

（2）甘蔗宿根矮化病 ELISA 检测技术

通过从澳大利亚引进标准抗血清及制备技术，经不断探索和完善，建立了出口及引进甘蔗品种/材料宿根矮化病 ELISA 检测技术。利用这一技术对出口和引进的多批甘蔗品种/材料进行了甘蔗宿根矮化病 ELISA 检测，其结果符合检疫标准和要求。

（3）甘蔗宿根矮化病 PCR 检测技术

通过从澳大利亚引进的甘蔗宿根矮化病特异 PCR 引物（L1 和 G1）及阳性对照，建立了出口及引进甘蔗品种/材料宿根矮化病 PCR 检测技术，并利用这一技术对出口和引进的多批甘蔗品种/材料进行了甘蔗宿根矮化病 PCR 检测，其结果符合检疫标准和要求。

（4）甘蔗黑穗病 PCR 检测技术

通过从澳大利亚引进的甘蔗黑穗病特异 PCR 引物（bE4 和 bE8），初步建立了甘蔗黑穗病 PCR 检测技术，通过进一步的深入研究和完善，建立了规范化的甘蔗黑穗病 PCR 检测技术。

（5）甘蔗花叶病 RT-PCR 检测技术

通过从澳大利亚引进的 2 对甘蔗花叶病特异 PCR 引物（其中 1 对为澳大利亚昆士兰甘蔗试验管理总局（BSES）的 SCMV F4 和 SCMV R3，另外 1 对为法国国际农业合作研究发展中心（CIRAD）的 S400 551 和 S400 910）及阳性对照，建立了引进甘蔗品种/材料花叶病 RT-PCR 检测技术，并利用这一技术对引进的甘蔗品种/材料进行了甘蔗花叶病 RT-PCR 检测，结果显示：所有引进的甘蔗品种/材料不带甘蔗花叶病。对于出口的甘蔗品种/材料，由于甘蔗花叶病毒存在不同株系，2003—2007 年云南省农业科学院甘蔗研究所通过承担云南省农业生物技术重点实验室开发基金、云南省农业科学院基金和云南省科技攻关项目，研究建立了甘蔗花叶病毒系统的电镜、血清及 PCR 检测技术，并利用这一技术对出口的多批甘蔗品种/材料进行了甘蔗花叶病检测，其结果符合检疫标准和要求。

（6）甘蔗斐济病 RT-PCR 检测技术

通过从澳大利亚引进的甘蔗斐济病特异 PCR 引物（FDV7F 和 FDV7R）及阳性对照，建立了引进甘蔗品种/材料斐济病 RT-PCR 检测技术，并利用这一技术对引进的澳大利亚、法国和菲律宾甘蔗品种/材料进行了甘蔗斐济病 RT-PCR 检测，结果显示所有引进的甘蔗品种/材料并不带甘蔗斐济病。由于国内没有甘蔗斐济病，因此对于出口的甘蔗品种/材料，不需要进行甘蔗斐济病检测。

（7）甘蔗白叶病巢氏 PCR 检测技术

通过从泰国引进的 2 对甘蔗白叶病特异 PCR 引物（MLOX、MLOY 和 P1、P2）及阳性对照，建立了引进甘蔗品种/材料白叶病巢氏 PCR 检测技术，并利用这一技术对引进的泰国、越南、缅甸和菲律宾甘蔗品种/材料进行了甘蔗白叶病巢氏 PCR 检测，结果显示部分引进的甘蔗品种/材料带甘蔗白叶病，及时进行了隔离和处理，确保了引种安全。

2. 甘蔗检疫程序创建

（1）甘蔗品种/材料进出口检疫和疫情监测程序

2003 年 3 月至 6 月，通过澳大利亚研究人员到云南省农业科学院甘蔗研究所合作研究，引进了澳大利亚甘蔗进出口检疫和疫情监测技术规程。在甘蔗专用检疫温室隔离条件下，对多年多批次甘蔗进出口品种/材料进行了两个生长周期疫情监测；同时，利用建立的 ELISA 和 PCR 检测技术，对甘蔗进出口品种/材料进行了病害检测，其结果符合检疫标准和要求。

通过进出口甘蔗品种/材料在专用检疫温室隔离条件下进行两个生长周期的病虫疫情监测，对引进的甘蔗病害检测技术、检疫和疫情监测程序进行了消化、吸收和创新利用，创建了规范化的甘蔗病害检疫检测技术和方法及符合国际标准的、规范化的"甘蔗进出口检疫和疫情监测程序"（图 5 - 2）。

（2）甘蔗品种/材料进出口检疫处理技术

①前处理技术。主要包括：设施设备消毒处理、种苗 CSLHWT 处理技术等。

隔离温室、种植桶于检疫前先进行清洁，后用杀菌剂和杀虫剂进行消毒处理，再用紫外灯灭菌 30 分钟；土壤在带入温室前须用塑料袋密封后太阳照射 3～6 个月进行消毒；砍切工具每砍一个种必须用 75% 的酒精消毒。

用于出口的种茎在流动冷水中浸泡 48 小时之后用热水（50±0.5）℃处理 180 分钟，再用 80% 毒死蜱乳油和 50% 多菌灵可湿性粉剂 800 倍液浸种 5～10 分钟，然后种植。

收到引进的种茎时，在封闭条件下打开包裹，并进行彻底检查，所有包装材料、废弃物以及用过的盆、工具都须进行消毒或销毁，种茎用热水（50±0.5）℃处理 30 分钟，再用 80% 毒死蜱乳油和 50% 多菌灵可湿性粉剂 800 倍液浸种 5～10 分钟，然后种植。

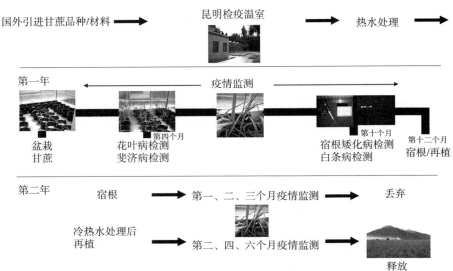

检疫程序——进口

国外引进甘蔗品种/材料 ➡️ 昆明检疫温室 ➡️ 热水处理 ➡️

第一年 疫情监测

盆栽甘蔗　花叶病检测 斐济病检测（第四个月）　宿根矮化病检测 白条病检测（第十个月）　第十二个月 宿根/再植

第二年　宿根 ➡️ 第一、二、三个月疫情监测 ➡️ 丢弃

冷热水处理后再植 ➡️ 第二、四、六个月疫情监测 ➡️ 释放

热水处理为（50±0.5）℃热水浸泡30分钟
疫情监测为监测斐济病、花叶病、白条病以及昆虫
冷热水处理为流动冷水浸泡48小时后，（50±0.5）℃热水浸泡3小时

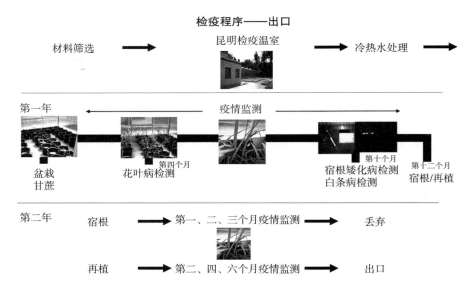

检疫程序——出口

材料筛选 ➡️ 昆明检疫温室 ➡️ 冷热水处理 ➡️

第一年 疫情监测

盆栽甘蔗　花叶病检测（第四个月）　宿根矮化病检测 白条病检测（第十个月）　第十二个月 宿根/再植

第二年　宿根 ➡️ 第一、二、三个月疫情监测 ➡️ 丢弃

再植 ➡️ 第二、四、六个月疫情监测 ➡️ 出口

冷热水处理为流动冷水浸泡48小时后，（50±0.5）℃热水浸泡3小时
疫情监测为监测黑穗病、霜霉病、白条病、花叶病以及昆虫

图5-2　符合甘蔗进出口检疫和疫情监测程序

②后处理技术。主要包括：发病植株销毁处理、废物处理、健康种苗国内外发送处理技术等。

整个检疫期间（两个生长周期），由有经验的病理学家至少每1～2个月对植蔗进行检查，在检疫过程中，品种（系）出现下列病理现象应及时检测：甘蔗斐济病——前期宿根蔗观察评价和分子检测；甘蔗花叶病毒病——血清或分子检测；甘蔗宿根矮化病——相差显微镜、血清或分子检测；甘蔗白条病——隔离或分子检测；甘蔗黑穗病——新植宿根观察。

若这些病害检测呈现阳性（感病），将采取以下措施：甘蔗花叶病、甘蔗斐济病——销毁，然后再从不同地点采取该品种（系）检测和检疫，除非在温室已发现传染源，否则其他品种（系）不必销毁；甘蔗宿根矮化病、甘蔗白条病——同一地点所有桶栽材料须用统一方法测试，如果确信一桶被感染，则所有品种（系）必须收获进行 CSLHWT 处理后再种植，最初的植株须销毁；甘蔗黑穗病——销毁温室中所有品种（系），对温室进行彻底消毒，空置 3 个月。

进口甘蔗品种材料经完全处理和检测后，病害检测呈现阴性，新植的种茎在（50 ± 0.5）℃热水中浸泡 30 分钟后即可用于繁殖试验研究。

出口甘蔗品种材料经完全处理和检测后，病害检测呈现阴性，新植的种茎即可用于出口。出口材料在（50 ± 0.5）℃热水中浸泡 30 分钟，蔗茎两头放在低熔点的液状石蜡中浸蘸一下，直接用标记笔将品种（系）名称写在种茎上，并附标签，蔗茎用干纸包裹，进行适当包装，以最快捷方式传寄种茎。包裹外附有必需证件（如进口许可证、检疫证等），包括检疫对象所要求的相应处理，各种试验指标的结果，详细试验步骤、实验室，负责试验病理学家的姓名、传真号。

（3）甘蔗进口杂交花穗种子检疫和疫情监测

针对国际合作的甘蔗进口杂交花穗种子检疫创建了一种符合国际标准的规范化的检疫方法，利用本方法，对进口甘蔗杂交花穗种子进行一个生长周期的检疫和疫情监测，能有效防止危险性病虫随进口杂交花穗种子传入蔓延危害，为我国甘蔗引种检疫提供了新技术保障。主要包括：①收到种子后，先进行肉眼检查，如发现有害虫，材料应进行熏蒸处理或销毁。②肉眼检查后，为有效杀灭进口甘蔗种子可能携带的黑穗病、穗腐病以及花叶病和白叶病，还有螨类虫卵等，须采用广谱性杀菌杀虫杀螨剂，即 50％福美双可湿性粉剂 500 倍液加 50％多菌灵可湿性粉剂 800 倍液加 5‰噻螨酮乳油 1 500 倍液浸种 5～10 分钟，再用塑料袋闷 6 小时，处理后的种子播种在灭菌消毒后的育苗基质中（由有机肥、土和蛭石混合而成，按 1∶3∶1 混合），置于甘蔗检疫温室进行隔离观察，观察 3 个月以上。③3 个月以后，采集叶片对斐济病、花叶病和白叶病进行 RT-PCR 和巢式 PCR 检测；如检测呈阳性，所有材料必须立即进行销毁处理，如检测呈阴性，把实生苗移栽到消毒后的桶栽土中，并进行一个完整生长周期的疫情监测。④监测期间，每隔 1 个月由一名有经验的病理学家对蔗株的检疫性病虫进行观察；检疫结束后，收获未检测和观察到检疫性病虫的蔗茎用于繁殖试验研究。

（四）项目技术应用

1. 广泛用于国外引种检疫，为我国有序开展国际合作种质资源交换提供了安全保障

多年来，采用集成创新的甘蔗引种检疫检测技术和建立健全的国际甘蔗引种检验检疫制度，对澳大利亚、法国、菲律宾等国外引进和出口的 24 批次共 731 个甘蔗种苗和杂交花穗种子进行检疫处理和疫情监测（引进种质 606 个，出口种质 125 个），并对白条病、宿根矮化病、斐济病、花叶病（SCMV、SrMV、SCSMV）和白叶病等种传检疫性危险性病害进行 PCR、RT-PCR 和巢式 PCR 检测。其中，2012 年从法国、泰国、缅甸、菲律宾引进的 90 份甘蔗品种/材料中检测出了毁灭性检疫病害甘蔗白叶病，对所有阳性品种/材料及时进行了销毁处理，从源头上阻断危险性病虫害，尤其是种传病害（甘蔗花叶病、斐济病、黑穗病、宿根矮化病、白条病和白叶病等）随引进种质传入我国蔓延危害的潜在风险，确保了我国甘蔗生产安全和可持续发展，为我国有序开展甘蔗种质资源交换提供了技术保障，切实促进了中国与国际的甘蔗科技合作与交流；其余未检测出检疫病害的品种/材料提供杂交育种利用，极大地丰富了我国甘蔗遗传育种基因源。

2. 技术被南亚国家引入并应用，切实促进了中国与南亚国家间的甘蔗科技合作与交流

项目系统研究建立的种传病害分子快速检测技术，被巴基斯坦核农业和生物研究所、斯里兰卡甘蔗研究所、巴基斯坦作物病害研究所和孟加拉国甘蔗所引入，用于引种检疫、病害诊断及病原鉴定和抗病育种，为南亚国家精准监测和有效防控种传检疫性病害提供了关键技术，奠定了重要基础，切实促进了中国与南亚国家间的甘蔗科技合作与交流。

3. 广泛开展引种检疫技术培训，切实增强引种检疫意识，提升引种检疫技术水平

为强化引种检疫，保障国外优良甘蔗品种资源安全引进，多年来，通过国际国内合作互访、国内外学术会议和专题培训共进行国外引种检疫技术培训 26 期次，培训各类人员 1 774 人次，积极向参会或培训人员强调引种检疫的重要性，普及甘蔗引种检疫有害生物知识，系统介绍国外引种检疫技术，切实增强了国际国内引种检疫意识，提升了引种检疫技术水平。

六、甘蔗害虫天敌资源研究与保护利用

（一）项目背景及来源

多年来，中国防治甘蔗害虫主要依赖化学农药，由于长期连续使用高毒广谱性农药，大量地杀伤了自然界中害虫的天敌，导致了害虫和天敌之间的动态关系发生了新的变化，害虫产生抗药性，天敌种群不断减少，减轻了克制害虫的自然因素的作用，使防治工作更加被动。而且化学农药的滥用还易造成农药残留、环境污染，危害人类健康。因此，以综合及环保的观点来治理害虫，是当今植保工作者面临的新任务。近年来，生物防治在中国已成为综合防治病虫害的重要措施之一，它的社会效益、生态效益引起国家和社会的关注。研究并开发利用害虫优势天敌控制害虫，能取得除害增产、减轻环境污染、维护生态平衡、节省能源和降低生产成本的明显效果。

蔗田生态系统内存在丰富的昆虫天敌资源，对抑制甘蔗害虫的发生发挥着重要作用。但由于广大蔗农科学意识淡薄，对天敌昆虫及作用认识不够，不懂得保护利用天敌，往往滥用化学农药，把天敌当作害虫一起杀死，从而破坏了害虫、天敌之间的动态平衡，污染了环境，导致环境恶化和害虫再猖獗。因此应给以蔗农更多的指导，提高蔗农的科学素质，帮助他们认识天敌，自觉地保护和利用天敌。首先，提倡尽量不用、少用和科学合理地使用农药，以减少对天敌的杀伤，充分发挥天敌对害虫的自然控制作用；其次，倡导大力推广间、套种，如在蔗田套种玉米、大豆、花生等，可改变田间小气候，创造有利于天敌生存和繁殖的生态环境，增加天敌种类和数量；第三，有条件的可进行人工繁殖或助迁，以增加田间天敌种群数量。综上所述，想方设法采取多种途径，充分发挥天敌的自然控制效能，这对发展生物防治事业，提高害虫综合治理水平，维护农田生态系统生物间的动态平衡，促进蔗糖生产高质量发展都具有重要的意义。

（二）云南蔗区地理条件和甘蔗害虫发生概况

云南地处云贵高原的西南面，位于北纬 21°9′—29°15′、东经 97°39′—102°12′，是一个低纬度、高海拔、多山的省份。全省海拔高低悬殊，地貌复杂多样，具有明显"立体农业"的特点。从气候来说，全省有寒带、温带、热带，在一个小区域内，也因海拔高低等影响，而有明显的气候差异，从而在生物群落的结构和分布上较为复杂和多变。

云南甘蔗栽培历史悠久，分布广泛，大部分蔗区属于热带、亚热带气候。由于气候、地貌等因素的影响，以及甘蔗生产的发展，甘蔗栽培类型比较复杂，发生在蔗田内的害虫种类繁多。经调查统计，全省甘蔗害虫有124种，分属于昆虫纲7目31科122种、蛛形纲1目2科2种。严重影响甘蔗生长，经常造成灾害的有甘蔗螟虫、甘蔗绵蚜、甘蔗蓟马、甘蔗粉介壳虫、甘蔗金龟子、蔗头象虫、蛀茎象虫、甘蔗白蚁和甘蔗刺根蚜等。

（三）云南甘蔗害虫天敌类群及分布

云南蔗区天敌资源十分丰富。经调查统计，全省甘蔗害虫天敌达283种，分属于昆虫纲10目49科201种、蛛形纲1目21科82种（表6-1）。以类群来分，可分为捕食性天敌和寄生性天敌两大类，捕食性天敌主要有捕食性昆虫、蜘蛛；寄生性天敌有寄生性昆虫。其在全省各蔗区的分布因气候、生态条件和害虫种群优势种的不同而有差异，因而各地天敌优势种群也不尽相同（表6-2）。

表6-1　云南甘蔗害虫天敌种数统计

纲（种数）	目（种数）	科（种数）
昆虫纲（201）	蜻蜓目 Odonata（2）	蜻科 Libellulidae（2）
	螳螂目 Mantodea（2）	螳螂科 Mantidae（2）
	革翅目 Dermaptera（1）	肥螋科 Psalididae（1）
	半翅目 Hemiptera（22）	猎蝽科 Reduviidae（12）、蝽科 Pentatomidae（2）、盲蝽科 Miridae（1）、长蝽科 Lygaeidae（2）、花蝽科 Anthocoridae（4）、姬猎蝽科 Nabidae（1）
	脉翅目 Neuroptera（5）	草蛉科 Chrysopidae（3）、褐蛉科 Hemerobiidae（1）、蝶角蛉科 Ascalaphidae（1）
	鳞翅目 Lepidoptera（1）	螟蛾科 Pyralidae（1）
	鞘翅目 Coleoptera（56）	瓢虫科 Coccinellidae（35）、虎甲科 Cicindelidae（8）、步甲科 Carabidae（11）、隐翅虫科 Staphylindae（1）、芫菁科 Meloidae（1）
	双翅目 Diptera（23）	食虫虻科 Asilidae（1）、食蚜蝇科 Syrphidae（7）、长足寄蝇科 Dexiidae（1）、寄蝇科 Larvaevovidae（13）、头蝇科 Pipunculidae（1）
	膜翅目 Hymenoptera（88）	蜾蠃科 Eumenidae（10）、马蜂科 Polistidae（8）、铃腹胡蜂科 Ropalidiidae（2）、异腹胡蜂科 Polybiidae（2）、胡蜂科 Vespidae（2）、泥蜂科 Sphecoidae（1）、土蜂科 Scoliidae（1）、青蜂科 Chrysididae（1）、蚁蜂科 Mutillidae（1）、螯蜂科 Dryinidae（1）、姬蜂科 Ichneumonidae（23）、茧蜂科 Braconidae（14）、蚜茧蜂科 Adhidiidae（1）、小蜂科 Chalcididae（5）、金小蜂科 Pteromalidae（1）、姬小蜂科 Eulophidae（2）、长尾小蜂科 Torymidae（1）、跳小蜂科 Encyrtidae（4）、赤眼蜂科 Trichogrammatidae（2）、扁股小蜂科 Elasmidae（1）、黑卵蜂科 Scelionidae（1）、褶翅姬蜂科 Gasteruptiondae（1）、旗腹姬蜂科 Evaniidae（1）、蚁科 Formicidae（1）、蛛蜂科 Pompilidae（1）
	捻翅目 Strepsiptera（1）	橘蝙科 Halictophagidae（1）

（续）

纲（种数）	目（种数）	科（种数）
蛛形纲（82）	蛛形目 Araneida（82）	微蛛科 Erigonidae（1）、球腹蛛科 Theridiidae（5）、肖蛸科 Tetragnathidae（8）、园蛛科 Araneidae（19）、狼蛛科 Lycosidae（7）、管巢蛛科 Clubionidae（3）、蟹蛛科 Thomisidae（6）、猫蛛科 Oxyopidae（3）、跳蛛科 Salticidae（10）、花皮蛛科 Sicariidae（2）、暗蛛科 Amaurobiidae（1）、卷叶蛛科 Dictynidae（1）、皿网蛛科 Linyphiidae（1）、蚖蛛科 Vloboridae（2）、隆头蛛科 Eresidae（1）、平腹蛛科 Gnaphosidae（5）、栅纺器蛛科 Hahniidae（2）、盗蛛科 Pisauridae（2）、灵蛛科 Pholcidae（1）、巨蟹蛛科 Heteropodidae（1）、拟壁钱蛛科 Oecobiidae（1）

表 6-2　云南各类型蔗区甘蔗害虫天敌优势种群

蔗区类型	气候特点	甘蔗害虫天敌优势种	
		寄生性天敌	捕食性天敌
热带湿润蔗区	海拔 400～700 米，年降水量 1 200～1 800 毫米，蒸发量≤降水量年平均气温≥20℃	螟黄足绒茧蜂 *Apanteles flavipes*（Cameron）	环足猎蝽 *Cosmolestes annulipes* Distant 棘猎蝽 *Polididus armatissimus* Stal 彩纹猎蝽 *Euagoras plagiatus* Burmeiter 双带盘瓢虫 *Coelophora biplagiata*（Swartz） 大突肩瓢虫 *Synonycha grandis*（Thunberg） 黑襟毛瓢虫 *Scymnus*（*Neopullus*）*hoffmanni* 青翅蚁形隐翅虫 *Paederus fuscipes* Curtis 绿线食蚜螟 *Thiallela* Sp.
热带、准热带干燥蔗区	海拔 300～1 000 米，年降水量 600～900 毫米，相对湿度 60%～70%，蒸发量＞降水量，年平均气温≥20℃	螟黄足绒茧蜂 *Apanteles flavipes*（Cameron） 黑尾叶蝉头蝇 *Tomosvaryella oryzaetora*（Koizumi）	黑襟毛瓢虫 *Scymnus*（*Neopullus*）*hoffmanni* 六斑月瓢虫 *Chilomenes sexmaculata*（Fabricius） 异色瓢虫 *Leis axyridis*（Pallas） 食螨小瓢虫 *Stethorus* Sp. 微小花蝽 *Orius*（*Heterorius*）*minutus*（Linnaeus） 黑肩绿盲蝽 *Cyrtorrhinus lividipennis* Bedt
准热带湿润蔗区	海拔 700～1 000 米，年降水量 1 100～1 700 毫米，蒸发量≈降水量，年平均气温≥18～20℃	大螟拟丛毛寄蝇 *Sturmiopsis inferens* Townsend 扁肛茸毛寄蝇 *Servillia planiforceps* Chao	黄足猎蝽 *Sirthenea flavipes* Stal 黑襟毛瓢虫 *Scymnus*（*Neopullus*）*hoffmanni* W. 大突肩瓢虫 *Synonycha grandis*（Thunberg） 双带盘瓢虫 *Coelophora biplagiata*（Swartz） 青翅蚁形隐翅虫 *Paederus fuscipes* Curtis 中国虎甲 *Cicindela chinensis* DeGeer

（续）

蔗区类型	气候特点	甘蔗害虫天敌优势种	
		寄生性天敌	捕食性天敌
南亚热带湿润蔗区	海拔 900～1 300 米，年降水量 1 200～1 800 毫米，蒸发量≈降水量，年平均气温≥18～20℃	大螟拟丛毛寄蝇 *Sturmiopsis inferens* Townsend 扁肛茸毛寄蝇 *Servillia Planiforceps* Chao 拟舞短须寄蝇 *Linnaemya vulpinoides* Baranoff	大突肩瓢虫 *Synonycha grandis*（Thunberg） 双带盘瓢虫 *Coelophora biplagiata*（Swartz） 八斑和瓢虫 *Synharmonia octomaculata*（Fabricius） 中华广肩步甲 *Calosoma chinense* Kirby
南亚热带干燥半干燥蔗区	海拔 1 000～1 500 米，年降水量 700～1 000 毫米，蒸发量为降水量的 2～3 倍，年平均气温≥18～20℃	螟黄足绒茧蜂 *Apanteles flavipes*（Cameron） 螟黄赤眼蜂 *Trichogramma* sp.	大突肩瓢虫 *Synonycha grandis*（Thunberg） 六斑月瓢虫 *Chilomenes sexmaculata*（Fabricius） 异色瓢虫 *Leis axyridis*（Pallas） 黑襟毛瓢虫 *Scymnus*（*Neopullus*）*hoffmanni* W. 龟纹瓢虫 *Propylaea japonica*（Thungberg） 绿线食蚜螟 *Thiallela* Sp. 梯阶脉褐蛉 *Micromus timidus* Hagen 微小花蝽 *Orius*（*Heterorius*）*minutus*（Linnaeus） 青翅蚁形隐翅虫 *Paederus fuscipes* Curtis 黄足肥螋 *Euborellia pallipes* Shlraki
中亚热带湿润蔗区	海拔 1 200～1 400 米，年降水量 1 200 毫米以上，蒸发量＞降水量，年平均气温≥16～18℃		双带盘瓢虫 *Coelophora biplagiata*（Swartz） 六斑月瓢虫 *Chilomenes sexmaculata*（Fabricius） 稻红瓢虫 *Verania discolor*（Fabricius） 十斑盘瓢虫 *Coelophora bissellata*（Mulsant） 黑带食蚜蝇 *Epistrophe balteata* De Geer

（四）天敌昆虫发生消长及其对甘蔗害虫的自然控制

在全省 124 种甘蔗害虫中，常发性害虫仅数十种，仅占已知害虫种类的 10％～12％，其余 90％左右的害虫种类种群发展很受自然环境的影响。在影响害虫种群发展的因子中，天敌的作用是十分重要的。就算是常发性害虫，它们的发生消长也与天敌密切相关。各类天敌昆虫在蔗田内随着害虫的发生相继出现、互相配合，对害虫的发生起着有效的控制作用。

3—5 月为甘蔗苗期，蔗螟、蔗龟开始在蔗田内发生危害，并成为此时期蔗田内的主要害虫。此时，螟虫各种寄生性天敌（如蔗螟寄生蜂、寄生蝇）和捕食性天敌（如猎蝽、蜘蛛、青翅蚁形隐翅虫、步甲、黄足肥螋等）也各自陆续迁入蔗田活动，寻找猎物取食、寄生。之后随着天敌种群的发展壮大，其对害虫的抑制作用也相应增强，蔗螟、蔗龟种群数量逐步下降成为次要害虫。6—7月，甘蔗进入分蘖盛期及生长期，甘蔗绵蚜、甘蔗蓟马迁入蔗田形成中心虫株并迅速扩散到全田危害，成为此时蔗田的主要害虫，与此同时食蚜蝇、食蚜瓢虫、草蛉、螳螂、蜘蛛、绿线食蚜螟、步甲、捕食蝽、微小花蝽等捕食性天敌进入蔗田捕食甘蔗绵蚜和甘蔗蓟马，随着两种害虫的发展，种群数量不断增加，只是增长速度不敌害虫，因而此时不能完全控制两种害虫的危害。随着8—10月雨季来临及甘蔗大生长期的到来，各种环境因子不利于甘蔗绵蚜、甘蔗蓟马发展而有利于天敌昆虫发生，天敌大量繁殖，种群数量骤增，11月形成高峰，从而抑制了甘蔗绵蚜、甘蔗蓟马的进一步发展危害。此外，蔗田内粉蚧一年四季发生，与其相应的捕食性天敌小花蝽、黑襟毛瓢虫、黄足肥螋等也在蔗田频繁活动，取食粉蚧，且种群数量相当可观，所以一般能把粉蚧控制在经济损害水平以下。

1. 甘蔗螟虫天敌及其自然控制作用

主要是寄生性天敌，优势种是螟黄足绒茧蜂、大螟拟丛毛寄蝇、螟黄赤眼蜂。

螟黄足绒茧蜂：是寄生大螟（*Sesamia inferens* Walker）、二点螟（*Chilo infuscatellus* Snellen）的优势天敌，对控制螟害的发生起着有效作用。它在云南分布较广，以幼虫在两种螟虫体内寄生。一年可发生4～5代，从第一代到第五代都有寄生，与各代蔗螟幼虫发生时间吻合，自然寄生率高达25%～40%，以5、6月寄生率最高；繁殖量大，一个蔗螟幼虫体内可出蜂80～100多头；被寄生的蔗螟幼虫行动迟钝、食量大减，最终不取食，转株危害少，因而减少了对甘蔗的危害。

大螟拟丛毛寄蝇：主要分布在云南省湿热蔗区德宏州，是寄生大螟、二点螟、台湾稻螟（*Chilo auricilia* Dudgeon）和二化螟［*Chilo suppressalis*（Walker）］的优势天敌。寄生幼虫，单寄生，自然寄生率达20%～35%，在当地对抑制蔗螟危害起重要作用。

螟黄赤眼蜂：主要分布在南亚热带干燥半干燥蔗区，寄生甘蔗条小卷蛾［*Argyroploce schistaceana*（Snellen）］卵，7月上旬甘蔗条小卷蛾大量产卵时，自然寄生率达25%～38%，能把甘蔗条小卷蛾的危害控制在经济损失水平以下。

2. 甘蔗绵蚜天敌及其自然控制作用

主要是捕食性天敌，其中占主导地位的是蔗田内活动着的庞大的食蚜瓢虫种群和绿线食蚜螟。优势种是大突肩瓢虫、双带盘瓢虫、六斑月瓢虫和绿线食蚜螟。

大突肩瓢虫：在云南蔗区分布广、种群数量多、捕食量极大（是所有瓢虫中最大的），成虫、幼虫均能捕食甘蔗绵蚜（*Ceratovacuna lanigera* Zehntner），一头瓢虫一生可捕食32 000头甘蔗绵蚜，对甘蔗绵蚜具有明显的抑制作用。6月初成虫开始出现在蔗田，但此时繁殖慢，数量较少，以至不能控制6—7月第一个绵蚜高峰的发生；8—10月繁殖加快，种群数量明显增长，11月形成全年繁殖高峰，此时每片受绵蚜危害的蔗叶上平均有成虫2～3头、幼虫6～8头、卵30～50粒以及少量蛹，完全控制了第二、第三个绵蚜高峰的发生危害。因而此时发生的绵蚜不用喷施化学农药也能自然控制。

双带盘瓢虫：云南分布广泛，捕食量仅次于大突肩瓢虫，成虫、幼虫均能捕食甘蔗绵蚜。甘蔗绵蚜发生早期种群数量大，抗逆性强。双带盘瓢虫6月初迁入蔗田活动，之后随着绵蚜种群数量的增长而增多，7月达到第一个繁殖高峰，8—9月田间种群数量有所减少，10—11月又恢复形成第二个高峰，对早期和后期甘蔗绵蚜的发生起着有效的控制作用。

六斑月瓢虫：云南大部分蔗区都有分布，成、幼虫均可捕食甘蔗绵蚜。甘蔗绵蚜发生前期蔗田六斑月瓢虫虫口数量大，6月下旬六斑月瓢虫种群数量开始增多，7—8月形成繁殖高峰，9月中旬以后种群数量减少。对控制早期绵蚜的发生起着一定的作用。

绿线食蚜螟：属鳞翅目螟蛾科，以幼虫捕食甘蔗绵蚜，全省各主产蔗区均有分布。幼虫结网巢于绵蚜群落中，并隐藏其内，不时伸出头部捕食绵蚜，日平均捕食量100头。绵蚜盛发后期，绿线食蚜螟田间种群数量多，一年中发生盛期在9—12月，对控制后期绵蚜的发生起很大作用。

3. 甘蔗粉蚧、蓟马天敌及其自然控制作用

蔗田内捕食甘蔗粉蚧〔*Saccharicoccus sacchari*（Cockerell）〕、甘蔗蓟马（*Baliathrips serratus* Kobus）的天敌有黄足肥螋、微小花蝽、棕腹小花蝽、黄足黑腹小花蝽、截胸小花蝽、黑襟毛瓢虫、黑方突毛瓢虫等，优势种是黄足肥螋、微小花蝽、黑襟毛瓢虫。三种优势天敌在全省蔗区均有分布，一年四季蔗田均可见捕食粉蚧和蓟马，对抑制两种害虫的发生起有效作用。

（五）甘蔗害虫优势天敌及保护利用

云南甘蔗种植面积大，分布广，蔗区气候、环境复杂多变，害虫种类多，天敌资源十分丰富。经调查统计，全省甘蔗害虫天敌达283种之多，在查到的天敌昆虫中，具有保护利用价值和研究意义的优势种主要有：寄生甘蔗螟虫的赤眼蜂、螟黄足绒茧蜂和大螟拟丛毛寄蝇；捕食甘蔗绵蚜的大突肩瓢虫、双带盘瓢虫、六斑月瓢虫和绿线食蚜螟；捕食甘蔗粉蚧和蔗头象虫的黄足肥螋等。还有一种寄生菌——白僵菌，在自然界中分布十分广泛，可寄生蔗螟、蔗龟、蔗头象虫、蛀茎象虫等多种甘蔗害虫，其自然寄生率一般在10%左右，对甘蔗害虫具有一定的自然抑制作用。为了适应植物保护科学化的要求，进一步发挥生物防治在甘蔗害虫综合防治中的作用，推动云南甘蔗害虫生物防治的发展，不断提高甘蔗害虫综合防治水平，现对几种甘蔗害虫优势天敌及其保护利用进行简介。

1. 赤眼蜂

（1）寄生特点

赤眼蜂（*Trichogramma* sp.）属膜翅目赤眼蜂科赤眼蜂属，为卵寄生蜂，是一种多择性的卵寄生天敌。其生活史经历4个时期，卵至成虫的过程都是在寄生卵内度过的。在甘蔗田可寄生大螟、二点螟、黄螟、条螟、白螟、台湾稻螟和黏虫等多种鳞翅目害虫的卵。从寄生过的卵块出来的是赤眼蜂成虫，之后很快飞去寻找新的卵块寄生。

赤眼蜂是一类很有利用价值的天敌，全世界有赤眼蜂140多种，我国有26种，能寄生甘蔗螟虫卵的赤眼蜂有拟澳洲赤眼蜂（*Trichogramma confusum* Viggiani）、螟黄赤眼蜂（*Trichogramma chilonis*）、松毛虫赤眼蜂（*Trichogramma dendrolimi* Matsumra）、稻螟赤眼蜂（*Trichogramma japonicum* Ashmead）、蔗二点螟赤眼蜂（*Trichogramma poliae* Nagaraja）、小拟赤眼蜂（*Trichogramma nana* Zehnter）、玉米螟赤眼蜂（*Trichogramma ostriniae* Pang et Chen）、广赤眼蜂（*Trichogramma evanescens*）等。以拟澳洲赤眼蜂和螟黄赤眼蜂最重要。

我国利用拟澳洲赤眼蜂防治甘蔗螟虫是非常成功的例子。1929—1948 年，巴巴多斯连续 20 年应用赤眼蜂防治甘蔗螟虫；20 世纪 30 年代和 40 年代印度和毛里求斯也曾用赤眼蜂防治蔗螟；20 世纪 60 年代我国台湾省大面积释放赤眼蜂防治蔗螟取得可喜的效果，放蜂田螟卵寄生率为 73.0%～74.8%，对照田为 10.2%～29.2%，螟害枯心率降低 44.4%～75.3%，螟害节率降低 37.5%～65.4%。1958 年在广东省顺德县建立了全国第一个赤眼蜂站，接着，广西、福建、云南、湖南和四川等蔗区也相继采用赤眼蜂防治甘蔗螟虫。1974—1975 年，云南省农业科学院甘蔗研究所在滇东南蔗区开展了以释放赤眼蜂为主的综合防治黄螟的研究，防治效果达 80% 以上，有效地控制了黄螟的危害。1981—1985 年广东省农业科学院植物保护研究所对珠江三角洲 20 多万亩蔗田实行以农业防治为基础，释放赤眼蜂且科学用药等综合防治措施，对防治蔗螟枯心效果达 80%，减少螟害节率 71%、枯梢率 58.1%，亩增产 1 144.5 千克。1983—1985 年广西甘蔗研究所在贵港市 17 000 亩蔗田开展以生态学观点为基础（释放赤眼蜂为主）的农业防治（包括选用补偿力较强的品种，推广间种黄豆），结合合理用药等综合措施，对防治蔗螟枯心、降低螟害节率都有明显的效果，放蜂区螟卵寄生率为 53.8%～72.5%，对照区为 11.6%～15.9%；放蜂区螟害株率为 9.75%，螟害节率为 0.83%，对照区螟害株率为 43.95%～56.64%，螟害节率为 9.75%。湖北大垸农场与吉林农业大学合作，于 1996 年开始，连续 3 年开展以释放赤眼蜂为主的综合防治二点螟的研究，累计面积达 25 万亩次，有效地控制了二点螟的危害，亩增产约 500 千克，取得了良好的经济效益、社会效益和生态效益。为了提高甘蔗产量和质量，丰收糖业发展有限公司在 2007 年利用赤眼蜂对蔗区 10 万亩甘蔗进行生物防治，累计放蜂 7 批，放蜂量达 35.8 亿头，在抽查的 1 000 多条甘蔗样品中平均虫节率为 23.0%，比去年同期下降了 16.7%，虫节的下降预计可多产糖 4 800 吨，增加产值 1 680 万元。依托国家重大项目，福建农林大学从台湾引进并消化，建立了一套完整的利用米蛾卵繁殖赤眼蜂的技术流程，包括米蛾繁殖、收集成蛾交配产卵、收集米蛾卵与制作卵卡、赤眼蜂繁殖、恒温保存和田间释放为主要内容的技术环节。2009 年，在国家甘蔗产业技术体系支持下，岗位科学家许莉萍、张华及团队成员制作蜂卡约 15 万张，并在广东湛江蔗区进行赤眼蜂防治甘蔗螟虫示范，面积 1 万亩以上；调查显示不同密度放蜂区螟虫卵的寄生率均达到 100%，与对照区相比，甘蔗螟害株率和螟害节率均明显下降，防治效果分别达到 45% 和 41%。岗位科学家黄诚华博士在广西蔗区开展蓖麻蚕繁殖赤眼蜂防治甘蔗螟虫技术示范，累计应用面积达 8 万亩；调查显示与对照区相比，放蜂区蔗螟卵的寄生率提高 30% 以上，甘蔗螟害节率下降 44% 以上。

（2）形态识别

赤眼蜂成虫体长在 0.5 毫米左右，体淡黄色至暗黄色，有光泽。成虫及蛹的复眼均为赤红色，故名赤眼蜂。触角 1 对，淡黄色至黄褐色，由 6 节组成。腹部（特别是雄蜂）呈黑褐色，或有黑褐色横带。翅膜质透明，翅面密生 10 多列放射状排列的细毛，翅缘有缨毛，后翅狭长。足 3 对，淡黄色。腹部近圆锥形，末端尖锐。

（3）生活习性及发生规律

自然界中，赤眼蜂在南方地区 1 年可发生 30 代，个别地区因气候适宜可终年繁殖。由于环境条件的不同，其越冬情况也各异。有的地区以老熟幼虫或预蛹在寄主的卵内越冬；有的则以蛹在寄主的卵内越冬。越冬期的长短也因地而异。

赤眼蜂主要依靠触角上的嗅觉器官寻找寄生卵，当找到寄主后，稍后即可排卵。最爱寄生蔗螟产的新鲜卵，如果胚胎发育已达一定程度，卵面变色后就不爱寄生。

赤眼蜂生育的最适宜温度为25～28℃；滞育低温区为5～8℃，0～2℃的低温可长期滞育，15℃以下为不活动低温区；30℃以上发育不良，40～45℃为不活动高温区。田间的气温变化对赤眼蜂成虫活动影响也较大，在20℃以下时，活动方式以爬行为主，活动缓慢；25℃以上时，则以飞翔为主。低温季节赤眼蜂的活动范围小，水平扩散半径一般在7米以内。温度高，成蜂的寿命短；温度低，寿命长；在30℃的条件下，成蜂寿命为2～4天；在20℃的条件下，成蜂寿命可延长8～10天。赤眼蜂雌蜂的繁殖力通常与温度有关，温度过高和过低均会降低其繁殖的能力。赤眼蜂在相对湿度60%～90%的范围内，均能正常发育，人工繁殖赤眼蜂最适宜的相对湿度为80%。赤眼蜂成蜂有较强的趋光性，在室内或繁殖箱内常向光线强的一面活动。风和气流对赤眼蜂的活动和扩散有直接的影响，大风不利其活动，强风暴雨对其活动或寄生效果均有不良影响。

（4）保护利用途径

①提倡间套种。在蔗田间套种大豆、花生、蔬菜等，可改变田间小气候，有利于赤眼蜂的生存和繁殖。

②合理用药。从早春开始，就不用或少用广谱杀虫剂，改用选择性杀虫剂，并对根区土壤施药，使赤眼蜂初期数量较少时就得到保护和利用。

③人工饲养繁殖，释放赤眼蜂。赤眼蜂的利用价值在于卵期寄生害虫，可把害虫消灭在危害之前；可以大批量人工饲养繁殖，大面积用于防治；防虫效果好且稳定。甘蔗螟虫是利用赤眼蜂防治的主要对象之一，甘蔗田释放赤眼蜂的关键技术是以适当的数量和适宜的时间使羽化出来的赤眼蜂和甘蔗螟卵最大限度地相遇。因此，可采用米蛾卵、蓖麻蚕卵人工饲养繁殖赤眼蜂，于3月中下旬蔗螟开始产卵时，即开始在蔗田补充释放赤眼蜂。每隔10～15天放1次，全年共放蜂5～7次，每亩设5～8个释放点，每亩每次放蜂1万头左右；并利用重复放蜂法，即把不同羽化日期的3批赤眼蜂寄主卵同时放入释放器，每批蜂的羽化期相隔3～6天，这样在12～15天内都有赤眼蜂在田间活动，从而可大大提高防治效果。放蜂时应注意天气变化，选择晴天上午8—9时露水干后或下午4时以后日照不烈时进行；若遇暴风雨，则不能释放，可将卵块放在繁蜂箱中密闭，并饲以蜜糖水，待天气转晴后再释放。

④赤眼蜂携带病毒。即以昆虫病毒流行学理论为基础，以赤眼蜂为媒介传播病毒，在宿主害虫种群中诱发病毒流行病，达到控制目标害虫的目的，可起到事半功倍的效果。使用赤眼蜂携带病毒时，必须在蔗螟产卵盛期，根据虫情发生密度，每亩等距离施放5～7枚，挂在蔗株背阴处即可，以清晨至上午10时或15时后使用为宜，不能与化学农药同时使用。

2. 螟黄足绒茧蜂

（1）寄生特点

螟黄足绒茧蜂〔*Apanteles flavipes*（Cameron）〕属膜翅目茧蜂科绒茧蜂属，是寄生大螟、二点螟的优势天敌，对控制螟害的发生起着有效作用。螟黄足绒茧蜂在云南的分布相当普遍，滇东北的巧家、永善，滇南的开远、弥勒、文山、金平，滇中的宾川、华宁等蔗区都有先后发现。该蜂以幼虫在大螟、二点螟的幼虫体内寄生。在开远调查，从寄主第一代到第五代都有寄生，与各代蔗螟幼虫发生吻合，自然寄生率高达 25%～40%，以 5、6 月寄生率最高；繁殖量大，1 个蔗螟幼虫体内可出蜂 80～100 头；被寄生的蔗螟幼虫行动迟钝，食量大减最终不取食，转株危害少，因而减少了对甘蔗的危害。

（2）形态识别

螟黄足绒茧蜂成虫体长 1.8 毫米左右。头部光滑，颜面显著突出；雌蜂触角念珠状，暗褐色，明显比体短；雄蜂触角丝状，黄褐色，比体长。体黑色，前胸背板侧面部分及腹板、翅基片、腹部腹面黄褐色。翅透明，翅痣及前缘脉淡褐色。足黄褐色；爪黑色。茧白色，20～30 个小茧群聚在一起，排列不规则，茧块外有薄丝缠绕。小茧圆筒形，长约 3 毫米，直径约 1 毫米，两端钝圆。

（3）生活习性及发生规律

自然界中，螟黄足绒茧蜂在云南 1 年可发生 4～5 代，与各代蔗螟幼虫发生吻合，于寄主幼虫二龄时开始寄生。螟黄足绒茧蜂成虫有趋光性，黑暗中行动缓慢或不活动，光亮下行动活泼，白天可见成蜂在蔗苗间飞翔或在植株上爬行寻找寄主。产卵前的雌蜂主要靠蔗叶和寄主幼虫排出的粪便气味来搜索产卵对象。1 只雌蜂可寻找多个寄主幼虫产卵，1 只寄主幼虫可被多个雌蜂产卵。每头雌蜂产卵均在 100～200 粒。成蜂在日平均气温 20℃ 条件下，不给食料只活 1.5～2.0 天，喂清水的可活 2.0～2.5 天，喂蜂蜜的可活 3～4 天，雌雄性比为 26∶1。整个幼虫期都在寄主体内取食发育，老熟后才脱出寄主体外结茧化蛹，蛹期一般为 6～7 天。每头寄主出蜂 18～108 头，平均 64 头。寄主在幼虫脱出后，可继续存活 2～5 天，但不再取食，之后干缩死亡发黑，但不腐烂发臭。

（4）保护利用途径

①大力推广间套种。在蔗田间套种玉米、大豆、花生等，可改变田间小气候，有利于螟黄足绒茧蜂的生存和繁殖。

②合理用药。从早春开始，就不用或少用广谱杀虫剂，改用选择性杀虫剂，并采用根区土壤施药，使螟黄足绒茧蜂初期数量较少时就得到保护和利用。

③人工饲养繁殖，补充释放螟黄足绒茧蜂。可转换寄主黏虫，人工饲养繁殖螟黄足绒茧蜂，于 3—6 月甘蔗螟虫第一、第二代幼虫高峰期，分期分批补充释放到蔗田，增加田间螟黄足绒茧蜂的种群数量，提高寄生率。

3. 大突肩瓢虫

（1）捕食特点

大突肩瓢虫 [*Synonycha grandis* (Thunberg)] 属鞘翅目瓢虫科突肩瓢虫属，是捕食甘蔗绵蚜的优势种天敌。在我国蔗区分布广、种群数量多、捕食量极大（是所有瓢虫中最大的），1 头瓢虫一生可捕食 32 000 头甘蔗绵蚜，对甘蔗绵蚜具有明显的抑制作用。据田间调查，大突肩瓢虫成虫和幼虫均喜欢捕食甘蔗绵蚜，其成虫食量大于幼虫；冬、春季甘蔗绵蚜缺乏时，也可捕食玉米蚜、豆蚜及菜蚜等多种蚜虫。

在甘蔗绵蚜诸多天敌中，最早被注意利用作为防治手段的是大突肩瓢虫。台湾省早在 20 世纪 30 年代末期，已在室内饲养繁殖该瓢虫（饲料是田间采集的甘蔗绵蚜），然后散放到蔗田。1951—1954 年，有记录散放 23 582 头大突肩瓢虫到 60 公顷受绵蚜严重危害的蔗田，结果在大多数情况下，持续 1 个月的散放就几乎把全部绵蚜扑灭。1980—1981 年，广西农业科学院、广西大学农学院协作进行以生物防治为主的综合防治试验，散放瓢虫治蚜。他们的经验是入春（3 月）先散放到甘蔗秋植地，以抑制虫源；入夏（5—6 月）分 3~4 批散放到宿根或春植蔗地（标准是蚜害株率 5%，虫情指数在 0.006 左右），可有效地控制绵蚜大发生。

（2）形态识别

成虫体长 11~14 毫米，宽 10.2~13.2 毫米。体近于圆形，背面光滑不被绒毛。头部黄色无斑。前胸背板黄色，中央具梯形大黑斑，基部与后缘相连。小盾片黑色。鞘翅黄色，共有 13 个黑斑，3 个位于鞘缝上。刚孵化的幼虫淡黄色，后变成黑褐色，三龄后黑灰色；老龄幼虫体长 15~16 毫米；头、足黑色，胸、腹背面灰黑色，腹面黄褐色；腹部第一、第二节背面两侧有 2 个灰黄色的斑，第四节灰黄色；中、后胸和腹部长满突起的肉刺，刺上有黑色。

（3）生活习性及发生规律

室内饲养结合田间观察，大突肩瓢虫在云南蔗区 1 年发生 4 代。第一代 6 月上旬至 8 月下旬，第二代 7 月上旬至 10 月中旬，第三代 9 月上旬至 12 月中旬，第四代（越冬代）10 月中下旬至次年 7 月。世代重叠，以第三代及第四代成虫在蔗茎中下部老叶鞘内越冬。发育历期因季节不同而异。夏季 6—8 月，气温高，世代历期短；秋季 9—11 月，气温低，世代历期长。越冬成虫寿命长，可达 284 天以上。

刚羽化的成虫先静伏在蛹壳上或蛹壳周围，随后即可活动取食、交尾产卵。1 头成虫一生产卵 321~1 410 粒，卵群集竖产在蔗叶正面、叶鞘背面及杂草上。成虫爬行迅速，喜在蔗叶背面捕食大龄绵蚜，在食料不足时，会残食自产卵粒。可短距离飞翔，具假死性，耐饥力强。一、二龄幼虫喜欢捕食低龄绵蚜，三龄以上则喜食大龄绵蚜。食料不足时幼虫会自相残杀，尤其是静止蜕皮的虫态和初孵幼虫易被残食。老熟幼虫多在蔗茎中下部老叶、枯叶背面，尤其在稍松动的叶鞘内侧等处化蛹。

据田间调查，大突肩瓢虫的发生期稍滞后于甘蔗绵蚜，5—6 月绵蚜发生初期，蔗田中瓢虫种群数量太少，繁殖速度慢；7—8 月绵蚜发生盛期，瓢虫的控制效能甚微；直到 9—10 月大突肩瓢虫的种群数量才明显增长，11 月形成全年繁殖高峰。此时每片受绵蚜危害的蔗叶上平均有瓢虫成虫 2~3 头、幼虫 6~8 头、卵 30~50 粒，以及少量蛹，能有效控制绵蚜第二、三个高峰的出现；12 月进入越冬期。导致前期瓢虫种群数量太少的主要原因是：自然情况下瓢虫越冬存活率低，其次是甘蔗收砍时人为地破坏了瓢虫的自然越冬场所，再加上销毁蔗叶导致大批越冬瓢虫死亡，以及 6、7 月普遍使用高毒广谱药剂防治绵蚜杀伤了蔗田中有限的瓢虫。因此，如何保护瓢虫越冬，提高越冬存活率以及合理用药是利用此天敌的关键。

（4）保护利用途径

①在 12 月甘蔗收砍前及时将越冬瓢虫大量采回室内，置于玻璃缸中，人工饲喂 5%~10% 糖水和冷藏（3~4℃）的甘蔗绵蚜，能显著提高瓢虫的越冬存活率。并结合移植助迁、人工繁殖，在 6 月初绵蚜点状发生时，把瓢虫大量散放到蔗田使其增殖，以达到

有效控制绵蚜危害的效果。散放虫态以成虫、大龄幼虫为主，同时应选择晴朗和温暖的天气进行，一般每亩放出大突肩瓢虫成虫 50～100 头或幼虫 2 500 头左右，分散放于蚜虫虫口密度较大的蔗株上。

②尽可能在蔗地中间套种玉米、大豆、花生等，一方面可改变蔗地小气候环境，有利瓢虫的栖息和繁生；另一方面利用间套作物上蚜虫发生早、数量大的特点，可显著增加瓢虫的数量。

③大突肩瓢虫成虫和幼虫对杀虫剂均十分敏感。因此化学防治必须采用选择性杀虫剂，根据虫情，控制施药次数、施药方法和施药时间，使初期数量较少的瓢虫得到保护和利用；同时应大力提倡蔗叶还田，最大限度地减少对瓢虫杀伤的可能性，充分发挥大突肩瓢虫对甘蔗绵蚜的自然控制作用。

4. 双带盘瓢虫

（1）捕食特点

双带盘瓢虫 [*Lemnia biplagiata*（Swartz）] 属鞘翅目瓢虫科，是捕食甘蔗绵蚜的另一种主要天敌，捕食量仅次于大突肩瓢虫，成虫、幼虫均能捕食甘蔗绵蚜。在各蔗区均有分布，活动范围广泛，还经常出现在竹子、玉米以及各种蔬菜、果树等多种作物上，捕食蚜虫、木虱、叶蝉和飞虱等害虫。此种瓢虫个体较大，捕食效率高。据饲养观测，双带盘瓢虫幼虫期可捕食甘蔗绵蚜 580 头，最多可捕食 738 头，以三至四龄期捕食量最大，占幼虫期食量的 84.14%。成虫期平均每天可捕食甘蔗绵蚜 126 头，最多达 253 头。双带盘瓢虫在田间随猎物季节性的消长而转移捕食，种群数量增长速度快，春季田间虫口密度大，在甘蔗绵蚜发生初期，对抑制甘蔗绵蚜种群数量的增长有较大作用。

（2）形态识别

成虫体长 5.0～6.5 毫米，宽 4.6～5.2 毫米，体近于圆形。头部黄色或黑色，或大部黑色而在复眼内侧有狭长黄斑。前胸背板黑色，两侧各有 1 个浅黄色斑，常由前角伸达后角，或自前角伸达中部，两侧斑与前缘的浅黄色带相连。鞘翅黑色，每鞘翅中央各有 1 个横置的红黄色斑，斑的前缘有 2～3 个波状纹。幼虫身体微细长，呈纺锤形，除前胸及尾节外，胸部及腹部各节均有 2～4 个刺状突起，体色及斑纹随龄期而异。

（3）生活习性及发生规律

据初步观察，双带盘瓢虫在云南 1 年约发生 7 代。以第五、六、七代成虫在蔗地和蔗地附近有竹蚜的竹林或其他作物地的隐蔽处所越冬。双带盘瓢虫各虫态的发育历期因代而异。卵期一般为 2～5 天，幼虫期 7～16 天，预蛹及蛹期 4～11 天，完成一个世代一般需 26～40 天。各虫态的发育速率随着发育期间的温度升高而显著加快。在田间，越冬成虫一般在 3 月下旬开始产卵繁殖，4—12 月几乎都可以见到各种虫态，世代重叠。越冬成虫寿命长者可达 200 天左右。

成虫一般羽化后 6～7 天，最早 3 天，开始交尾。温暖季节可多次交尾多次产卵，雌成虫一生产卵量由数 10 粒到 900 多粒不等，一般为 200～600 粒，其中以越冬代能安全越冬的个体产卵量较大。从时期来说，以 4—5 月产卵量最大。双带盘瓢虫对产卵场所要求不严格，可产在蔗地或其他作物中，卵可分布于植株的各个部位。幼虫孵化后 5～10 小时开始分散觅食，低龄幼虫喜食幼蚜，老龄幼虫喜食成蚜，食性凶猛，食量大。幼虫共 4 龄，食料不足时幼虫会自相残杀，初孵和正在蜕皮的个体易受侵害。老熟幼虫多在蔗株枯鞘、叶片或蔗茎上化蛹，有的也可在杂草上化蛹，低温季节则多集中蔗株枯鞘内侧化蛹。

据田间调查，双带盘瓢虫成虫于 3 月中下旬开始活动取食，常先在有蚜虫的竹林、玉米地以及各种蔬菜、果树等作物中产卵繁殖，待蔗地甘蔗绵蚜发生后（一般在 4—5 月）再迁到蔗地繁殖。随着绵蚜种群数量的增长，蔗地中双带盘瓢虫的种群数量也明显增加，至 6 月上中旬，达到第一个高峰。此期双带盘瓢虫种群密度一般为 1 000 头/亩左右，绵蚜发生较严重的部分蔗地，达到 2 000～3 000 头/亩，双带盘瓢虫种群数量占甘蔗绵蚜天敌总数量的 60%～80%。从 7 月中下旬开始，蔗地双带盘瓢虫种群数量下降，一直到 9 月中下旬再复回升，11 月底至 12 月初达到一年中的第二高峰期，12 月进入越冬期。造成早春双带盘瓢虫田间种群数量很少的主要原因是此瓢虫抗寒能力较差，冬季越冬死亡率很高，其次是甘蔗收砍时破坏了瓢虫的越冬场所，再加上销毁蔗叶导致大批越冬瓢虫死亡，而且早春蔗地中绵蚜种群数量也很少，满足不了双带盘瓢虫繁殖所需的食料。

（4）保护利用途径

田间调查表明，在甘蔗绵蚜发生初期，绵蚜零星发生时，如果蔗地有一定数量的双带盘瓢虫，就可以对绵蚜种群数量的发展起到较明显的抑制作用，使绵蚜种群难以形成高峰。另一方面，双带盘瓢虫还可以与甘蔗绵蚜的另一种重要天敌——大突肩瓢虫配合利用，从而发挥更大的作用。由于双带盘瓢虫发育繁殖的适温范围较大突肩瓢虫宽，其生活周期短，年世代数多，捕食对象也较多，所以，其常先于大突肩瓢虫在田间活动取食和繁殖，也先于大突肩瓢虫在蔗地出现；还因其食量相对小于大突肩瓢虫，因而易在蔗地绵蚜零星发生时形成群落。这样，在绵蚜种群数量小时利用双带盘瓢虫控制，在绵蚜种群数量较大后则同时利用两种瓢虫控制，效果也就更明显。对双带盘瓢虫的保护利用具体措施参见大突肩瓢虫。

5. 绿线食蚜螟

（1）捕食特点

绿线食蚜螟（*Thiallela* sp.）属鳞翅目螟蛾科，是捕食甘蔗绵蚜的一种重要天敌。在国外分布于菲律宾、爪哇等，我国广东、广西、台湾、福建、云南等植蔗省区均有分布。在云南蔗区分布广泛，以幼虫捕食甘蔗绵蚜。幼虫结网巢于绵蚜群落中，并隐藏其内，不时伸出头部捕食绵蚜。一龄幼虫主要取食绵蚜的分泌物，偶见咬断绵蚜的触角和足，二龄可直接咬破绵蚜腹部，吸取绵蚜体液，三龄和四龄食量大增，可将绵蚜食尽仅剩背板、头壳等残骸。1 头幼虫一生平均可捕食甘蔗绵蚜 133 头，最多达 152 头。绵蚜盛发后期田间种群数量多，一年中发生盛期在 9—12 月，对后期甘蔗绵蚜种群数量的增长具有明显的抑制作用。

（2）形态识别

成虫体长 6.5～9.0 毫米，翅展 16～22 毫米，雌蛾体大而雄蛾体小。头部近圆形。复眼黑褐色，稍突出。触角丝状但逐渐向端部缩小，鞭节由 43 个亚节组成。单眼 2 个，黑色，位于触角后方。前翅近三角形而较狭长，外横线在近前缘 1/3 处内曲，外横线外侧灰黄色，到外缘呈暗褐色，在外缘有 5 个暗褐色小点；内横线粗而明显，中部缢缩。后翅前缘和外缘褐色，其他部分均灰白色。老龄幼虫体长 12.5～14.5 毫米，体色通常呈淡黄绿色，体背具 5 条纵线，其中背线绿色较细，亚背线和气门上线很接近。幼虫前口式，单眼 6 个，触角 3 节。前胸背板发达，呈黄色或黄褐色，气门圆形。中胸毛片非常发达，毛片周围呈黑褐色，中间呈淡绿色。

（3）生活习性及发生规律

据初步观察，绿线食蚜螟 1 年可发生多代，世代重叠。以幼虫和蛹越冬，但越冬蛹羽化率很低，仅达 3%。一年中的发生盛期在 9—12 月。绿线食蚜螟各虫态的发育历期因代而异。卵期一般为 4～5 天，幼虫期 14～15 天，蛹期 6～13 天，完成一个世代一般需 25～33 天。各虫态的发育速度随着发育期间的温度升高而显著加快。成虫白昼蛰伏于禾本科杂草上，黄昏后开始活动，天黑飞向蔗田。21 时半至翌日凌晨最活跃，并在这段时间内交配。雌蛾一生产卵量一般为 86～174 粒，平均 126 粒。绿线食蚜螟的卵散生在甘蔗叶背绵蚜群附近，幼虫孵化后即爬离卵壳，经过 3～4 小时，即能吐丝结网，也可随风飘到邻近的蔗叶上。幼虫通常在蔗叶主脉两侧吐丝营巢栖息其中，不时外出捕食绵蚜，丝巢可随幼虫的发育逐渐扩大，有时整片蔗叶中脉两侧布满丝巢。老龄幼虫就在丝巢中化蛹，有时可集结化蛹，少则 2～3 头，多者 10～12 头，这种现象多见于近叶片基部 20 厘米左右处。湿度对绿线食蚜螟蛹期的发育影响很大，当相对湿度低于 95% 时，蛹的羽化率下降，低于 80% 时则基本不能羽化。

（4）保护利用途径

①提倡间套种。在蔗田间套种大豆、花生以及各种蔬菜等，可改变田间小气候，丰富农田生态系统的多样性，有利于早春绿线食蚜螟的保存和繁殖。

②合理用药。广谱化学农药对绿线食蚜螟的成虫和幼虫均有明显的杀伤作用。因此，从早春开始，就不用或少用广谱杀虫剂，改用选择性杀虫剂，并对根区土壤施药，这可避免对绿线食蚜螟等天敌的杀伤作用。

③提倡蔗叶还田，避免放火销毁蔗叶导致大批越冬绿线食蚜螟死亡，同时可为其提供良好的越冬场所，提高越冬存活率。

6. 黄足肥螋

（1）捕食特点

黄足肥螋（*Euborellia pallipes* Shiraki）属革翅目肥螋科，在我国广东、广西、台湾、福建、云南等植蔗省份均有分布。在云南蔗区分布广泛，在蔗田内普遍发现，是甘蔗象鼻虫、螟虫、粉介壳虫和蓟马等多种害虫的重要天敌。以成虫、若虫捕食蔗螟幼虫，甘蔗粉蚧成、若虫，蔗头象虫幼虫、卵，甘蔗蓟马成、若虫及小地老虎。黄足肥螋分布广、数量多、捕食范围广、食量大，对多种甘蔗重要害虫均具有明显的抑制作用。

（2）形态识别

成虫体长 8～13 毫米，体形扁平，黑褐色，有光泽，从头部至尾端渐增大。头略似圆形。复眼较小。触角 16 节，丝状，淡褐色。前胸背近似矩形，长宽约相等，后缘呈弧形。中胸背横长方形，两侧缘具片状的小前翅。后胸背很短，无翅。腹部大而长，末端稍细具铗一对，铗的内方有锯齿。卵近似圆形，乳白色，长约 1 毫米，宽 0.8 毫米左右。若虫与成虫相似，但触角节数少，尾铗须状分节。

（3）生活习性及发生规律

据初步观察，黄足肥螋在云南1年发生1代。一生只有卵、若虫和成虫3个虫期，属渐变态昆虫。以成虫、若虫在土块缝隙或土洞中越冬，翌年3月开始活动，5、6月为产卵盛期，8—11月成、若虫活动最多。11月以后进入越冬期。黄足肥螋多在夜晚活动，有趋光性，白天则潜伏在土缝内及石块、树皮、甘蔗老叶鞘下。喜进入甘蔗心叶、老叶鞘内及根际附近捕食害虫，捕食对象多为地面活动的害虫，有时将猎获物用尾铗住，拖进土块缝隙内取食。黄足肥螋成堆产卵，10～20多粒，由雌虫伏在其上护卵育幼。

（4）保护利用途径

①提倡间套种。在蔗田间套种大豆、花生以及各种蔬菜等，可改变田间小气候，创造农田生态系统的多样性，为黄足肥螋的生存和繁殖提供有利条件。

②甘蔗地应少用或不用广谱农药，改用选择性杀虫剂，并采用根区土壤施药，可避免对黄足肥螋等天敌的杀伤作用，保护和利用自然种群控制害虫。

③提倡蔗叶还田，避免销毁蔗叶导致大批越冬黄足肥螋死亡，同时可为其提供良好的越冬场所，提高越冬存活率。

④人工饲养繁殖，补充释放到蔗地。黄足肥螋室内饲养方法简单、易操作。即入冬前在黄足肥螋栖息活动的场所捕捉成虫，放入装有细沙土的罐头瓶内，每瓶10余头，再放3～4段干叶鞘供其栖息，每天供给甘蔗粉介壳虫为食，并注意保持土壤湿度（15%左右），待成虫产卵、若虫孵化后及时分移到另一瓶内饲养，所用细沙土根据污染情况10～20天换一次。

7. 寄生菌类——白僵菌

通常见到的或已被人工生产应用的寄生菌有寄生蚜虫的蚜霉菌、寄生鳞翅目幼虫或其他幼虫的白僵菌、绿僵菌、苏云金杆菌和核多角体病毒等，这些寄生菌在控制害虫的发生危害中起了很大作用。

在昆虫的僵病中，以白僵菌引起的僵病最为常见，在整个昆虫真菌病中占21%，属链孢霉目（Moniliales）链孢霉科（Moniliaceae）的白僵菌属（Beauveria）。我国从南到北，白僵菌能寄生于200多种昆虫和螨类。白僵菌在云南蔗区分布也最广泛，田间调查发现，可侵染蔗龟幼虫、蔗头象虫和蛀茎象虫的幼虫、蛹和成虫，其自然发病率一般在8%～15%，具有一定控制作用。

白僵菌主要靠气流和雨水传播分生孢子，昆虫主要通过体壁接触感染白僵菌。白僵菌侵入虫体后，病菌在虫体内扩展繁殖。昆虫感病后活动减慢，停止取食，慢慢死亡，到病菌占满虫体后，虫体干化变成僵体，体表也长满白色病菌，即白僵菌。

白僵菌的分生孢子在25℃、相对湿度90%以上、pH4.4的条件下萌发率最高。菌丝在13～36℃间均能生长，生育适温为21～30℃，最适相对湿度98%以上，最适pH为4～5。在30℃、相对湿度70%以下、pH为6的情况下，最适于分生孢子产生。白僵菌在培养基上可保持1～2年，在干燥条件下甚至可存活5年，在虫体上可维持6个月。

白僵菌是我国应用于田间防治害虫规模较大的一种昆虫病原真菌，据1992年的不完全统计，应用白僵菌防治40多种害虫获得成功，仅我国南方的10个省份就有白僵菌厂64个，年生产能力达2 100多吨，每年防治面积达到50.3万余公顷，对控制虫害的发生和减少环境的污染，起到了巨大的作用。

我国从 1956 年以来，曾先后利用白僵菌防治南部地区的甘薯象甲和北部地区的大豆食心虫，效果较好。后又推广应用于松毛虫、玉米螟，效果明显，防治效果一般可达 80％以上。福建省农业科学院茶叶研究所用白僵菌防治茶毛虫，室内防治效果达 90％，田间防治效果 82.4％。浙江用于防治水稻黑尾叶蝉、稻飞虱，防治效果达 50％～70％。安徽用于防治三化螟，防治效果达 56％，对茶树假眼小绿叶蝉 7 天内的防治效果为 94.6％，对茶树小黄卷叶蛾防治效果达 75％～96％。内蒙古、新疆、福建等试验用 50 倍稀释液防治地老虎，效果为 66.9％～72.7％，防治三叶草夜蛾效果为 68.2％～96.3％，防治甜菜象甲效果为 75.5％。湖南郴州用白僵菌防治油菜象虫、金龟子、叶甲、蝗虫、天牛、丹蛾、黄刺蛾、棉铃虫、黏虫、菜粉蝶。黑龙江用白僵菌防治马铃薯二十八星瓢虫等，也有一定的效果。澳大利亚、法国等植蔗国家长期坚持用白僵菌防治甘蔗金龟子等地下害虫，均取得了明显的防治效果和良好的环境生态效益。

用白僵菌制剂防治甘蔗害虫，可于 3 月中下旬蔗螟开始产卵时，按每毫升 1 亿孢子的浓度喷雾；或于 4—5 月蔗龟、蔗头象虫、天牛等地下害虫活动产卵高峰期，结合甘蔗松蔸培土，每公顷选用 2％白僵菌粉粒剂 45～60 千克与 600 千克干细土或化肥混合均匀撒施于蔗株基部覆土，防治效果显著，有效期可维持很长时间。

七、甘蔗抗病性精准评价技术研究与应用

（一）项目背景及来源

国内外研究表明，对甘蔗病害最经济有效的控制方法，就是发掘抗病种质资源、培育抗病优良品种。而对甘蔗种质资源进行抗病性精准评价、筛选优良抗源并建立抗病种质基因库，是高效利用种质资源培育抗病品种的基础和关键。甘蔗抗病评价技术作为甘蔗抗病育种技术的重要基础，其评价结果的准确性和可靠性直接影响到甘蔗抗病育种和品种推广的成败。项目针对我国甘蔗种质资源抗病评价基础薄弱、缺乏精准评价技术等关键问题，以严重危害甘蔗生产的花叶病（SCMV、SrMV、SCSMV）、锈病、黑穗病、宿根矮化病、白叶病等重要病害为对象，依托智能化可控甘蔗病害抗病评价平台，研制了甘蔗花叶病、锈病、黑穗病、宿根矮化病和白叶病人工接种评价与分子检测相结合的甘蔗抗病性精准评价技术，起草颁布了《甘蔗种苗宿根矮化病菌检测技术规程》（DB53/T 441—2012）、《甘蔗锈病抗病性鉴定技术规程》（DB53/T 530—2013）、《甘蔗花叶病抗病性鉴定技术规程》（DB53/T 637—2014）、《甘蔗白叶病病原巢式 PCR 检测技术规程》（DB53/T 876—2018）、《甘蔗线条花叶病毒外壳蛋白基因 RT-PCR 检测技术规程》（DB53/T 914—2019）、《甘蔗抗褐锈病基因 *Bru*1 的分子检测技术规程》（DB53/T 944—2019）、《高粱花叶病毒 RT-PCR 检测技术规程》（DB53/T 1082—2022）、《甘蔗白叶病病原检测与抗病性鉴定技术规程》（T/CI 026—2022）云南省地方标准和团体标准共 8 项。项目率先在国内将人工接种、田间自然发病与分子检测相结合，创新的 8 项甘蔗抗病精准评价技术总体水平居国内同类研究领先地位，达到国际先进水平，切实提高了甘蔗种质资源抗病评价的准确性和可靠性。

项目针对国内外现有接种技术存在发病不均、致病性不稳定、效率低等局限性，首次发明了甘蔗花叶病接种新技术——甘蔗生长期切茎接种法，切茎接种法接种后花叶病发病显著、灵敏度高，可以有效区分不同甘蔗品种之间对病害抗感性；切茎后在切口处点病毒液接种，接种病毒量一致、发病均匀、结果稳定性好；切茎接种法与花叶病传播方式相似，评价结果接近田间自然感病结果；切茎接种法快速简便，不用人工搓揉甘蔗叶片，不易划伤手，可操作性强、接种效率高。

多年来，利用创新的甘蔗抗病性精准评价技术，通过人工接种、分子检测和基因克隆测序，结合自然发病率调查，对 697 份优异种质资源进行抗病性精准评价，评价筛选出抗病种质资源 339 份，其中花叶病高抗种质 107 份，锈病高抗种质 129 份（含 *Bru*1 基因种

质 64 份），黑穗病高抗种质 82 份，宿根矮化病抗病种质 21 份。还筛选出四抗高粱花叶病毒（SrMV）、线条花叶病毒（SCSMV）、锈病和黑穗病种质 7 份，三抗花叶病、锈病和黑穗病种质 9 份，双抗花叶病、锈病或黑穗病种质 14 份，为甘蔗抗病育种提供了优异抗源，丰富了抗病基因源。

（二）项目研究及主要科技创新

1. 甘蔗抗花叶病切茎接种法精准评价技术

目前甘蔗花叶病的抗性评价方法有大田病圃评价、田间自然感病评价和人工接种评价。它们各具有优点和局限，大田病圃评价和田间自然感病评价是最为普遍、直观的方法，但其评价周期长、占用土地面积大、评价材料数量有限，而且由于病圃和田间中的自然病原及种类分布不均匀，气候和传播媒介等环境条件变化常常会影响评价结果的真实性、稳定性和准确性。人工接种评价快速简便、评价材料数量不受限制，且环境条件可人为控制，可以满足大规模筛选抗源材料的需要，目前常用的人工接种方法有喷雾接种法、手指摩擦接种法和切茎接种法；喷雾接种法主要用于大批量材料接种，手指摩擦接种法则用于少批量材料接种，但两种方法都需要在接种时用手工搓揉蔗叶制造伤口，由于不易掌握搓揉力度，往往导致搓揉伤口不均匀，从而使接种后发病不均匀，致病性不稳定，影响评价结果。此外，由于甘蔗叶片表面布满毛群，叶缘锯齿尖利，人工摩擦（搓揉）易划伤手，也给具体操作带来困难，导致接种费工费时，效率低。而近年项目研制出的甘蔗花叶病接种新技术——甘蔗生长期切茎接种法，与常用的接种技术比较，具有以下特点：①接种后甘蔗花叶病发病显著、灵敏度高，可以有效区分不同甘蔗品种（寄主）之间对病害的抗感性。②切茎后在切口处点病毒液的接种方法，制造的伤口均匀，接种病毒量一致，接种后发病均匀，结果稳定性好。③由于带毒收砍工具（如蔗刀等）交叉感染是甘蔗花叶病传播的主要途径，而生长期切茎接种法与此种传播方式很相似，因此评价结果更接近于田间自然感病结果。比较 11 个甘蔗品种材料生长期切茎接种法和田间自然感病法对 SrMV-HH1 株系的抗性评价结果，表明两种方法发病率呈正相关，且相关程度极密切，相关系数达 0.999 7，评价所得的抗病性和抗病等级结果完全一致，说明切茎接种法评价结果能真实反映甘蔗品种材料的自然抗感性。④生长期切茎接种法快速简便，不用人工搓揉甘蔗叶片，不易划伤手，可操作性强，接种效率高。因此可以对大批量材料进行评价和筛选，为育种和生产部门提供更多更广泛的抗源材料。

目前，中国蔗区甘蔗花叶病病原主要有 SCMV 和 SrMV、SCSMV 3 种，3 种病毒侵染甘蔗后产生的花叶症状目测难以区别，采用 RT-PCR 对人工接种材料病毒检测，可提高人工接种评价结果的科学性和可靠性。鉴于 SCSMV 已成为中国蔗区甘蔗花叶病主要病原，今后应调整甘蔗抗花叶病育种策略，加强双抗 SCSMV 和 SrMV 甘蔗品种资源的评价筛选和利用，以期为有效防控甘蔗花叶病提供高产、高糖、多抗甘蔗新品种。

（1）材料准备

评价材料中加入甘蔗品种新台糖 22 号和云蔗 89-151 作感病对照，闽糖 70-611 作抗病对照。供试材料选择 RT-PCR 检测不带 SCMV、SrMV、SCSMV 3 种病毒的无病健壮蔗茎，砍成双芽苗，在流动冷水中浸泡 48 小时之后，用（50±0.5）℃热水处理 2 小时，再用 80％敌敌畏乳油和 50％多菌灵可湿性粉剂 800 倍液浸种 5～10 分钟，然后分别种植在塑料桶（直径 35 厘米×高 30 厘米）内，桶内装入 2/3 的高温蒸煮消毒土壤和有机质（3∶1）。用于 SCMV、SrMV、SCSMV 评价的每份材料各种植 4 桶，4 次重复，每桶 5 株，共 20 株，置于 20～30℃防虫温室中培养，常规栽培管理。每份材料确保有 20 株苗供接种。

（2）接种病毒源及接种液制备

以分离鉴定的强致病性分离物为接种病毒源，采用感病甘蔗品种繁殖保存。接种前取幼嫩病叶组织经高速组织捣碎机捣碎后，加 3 倍量（体积/重量）的磷酸缓冲液（0.1 摩尔/升，pH 为 7.2，含 0.2％ Na_2SO_4）研磨成匀浆，用双层纱布过滤、榨汁，滤液即为病毒接种液，现配现用。

（3）切茎接种

供试材料 4—5 月株龄进行切茎接种评价。用锋利刀片（或枝剪）把甘蔗植株地上部分沿土表快速切去，将 50 微升病毒接种液滴入蔗株根部切口上，每份材料接种 20 株，之后用报纸盖住遮光 24 小时后揭开，接种后置于 20～30℃防虫温室中观察。

（4）病情调查

接种 20 天后，通过目测蔗株叶片症状调查发病株率，以后每隔 15 天调查 1 次，直至感病对照品种出现中等症状为止。记载项目包括接种日期、接种苗数、病害症状始现期、累计发病株数。

（5）RT-PCR 检测

最后一次调查采集蔗株叶片并用 RT-PCR 法进行检测。

①引物设计与合成。根据 GenBank 登陆的 SCMV、SrMV、SCSMV 外壳蛋白（CP）基因保守序列设计特异性引物。SCMV 上游引物 SCMV-F：5′-GATGCAGGVGCH-CAAGGRGG-3′、下游引物 SCMV-R：5′-GTGCTGCTGCACTCCCAACAG-3′，目的片段长度为 924bp；SrMV 上游引物 SrMV-F：5′-CATCARGCAGGRGGCGGYAC-3′、下游引物 SrMV-R：5′-TTTCATCTG CATGTGGGC CTC-3′，目的片段长度为 828bp；SC-SMV 上游引物 SCSMV-F：5′-ACAAGGAACGCAGCCACCT-3′、下游引物 SCSMV-R：5′-ACTAAGCGGTCAGGCAAC-3′，目的片段长度为 939bp，委托上海生物工程公司合成。

②总 RNA 的提取。采集每个供试样品 20 株接种单株各 1 片叶用消毒剪刀剪细混匀后，称取混合叶 0.2 克采用北京全式金生物技术公司的 TransZol Plant 试剂盒提取总RNA，具体步骤按照说明书操作，提取后用 Eppendorf AG 22331 蛋白/核酸分析仪鉴定RNA 质量。

③cDNA 合成。以提取的叶片总 RNA 为模板，用 TransScript One-Step gDNA Removal and cDNA synthesis SuperMix 试剂盒（北京全式金生物技术公司）并按其说明进行反转录合成 cDNA 第一链。10 微升反转录体系中含 2×TS reaction mix 5 微升、DEPC 水 1.5 微升、0.5 微克/微升 Oligod（T）18 0.5 微升、RT/RI enzyme mix 0.5 微升、gD-NA remover 0.5 微升、RNA 2.0 微升；反转录程序是：25℃ 10 分钟，42℃ 30 分钟。

④PCR 扩增。分别以 cDNA 第一链为模板，用 SCMV、SrMV、SCSMV 特异性引物

对反转录产物进行 PCR 扩增。SCMV 和 SrMV 的 20 微升 PCR 反应体系中含双蒸水 7.2 微升、2×Easy Taq PCR SuperMix 10 微升，cDNA 模板 2 微升，上下游引物各 0.4 微升（20 微克/微升）；PCR 扩增程序为：94℃预变性 5 分钟；94℃变性 30 秒，60℃退火 30 秒，72℃延伸 1 分钟，35 个循环；72℃延伸 10 分钟。SCSMV 的 20 微升 PCR 反应体系中含双蒸水 9.6 微升、2×Easy Taq PCR SuperMix 8.0 微升，cDNA 模板 2 微升，上下游引物各 0.2 微升（20 微克/微升）；PCR 扩增程序为：94℃预变性 5 分钟；94℃变性 30 秒，50℃退火 30 秒，72℃延伸 1 分钟，35 个循环；72℃延伸 10 分钟。PCR 结束后，用 1.5%琼脂糖凝胶电泳检测扩增产物。

（6）评价标准

根据各供试材料发病株率，参照古巴甘蔗研究所 Kolobaov 和 Alfonson 及黄鸿能（2000）的标准（表 7-1）和 RT-PCR 对接种病毒检测结果进行评价。

表 7-1　甘蔗花叶病抗性评价标准

抗性等级	抗病性	发病株率（%）
1	高抗（HR）	0
2	抗病（R）	0.01～10.00
3	中抗（MR）	10.01～33.00
4	感病（S）	33.01～66.00
5	高感（HS）	66.01～100.00

2. 甘蔗锈病抗病性精准评价技术

（1）材料准备

种植时间为 3—5 月。以高感品种选蔗 3 号和粤糖 60 号作感病对照，含 *Bru*1 基因高抗品种 R570 和新台糖 1 号作抗病对照。将供试材料种植在直径 35 厘米、高 30 厘米的塑料桶内，桶内装入土壤和有机质（3:1），每份材料种植 4 桶，4 次重复，每桶 5 株，共 20 株，随机排列，常规管理。

（2）病源采集

于 8—10 月甘蔗锈病发生盛期，到发病蔗区采集具有典型病斑的发病蔗叶，将发病蔗叶置于塑料样品采集袋中喷洒清水保湿，带回实验室提取病菌孢子直接用于接种。

（3）接种液制备

将田间采集的发病蔗叶浸泡于盛有 2/3 清水的塑料盆中 1～2 小时后，用手边搓揉边取出发病蔗叶，两层纱布过滤，滤液即为孢子悬浮液。搅拌均匀后用血球计数板计数孢子数，接种浓度为 $8×10^4$～$10×10^4$ 孢子/毫升，或在显微镜将锈病孢子配成 40～50 孢子/（10×10）倍视野的孢子悬浮液。

（4）接种方法

于甘蔗伸长期（苗龄 4～6 个月）接种，宜选择在无风的傍晚进行。接种前应对桶栽材料充分浇水以增加湿度。采用喷雾接种法，用手动背负式喷雾器将上述接种液均匀地喷于蔗叶上，接种量控制在孢子悬浮液在蔗叶上不流淌为宜。首次接种后，第二天再接种 1

次。接种后的桶栽材料置于遮光网棚中正常管理，每天用清水喷淋 2～3 次保湿，雨天不用喷淋。

（5）病情调查

接种后 4～5 周感病对照品种充分发病时调查供试材料发病情况。材料逐份进行调查，根据叶片感染状况描述，目测完全展开的全部叶片感病状况及侵染面积百分率。

（6）评价标准

参照 J. C. Comstock（1992）标准按 1～9 级进行锈病抗性评价。其中，叶片无症状为 1 级高抗；叶片有坏死斑，病斑占叶面积 10％以下为 2 级抗病；植株上有一些孢子堆，病斑占叶面积 11％～25％为 3 级中抗；上层 1～3 片叶有一些孢子堆，同时下层叶有许多孢子堆，病斑占叶面积 26％～35％为 4 级中感；上层 1～3 片叶有极多孢子堆，同时下层叶有轻微的坏死，病斑占叶面积 36％～50％为 5 级感病 1；上层 1～3 片叶有极多孢子堆且下层叶有比第 5 级更多的坏死，病斑占叶面积 51％～60％为 6 级感病 2；上层 1～3 片叶有极多孢子堆，下层叶坏死，病斑占叶面积 61％～75％为 7 级感病 3；上层 1～3 片叶有某些坏死，病斑占叶面积 76％～90％为 8 级高感 1；叶片坏死，植株濒于死亡，病斑占叶面积 91％～100％为 9 级高感 2（表 7 - 2）。

表 7 - 2　甘蔗锈病抗性评价标准

抗病等级	抗病性	叶片侵染状况
1	高抗（HR）	无症状
2	抗病（R）	有坏死斑，病斑占叶面积 10％以下
3	中抗（MR）	植株上有一些孢子堆，病斑占叶面积 11％～25％
4	中感（MS）	上层 1～3 片叶有一些孢子堆，同时下层叶有许多孢子堆，病斑占叶面积 26％～35％
5	感病 1（S1）	上层 1～3 片叶有极多孢子堆，同时下层叶有轻微的坏死，病斑占叶面积 36％～50％
6	感病 2（S2）	上层 1～3 片叶有极多孢子堆且下层叶有比第五级更多的坏死，病斑占叶面积 51％～60％
7	感病 3（S3）	上层 1～3 片叶有极多孢子堆，下层叶坏死，病斑占叶面积 61％～75％
8	高感 1（HS1）	上层 1～3 片叶有某些坏死，病斑占叶面积 76％～90％
9	高感 2（HS2）	叶片坏死，植株濒于死亡，病斑占叶面积 91％～100％

3. 甘蔗抗褐锈病基因 *Bru* 1 的分子检测技术

（1）仪器设备

PCR 扩增仪、凝胶成像仪、台式离心机、涡旋混匀器、恒温水浴锅、电泳槽、电泳仪、电子天平（感量 0.01～0.000 1 克）、微波炉、−20℃冰箱、可调微量移液器、移液枪头、离心管、PCR 管和其他相关仪器设备。

（2）试剂

DNA Kit 植物 DNA 提取试剂盒；2×Easy Taq PCR SuperMix（含染料）、限制性内切酶 *Rsa* Ⅰ（10 000 U）、DNA Marker、50×TAE 缓冲液（使用时稀释 50 倍）、去离子

水（或双蒸水）；琼脂糖、Goldview 核酸染料。

（3）材料

以已知含抗褐锈病基因 *Bru* 1 抗病对照品种 R570 或新台糖 1 号、新台糖 22 号为阳性对照；以已知不含抗褐锈病基因 *Bru* 1 感病对照品种选蔗 3 号或粤糖 60 号、德蔗 03-83 为阴性对照；灭菌去离子水作为空白对照。

（4）操作步骤

①蔗叶总 DNA 的提取。取甘蔗植株充分展开第一片蔗叶，放入密封袋中，于−20℃保存备用。取 0.1 克蔗叶样品，用液氮冷冻研磨至粉状，采用 DNA Kit 植物 DNA 提取试剂盒提取叶片总 DNA，具体步骤按照说明书操作，提取后用 Eppendorf AG 22331 蛋白/核酸分析仪鉴定 DNA 质量。当 A260/ A280 比值为 1.8～2.0 时，适合于 PCR 扩增。

②引物设计。R12H16 标记上游引物为：5′-CTACGATGAAACTACACCCTTGTC-3′，下游引物为：5′-CTTATGTTAGCGTG ACCTATGGTC-3′，预期扩增产物长度为 570 bp；9O20-F4 标记上游引物为：5′-TACATAATTTTAGTGGCACTCAGC-3′，下游引物为：5′-ACCATAATTCAATTCTGCAGGTAC-3′，预期扩增产物长度为 200 bp。

③PCR 扩增。R12H16 标记 PCR 扩增体系 25 微升：双蒸水 9.5 微升、2×Easy Taq PCR SuperMix 12.5 微升、DNA 模板 2.0 微升、上下游引物各 0.5 微升（20 微克/微升）。PCR 扩增程序为：94℃预变性 5 分钟；94℃变性 30 秒，55℃退火 30 秒，72℃延伸 45 秒，35 个循环；72℃延伸 5 分钟。9O20-F4 标记 PCR 扩增体系 25 微升：双蒸水 12.7 微升、2×Easy Taq PCR SuperMix 10.5 微升、DNA 模板 1.0 微升、上下游引物各 0.4 微升（20 微克/微升）。PCR 扩增程序为：94℃预变性 5 分钟；94℃变性 30 秒，55℃退火 30 秒，72℃延伸 45 秒，35 个循环；72℃延伸 5 分钟。扩增结束后取 PCR 产物 15 微升、10×酶切 Buffer 2.5 微升、*Rsa* I（10 000 U）1.0 微升、双蒸水 6.5 微升补足 25 微升，酶切反应程序：37℃ 2 小时，65℃ 10 分钟。

④结果及判别。取 R12H16 标记 PCR 产物 10 微升和 9O20-F4 标记 PCR 产物 10 微升于 2.0%琼脂糖凝胶（胶里预先加入终浓度 0.005% 的 Goldview 核酸染料）上进行电泳后，用 BIO-RAD 凝胶成像系统观察判别。当阳性对照的 R12H16 标记扩增产物出现 570bp 的目的条带，且 9O20-F4 标记扩增产物经 *Rsa* I 酶切后出现 200bp 的目的条带，阴性对照和空白对照的 R12H16 标记和 9O20-F4 标记扩增产物都无目标条带时，检测结果有效。如果检测样品能同时扩增出 R12H16 标记和 9O20-F4 标记的目的片段，则可判断检测样品中含抗褐锈病基因 *Bru*1（图 7 - 1）。

4. 甘蔗黑穗病抗病性精准评价技术

（1）中国甘蔗黑穗病抗病性精准评价技术

①试验安排。第一年新植蔗在 2—10 月进行，第二年宿根蔗在 3—10 月进行。

②菌源采集和处理。菌源采集于试验前一年进行。从田间采集黑穗病菌孢子，装于纸袋中，晾干后密封于塑料袋内，于 0℃下贮存备用。接种前，把黑穗病菌孢子置于 1%琼脂糖培养基内，在 28℃的恒温箱内培养 1 天后，用光学显微镜检查病菌孢子发芽情况，计算孢子活力（3 个视野平均值）。以 75 克孢子对水 1 千克，配成 $5×10^6$ 孢子/毫升（在 60 倍显微镜下，一个视野有 40 个孢子）的悬浮液，孢子活力在 90%以上。配孢子液时，

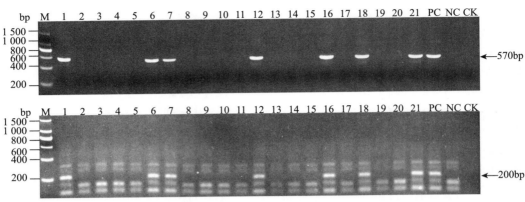

M. DNA分子量标准　1~21.检测样品　PC.含*Bru*1抗病对照　NC.不含*Bru*1感病对照　CK.空白对照

图 7 - 1　甘蔗抗褐锈病基因 *Bru*1 的 PCR 检测

可加入 0.02% 稀盐酸混合以破坏表面离子膜。

③材料准备。评价材料中加入甘蔗品种闽糖 69-421、新台糖 22 号、F134、NCO 310 作感病对照，粤糖 93-159、新台糖 20 号、新台糖 10 号、NCO 376 作抗病对照。供试材料选取 10 条生长正常的蔗茎（用顶部 5 个芽），砍成 50 个单芽供接种。

④接种方法。采用浸渍法，将 50 个单芽浸入配好的孢子悬浮液中 10 分钟，取出后于塑料袋内保湿，于 25℃ 下保温 24 小时后播种，设 2 个重复，随机排列。

⑤病情调查。新植蔗调查项目：接种日期、孢子活力、出苗数、黑穗病鞭子始发期、累计发病茎数、总茎数、累计发病丛数；初侵染时每 7 天调查 1 次，之后每 15 天调查 1 次，至发病终止。宿根蔗调查项目：总发株数、黑穗病鞭子始发期、累计发病茎数、总茎数、累计发病丛数；每 15 天调查 1 次，至发病终止。

累计发病茎率（%）按以下公式计算：

$$BP（\%）=Sn_1/Sn_2\times100\%$$

式中：BP（%）——累计发病茎率；

　　　Sn_1——累计发病茎数；

　　　Sn_2——累计总茎数。

⑥评价标准。新植蔗黑穗病抗性评价标准见表 7 - 3。

表 7 - 3　新植蔗黑穗病抗性评价标准

抗性等级	抗病性	发病株率（%）
1	高抗（HR）	0～3.00
2	抗病 1（R1）	3.01～6.00
3	抗病 2（R2）	6.01～9.00
4	中抗（MR）	9.01～12.00
5	中感（MS）	12.01～25.00

（续）

抗性等级	抗病性	发病株率（％）
6	感病 1（S1）	25.01～35.00
7	感病 2（S2）	35.01～50.00
8	高感 1（HS1）	50.01～75.00
9	高感 2（HS2）	75.01～100.00

宿根蔗黑穗病抗性评价标准见表 7-4。

表 7-4　宿根蔗黑穗病抗性评价标准

抗性等级	抗病性	发病株率（％）
1	高抗（HR）	0～6.00
2	抗病 1（R1）	6.01～11.00
3	抗病 2（R2）	11.01～16.00
4	中抗（MR）	16.01～20.00
5	中感（MS）	20.01～30.00
6	感病 1（S1）	30.01～40.00
7	感病 2（S2）	40.01～60.00
8	高感 1（HS1）	60.01～80.00
9	高感 2（HS2）	80.01～100.00

（2）澳大利亚甘蔗黑穗病抗病性精准评价技术

①收集孢子。收集带病的黑穗，从带病位置以下 10～20 厘米砍下，拨去绿叶，置于袋中，只收集带有很多孢子的部分。于相对凉爽、干燥、无风的地方收集孢子，置于塑料或者蜡纸上，让它们充分干燥 1～2 周直到彻底干燥为止，这对维持孢子的成活是十分必要的，孢子必须在湿度很低的环境下保存。收集那些落到纸上/塑料纸上的孢子，摩擦后利用筛网收集仍然存在的孢子。称量总共收集孢子的重量，包入纸包内并放入大广口瓶，大广口瓶中放硅胶干燥剂，盖好盖后用凡士林封口。在拟种植试验的前几个星期，对孢子进行存活试验。孢子数计数：取 1 克孢子溶入 1 000 毫升消过毒的蒸馏水中混匀（加0.05％的土温 20 使孢子分散），数血球计中的孢子，计算每克孢子悬浮液中的孢子数。测定成活率：在琼脂液中放 0.5 毫升孢子悬浮液，以 28～30℃ 孵育过夜并计算生长的孢子数的百分比，孢子活力在 90％ 以上的孢子可用于接种。

②种苗接种。供试的每个无性系选取生长正常的蔗茎，除去包叶，砍成 40 个双芽段，分成 4 个重复并贴上标签（每个重复 10 个双芽段），把所有供试无性系的重复放在一起。

混匀黑穗病菌孢子悬浮液：在搅拌机（孢子混合容器）中放 800 毫升水，把孢子浸渍水中，并充分混合，等待 20～30 分钟，配成 5×10^6 孢子/毫升（在 60 倍显微镜下，一个视野有 40 个孢子）的悬浮液。

在黑穗病菌孢子悬浮液中浸泡种苗：把种苗浸泡在黑穗病孢子悬浮液中（将黑穗病孢

子悬浮液倒在一个大容器中）10分钟，取出种苗放在低温处用塑料膜盖上，必须保持潮湿过夜。重复做，直到所有种苗都浸泡过。每次浸泡为1个重复，重复1浸泡好后，接着浸泡重复2、重复3、重复4。如果浸液过少不能浸过种苗，必须加足孢子悬浮液。

③标准品种。在每个试验中包含至少2个高抗、2个中抗和2个感病品种。

④种植。在浸泡过夜后种植。把种苗种在潮湿的土壤中，盖土并浇水，每次种植一个重复。在等待种植的时候，不要让种苗暴露在太阳下。以完全随机区组设计种植，行长5米，10段/行。

⑤评价。调查新植，统计每行上总丛数和感染丛数，在种植5~6个月后进行评价。在评价之后，留宿根，5~6个月后再进行评价，统计每行上总丛数和感染丛数。

⑥分析。通过感染百分率进行变异分析。通过感染标准百分率（X）及它们的标准分级（Y）的回归方程来计算测量无性系从而进行分级。这个标准包含在试验中，并且平均感染百分率和分级都在表7-5中。随着越来越多的标准品种的获得，标准分级通过所有试验结果，不断精确化。

表7-5　标准品种的感染百分率及抗性等级

| 品种 | 感染百分率（%） | | | | | | 平均感染百分率（%） | 抗性等级 |
	1	2	3	4	5	6		
M442-51	12.2	43.1	7.0	73.2	19.2	43.4	33.0	7.4
NCo310	—	58.3	14.6	27.5	29.5	55.5	37.1	7.7
PS79-82	0.0	0.0	20.0	68.6	20.0	15.9	20.8	6.2
PS80-442	55.1	47.8	19.7	37.8	46.7	29.7	39.5	7.8
PS84-16029	—	—	0.0	2.5	32.6	41.7	19.2	6.1
PS87-10266			0.0	10.9	1.9	29.4	10.6	4.6
Q117		79.6	44.8	66.4	72.6	53.6	63.4	9.0
Q124		17.6	8.8	36.0	14.0	29.3	21.1	6.3
Q155		0.0	0.0	42.3	27.3	23.1	18.5	6.0
Q170	2.8		3.6	50.2	31.7	53.0	28.3	7.0
Q171		0.0	0.0	9.3	0.0	13.1	4.5	2.7
Q96		12.5	0.0	3.9	1.8	4.0	4.4	2.7
Q99						1.8	1.8	1.0

5. 甘蔗宿根矮化病抗病性精准评价技术

（1）人工接种评价

①接种液配制。选择甘蔗宿根矮化病高感品种粤糖93-159蔗株，经PCR检测筛选含甘蔗宿根矮化病菌的蔗茎作接种菌源。接种前通过压榨作接种菌源的蔗茎获得携带甘蔗宿根矮化病菌的蔗汁，加入携带甘蔗宿根矮化病菌蔗汁体积10倍量的无菌水稀释混匀，用双层纱布过滤，滤液即为甘蔗宿根矮化病菌接种液，现配现用。

②材料处理。各供试材料选择无病健壮蔗株，分别切成带2个芽的甘蔗茎段（即双芽

段），在常温流动自来水中浸泡 48 小时之后，用（50±0.5）℃热水处理 2 小时，再用 70%噻虫嗪种子处理可分散粉剂和 50%多菌灵可湿性粉剂 800 倍液浸甘蔗茎段 10 分钟。

③包衣接种。将处理好的蔗种置于塑料膜表面，采用电动喷雾器按照 1 000 千克处理好的蔗种用 15 千克接种液的比例，将接种液均匀喷洒于塑料膜表面的蔗种，边喷边翻动蔗种，喷完后将该塑料膜的一半覆盖蔗种，并在 25℃下保湿 24 小时。

④材料种植。将接种后的供试材料分别种植在塑料桶（直径 35 厘米×高 30 厘米）内，桶内装入高温蒸煮消毒土壤和有机质（3∶1），每份供试材料种植 4 桶，4 次重复，每桶 8 芽，共 32 芽，置于 20～30℃抗病虫评价防虫温室中培养。

⑤PCR 检测。样品采集与处理：于甘蔗成熟期，各供试材料重复随机取 5 株，每株截取中下部茎节各 1 节；先将蔗茎在自来水下冲洗干净后晾干，用灭菌砍刀将蔗茎切为约 7 厘米长，纵向"十"字剖为 4 份，再用灭菌钳子挤压蔗茎，共取约 25 毫升的蔗汁于 50 毫升离心管内混匀，样品放于冰箱中，于−20℃保存待用；每取 1 个样品后，取样工具先用清水冲洗，再用 75%的酒精进行消毒。

蔗汁总 DNA 的提取：各样品取 4 毫升蔗汁，12 000 转/分钟离心 10 分钟，弃上清，采用北京全式金生物技术有限公司的 EasyPure Plant Genomic DNA Kit 试剂盒提取蔗汁总 DNA，具体步骤参照说明书进行操作。

PCR 扩增和结果判别：PCR 检测引物采用 Lxx 特异性引物，Lxxl：5′-CCGAAGT-GAGCAGATTGACC-3′和 Lxx2：5′-ACCCTGTGTTGTTTTCAACG-3′，预期扩增片段大小 438bp，委托上海生工生物工程有限公司合成。20 微升扩增体系中含双蒸水 8.6 微升、2×Easy Taq PCR SuperMix 8 微升、上下游引物各 0.2 微升（20 微克/微升）、DNA 模板 3 微升。PCR 扩增程序为：95℃预变性 5 分钟；94℃变性 30 秒，56℃退火 30 秒，72℃延伸 1 分钟，35 个循环后 72℃延伸 5 分钟。扩增产物用 1.5 %的琼脂糖凝胶电泳检测，扩增到 438bp 条带为阳性带宿根矮化病菌，未扩增到 438bp 条带为阴性不带宿根矮化病菌（图 7-2）。

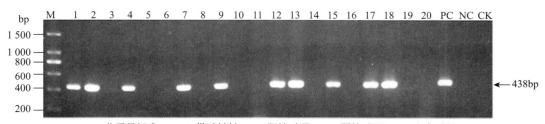

M. DNA分子量标准　1~20. 供试材料　PC. 阳性对照　NC. 阴性对照　CK. 空白对照

图 7-2　甘蔗宿根矮化病菌的 PCR 检测

（2）田间自然感病评价

①样品采集与处理。于甘蔗成熟期采样检测，采用五点取样法，每点随机取 2 株，共 10 株，每株截取中下部茎节各 1 节。先将蔗茎在自来水下冲洗干净后晾干，用灭菌砍刀将蔗茎切成约 7 厘米长，纵向"十"字剖为 4 份，再用灭菌钳子挤压蔗茎，共取约 25 毫升的蔗汁于 50 毫升离心管内混匀，样品放于冰箱中，于−20℃保存待用。每取 1 个样品后，

取样工具先用清水冲洗，再用 75％的酒精进行消毒。

②蔗汁总 DNA 的提取。各样品取 4 毫升蔗汁，12 000 转/分钟离心 10 分钟，弃上清，采用北京全式金生物技术有限公司的 EasyPure Plant Genomic DNA Kit 试剂盒提取蔗汁总 DNA，具体步骤参照说明书进行操作。

③PCR 扩增和结果判别。PCR 检测引物采用 Lxx 特异性引物 Lxx1：5′-CCGAAGT-GAGCAGATTGACC-3′和 Lxx2：5′-ACCCTGTGTTGTTTTCAACG-3′，预期扩增片段大小 438bp，委托上海生工生物工程有限公司合成。20 微升扩增体系中含双蒸水 8.6 微升、2×Easy Taq PCR SuperMix 8 微升、上下游引物各 0.2 微升（20 微克/微升），DNA 模板 3 微升。PCR 扩增程序为：95℃预变性 5 分钟；94℃变性 30 秒，56℃退火 30 秒，72℃延伸 1 分钟，35 个循环后 72℃延伸 5 分钟。扩增产物用 1.5％的琼脂糖凝胶电泳检测，扩增到 438bp 条带为阳性带宿根矮化病菌供试材料，未扩增到 438bp 条带为阴性不带宿根矮化病菌供试材料。

6. 甘蔗白叶病抗病性精准鉴定技术

（1）对照材料

鉴定材料中加入甘蔗品种粤糖 86-368、新台糖 25 号作感病对照，粤糖 83-88、云蔗 05-51 作抗病对照。

（2）接种病原及接种液配制

从甘蔗白叶病发病区域选择具典型白叶病症状的高感品种粤糖 86-368 蔗株，经巢式 PCR 检测筛选含甘蔗白叶病植原体的蔗茎作接种病原。接种前通过压榨作接种病原的蔗茎获得携带甘蔗白叶病植原体的蔗汁，加入携带甘蔗白叶病植原体蔗汁体积 10 倍量的无菌水稀释混匀，用双层纱布过滤，滤液即为甘蔗白叶病植原体接种液，现配现用。

（3）评价方法

①包衣接种法。材料处理：各供试材料经巢式 PCR 检测筛选不带甘蔗白叶病植原体的无病健壮蔗株，分别切成带 2 个芽的甘蔗茎段（即双芽段），在常温流动自来水中浸泡 48 小时之后，用（50±0.5）℃热水处理 2 小时，再用 70％噻虫嗪种子处理可分散粉剂和 50％多菌灵可湿性粉剂 800 倍液浸甘蔗茎段 10 分钟。

包衣接种：将处理好的蔗种置于塑料膜表面，采用电动喷雾器按 1 000 千克处理好的蔗种用 15 千克接种液的比例，将接种液均匀喷洒于塑料膜表面的蔗种，边喷边翻动蔗种，喷完后将该塑料膜的一半覆盖蔗种，并在 25℃下保湿 24 小时。

材料种植：接种后的供试材料分别种植在塑料桶（直径 35 厘米×高 30 厘米）内，桶内装入高温蒸煮消毒土壤和有机质（3∶1），每份供试材料种植 4 桶，4 次重复，每桶 8 芽，共 32 芽，置于 20～30℃抗病虫评价防虫温室中培养。

病情调查：接种种植 30 天后，调查各供试材料发病株率，以后每隔 15 天调查 1 次，直至感病对照品种发病株率稳定为止。记录接种日期、出苗数、病害症状始现期、累计发病株数。

分级标准：根据各供试材料发病株率按 1～5 级分级进行抗性水平分类，其中等级 1～5 分别表示高抗、抗病、中抗、感病和高感，其发病株率范围相应为 0～3％、3.1％～10％、10.1％～20％、20.1％～40％和 40.1％～100％。

②切茎接种法。材料处理：各供试材料经巢式 PCR 检测筛选不带甘蔗白叶病植原体的无病健壮蔗株，分别切成带 2 个芽的甘蔗茎段（即双芽段），在常温流动自来水中浸泡48 小时之后，用（50±0.5）℃热水处理 2 小时，再用 70％噻虫嗪种子处理可分散粉剂和50％多菌灵可湿性粉剂 800 倍液浸甘蔗茎段 10 分钟。

材料种植：处理后的供试材料分别种植在塑料桶（直径 35 厘米×高 30 厘米）内，桶内装入 2/3 的高温蒸煮消毒土壤和有机质（3∶1），每份材料种植 4 桶，4 次重复，每桶 8芽，共 32 芽，置于 20～30℃抗病虫评价防虫温室中培养。

切茎接种：供试材料 6 月株龄时，在阴天的傍晚用灭菌锋利切刀（或枝剪）把供试材料植株地上部分沿土表快速切去，再用移液枪将 100 微升甘蔗白叶病植原体病原接种液滴入蔗株根部切口上，每份供试材料接种 20 株，遮光 24 小时。接种后继续置于 20～30℃抗病虫评价防虫温室中培养。

病情调查：接种 20 天后，调查各供试材料发病株率，以后每隔 15 天调查 1 次，直至感病对照品种发病株率稳定为止。记录接种日期、出苗数、病害症状始现期、累计发病株数。

分级标准：根据各供试材料发病株率按 1～5 级分级进行抗性水平分类，其中等级1～5 分别表示高抗、抗病、中抗、感病和高感，其发病株率范围相应为 0～3％、3.1％～10％、10.1％～20％、20.1％～40％和 40.1％～100％。

③田间自然感病评价。于 5—6 月甘蔗白叶病充分发病时，对白叶病发病最重的蔗区各品种材料进行田间自然发病调查。各品种材料随机选择 2～3 块地，每块地随机选择 3个点，每点连续调查 100 株，共 300 株，记录发病株数，并计算自然发病株率。

$$自然发病株率（％）＝（病株数/总调查株数）×100％。$$

分级标准：根据各品种材料发病株率按 1～5 级分级进行抗性水平分类，其中等级1～5 分别表示高抗、抗病、中抗、感病和高感，其发病株率范围相应为 0～3％、3.1％～10％、10.1％～20％、20.1％～40％和 40.1％～100％。

八、低纬高原甘蔗螟虫综合防控技术研究与应用

（一）项目背景及来源

云南蔗区地处低纬高原，甘蔗栽培历史悠久，蔗区生态多样化，甘蔗有害生物种类复杂多样，尤其甘蔗螟虫易随引种传播，属典型钻蛀性害虫，逐年扩展成为云南蔗区严重影响甘蔗生产第一大害虫，蔗农和糖企受损极为严重。甘蔗螟虫发生危害已成为影响云南甘蔗产业发展的主要障碍因素之一，甘蔗生产正面临日益严重灾害威胁。调查表明，云南蔗区多种蔗螟混合发生危害严重，苗期螟害枯心率为 8.33%～65.82%，中后期螟害株率为 26.67%～96.67%、螟害节率为 4.43%～27.91%；亩有效茎平均减少 1 111.25 条，最多 1 846 条。实测产量及糖分损失显示，亩产平均减少 1 822.19 千克，最多 4 706.7 千克；产量损失率平均 25.92%，最多 44.53%；出汁率平均减少 2.40%，最多 3.74%；糖分平均降低 2.16%，最多 5.69%；重力纯度平均降低 4.06%，最多 12.49%；还原糖平均增加 0.61%，最多 1.61%。云南气候多雨湿润，外来新虫种条螟、白螟种群增长过快，暴发流行趋势明显，尤以中后期第四至五代种群数量逐年积累显著增高，危害损失率急剧上升，造成大幅度减产减糖，给蔗糖业带来严重灾害威胁。

攻克甘蔗螟虫精准绿色防控关键技术难题，实现甘蔗螟虫全程精准绿色防控是促进甘蔗产业高质量发展的根本保障。为此，项目针对灾害性螟虫防控难题，在农业农村部"现代农业产业技术体系建设专项（nycytx-024-01-09 和 CARS-20-2-2）"、云南省科技厅重点新产品开发计划"甘蔗主要病虫害防控及新农药研发（2013BB013）"、临沧南华科企合作项目"甘蔗虫害草害科技防控（LT11-12E120810-002 和 LT12-13E130328-041）"等项目支持下，由云南省农业科学院甘蔗研究所牵头，以低纬高原蔗区灾害性螟虫为对象，协同从种群结构、灾害特性、监测预警、生物制剂及新型高效低风险农药筛选、绿色防控和控害减灾关键技术等方面进行深入系统研究，重点研究解决灾害性螟虫监测预警时效性和准确率，以及可持续控制关键技术之间兼容性、增效性和持效性等重大科学技术问题，以建立符合生态安全、食糖安全和农业可持续发展要求的低纬高原甘蔗螟虫精准绿色防控关键技术并示范推广，尽快解决甘蔗生产上大面积综合防控甘蔗螟虫技术问题，有效控制甘蔗螟虫发生危害，实现甘蔗螟虫精准绿色防控、农药减量控害、甘蔗提质增效，为蔗糖业持续稳定发展提供关键技术支撑，确保蔗农种蔗不受损失，达到蔗农增收、企业增效、财税增长的目的。

（二）项目研究及主要科技创新

1. 首次调查确定了低纬高原蔗区灾害性螟虫种类

甘蔗螟虫俗称甘蔗钻心虫，是危害甘蔗最普遍且严重的一类钻蛀性害虫，种类繁多，分布广，易随引种传播。不同蔗区、不同时期的甘蔗螟虫种类、种群结构及优势种群明显不同，对甘蔗生产危害程度也不同。甘蔗螟虫种类繁多，不同螟虫种类发生规律及生活习性不一。而云南尚未对甘蔗螟虫开展过系统性研究，其主要发生种类、种群结构及动态情况均不清楚。为了弄清这一问题，明确低纬高原蔗区灾害性螟虫种类。项目通过先后到低纬高原蔗区云南临沧、德宏、保山、普洱、西双版纳、红河、玉溪市、文山8个主产州（市），向各地蔗糖部门科技人员了解、座谈，并深入田间地头及糖厂原料车间进行全面和广泛的实地调查，仔细鉴别甘蔗受害症状，结合灯诱、性诱与田间定点定时调查采集虫源，通过鉴定，首次确定了云南低纬高原蔗区灾害性螟虫有：大螟（*Sesamia inferens* Walker）、二点螟（*Chilo infuscatellus* Snellen）、黄螟 [*Argyroploce schistaceana* (Snellen)]、台湾稻螟（*Chilo auricilia* Dudgeon）、条螟 [*Proceras venosatus* (Walker)]、白螟（*Tryporyza intacta* Snellen）共6种。结果显示，外来新虫种条螟、白螟种群增长快、暴发成灾趋势明显，尤以中后期第四至五代种群数量大，危害损失加重，是重点监测与防控对象。

2. 查明了地理分布

通过对低纬高原蔗区云南耿马、双江、镇康、沧源、临翔、云县、永德、凤庆、陇川、盈江、芒市、瑞丽、梁河、昌宁、龙陵、隆阳、施甸、腾冲、澜沧、孟连、景谷、景东、西盟、江城、勐海、勐腊、金平、弥勒、元阳、红河、石屏、开远、蒙自、新平、元江、富宁、麻栗坡、马关、西畴、广南等主产蔗区调查分析，查明了6种螟虫地理分布（表8-1）。大螟多发生于水田蔗，尤以稻底蔗、稻后蔗、蔗麦间种蔗危害特别严重；二点螟多发生于旱地蔗，一般在旱坡地、沙土蔗地发生危害重；黄螟性喜潮湿，多发生在水田或较潮湿蔗地；台湾稻螟主要发生在甘蔗与水稻混栽区，季节性地在甘蔗田发生危害，尤以水田蔗地、低洼潮湿蔗地危害严重；条螟、白螟喜高温潮湿天气，在临沧、普洱、玉溪、西双版纳多雨高湿蔗区中低海拔蔗地种群增长快，扩展迅速。

表8-1　6种螟虫地理分布

虫害名称	地理分布
大螟 （*Sesamia inferens* Walker）	耿马、双江、镇康、沧源、临翔、云县、永德、凤庆、陇川、盈江、芒市、瑞丽、梁河、昌宁、龙陵、隆阳、施甸、腾冲、澜沧、孟连、景谷、景东、西盟、江城、勐海、勐腊、金平、弥勒、元阳、红河、石屏、开远、蒙自、新平、元江、富宁、麻栗坡、马关、西畴、广南
二点螟 （*Chilo infuscatellus* Snellen）	耿马、双江、镇康、沧源、临翔、云县、永德、凤庆、陇川、盈江、芒市、瑞丽、梁河、昌宁、龙陵、隆阳、施甸、腾冲、澜沧、孟连、景谷、景东、西盟、江城、勐海、勐腊、金平、弥勒、元阳、红河、石屏、开远、蒙自、新平、元江、富宁、麻栗坡、马关、西畴、广南

（续）

虫害名称	地理分布
黄螟 [*Argyroploce schistaceana* (Snellen)]	耿马、双江、镇康、沧源、临翔、云县、永德、凤庆、陇川、盈江、芒市、瑞丽、梁河、昌宁、龙陵、隆阳、施甸、腾冲、澜沧、孟连、景谷、景东、西盟、江城、勐海、勐腊、金平、弥勒、元阳、红河、石屏、开远、蒙自、新平、元江、富宁、麻栗坡、马关、西畴、广南
台湾稻螟 (*Chilo auricilia* Dudgeon)	陇川、盈江、芒市、瑞丽、梁河、勐海
条螟 [*Proceras venosatus* (Walker)]	耿马、双江、镇康、沧源、临翔、云县、永德、凤庆、昌宁、龙陵、隆阳、施甸、澜沧、孟连、景谷、景东、西盟、江城、勐海、勐腊、新平、元江、富宁、麻栗坡、马关、西畴、广南
白螟 (*Tryporyza intacta* Snellen)	耿马、双江、镇康、沧源、临翔、云县、永德、凤庆、昌宁、龙陵、隆阳、施甸、澜沧、孟连、景谷、景东、西盟、江城、勐海、勐腊、新平、元江、富宁、麻栗坡、马关、西畴、广南

3. 查清了危害损失

甘蔗螟虫在甘蔗整个生长期都有危害，苗期危害生长点造成枯心苗；生长中后期钻蛀蔗茎，破坏蔗茎组织，影响甘蔗拔节生长，造成减产减糖。同时赤腐病菌常由蛀口侵入，造成甘蔗赤腐病。

大螟食性复杂，主要危害水稻、甘蔗、玉米、高粱、茭白、栗和稗等。大螟尤以危害稻底蔗、稻后蔗、蔗麦间种蔗特别严重；二点螟多发生于旱地蔗，除危害甘蔗外，还危害栗、稷、高粱、稗、狗尾草、香根草和茭白；台湾稻螟主要危害水稻，也危害甘蔗、玉米、高粱等；黄螟是单食性害虫，只危害甘蔗；条螟除危害甘蔗外，还危害玉米、高粱、象草和芦苇；据调查，白螟只危害甘蔗，未见危害其他作物。

大螟刚孵化幼虫有群集在叶鞘内侧吃表皮组织习性，一龄开始分散，多数从离地表1厘米处蛀入蔗苗内部，有转株危害习性，一生可危害 3～5 株蔗苗；随着甘蔗生长增高，危害部位亦随之增高，三龄以后，食量大增，破坏性大。二点螟刚孵化幼虫在叶片上爬行或吐丝下垂随风飘拂，分散到附近蔗株上，从蔗苗基部叶鞘间隙侵入；一龄幼虫有群集在叶鞘内侧危害习性，二龄以后逐渐分散蛀入蔗苗内部，常转株危害；二点螟主要对甘蔗苗期危害损失大，特别是幼苗在分蘖前或分蘖初期受害容易造成缺株，生长中后期蔗茎受害损失小；对甘蔗危害最大是第一代、第二代，特别是第一代危害的多数是母茎苗，常造成缺株断垄，影响以后公顷有效茎数。台湾稻螟幼虫活泼，孵化后爬行或吐丝下垂飘荡扩散，从叶鞘间隙侵入蔗株，常数头幼虫同在 1 株上蛀食，蔗茎内蛀道可跨 2～4 节，蛀道有不规则的横道，有转株危害习性；幼虫在被害茎上穿孔较多，虫孔外表一般呈长方形或接近方形；台湾稻螟发生与水稻栽培制度有关，目前主要发生在德宏蔗区甘蔗与水稻混栽区，季节性地在甘蔗田发生危害，每年 7—8 月发生较多，尤以稻田附近田块密度较高；此虫发生危害与田间湿度有关，发生危害以水田蔗、低洼潮湿地为多，而旱坡地、丘陵蔗地则少。黄螟性喜潮湿，高温干旱对它不利，所以黄螟多发生在水田或较潮湿蔗地，幼虫孵化后向下爬行，潜入叶鞘间隙，一般从较嫩的部位蛀入；幼虫常从甘蔗幼苗及分蘖株泥面下部侵入，蛀道曲折，1 头幼虫多危害 1 株蔗苗。条螟初孵幼虫有群集危害心叶习性，危害 2～3 天后，受害心叶伸展可见一层透明状不规则食痕或圆形小孔，此种症状叫作"花叶"；幼虫进入三龄以后才从心叶转移到蔗茎危害，常常数头幼虫同时危害1条蔗茎，附近留有虫粪；伸长拔节后蔗茎受害，蛀孔大，内外留有大量虫粪，孔周围常呈枯黄色，食道呈横形，蛀茎隧道多分支而跨节，其上连续几节强力收缩变短变细，易风折，轻者造成螟害节，重者造成梢枯（即死尾蔗）。白螟初孵幼虫行动活泼，分散时常吐丝下垂，选择尚未展开的心叶基部的叶中部侵入，并一直向下蛀食直至生长点，心叶展开后呈带状横列的蛀食孔，孔的周围为褐色；幼虫成长后为害生长点，形成枯心苗和扫把蔗。

为明确田间自然条件下多种蔗螟混合发生危害时甘蔗实测产量及糖分损失情况，给甘蔗螟虫的科学有效防控提供理论依据和翔实的实测数据。项目于2012—2014年在蔗螟发生严重蔗区选择主栽品种，同田设立并调查防治区和不治区螟害枯心苗率、螟害株率、螟害节率和有效茎数，甘蔗成熟期分别收砍称量评价甘蔗产量和分析评价品质及糖分。螟害调查结果表明，多种蔗螟混合发生危害严重，螟害枯心苗率为8.3%～65.8%、螟害株率为26.7%～96.7%、螟害节率为4.4%～27.9%；亩有效茎数减少296～1 846条，平均1 111.3条。甘蔗实测产量及糖分损失结果显示，亩甘蔗实测产量减少354.7～4 706.7千克，平均1 822.2千克；甘蔗相对产量损失率为5.3%～44.5%，平均25.9%；甘蔗出汁率减少0.9%～3.8%，平均2.4%；甘蔗糖分降低0.8%～5.7%，平均2.2%；蔗汁锤度降低0.8～6.3°BX，平均2.1°BX；蔗汁重力纯度降低1.1%～12.5%，平均4.1%；而蔗汁还原糖分则增加0.1%～1.6%，平均0.6%（表8-2、表8-3）。6个主栽品种螟害和甘蔗产量损失率具有显著差异，粤糖93-159、ROC22、粤糖00-236螟害严重，甘蔗产量损失率高；ROC25、盈育91-59、粤糖83-88螟害较轻，甘蔗产量损失率较低（表8-4）。可见，目前云南甘蔗主产区多种蔗螟混合发生危害造成的甘蔗产量及糖分损失率明显上升，甘蔗减产减糖严重，甘蔗螟害已成为现阶段严重影响甘蔗高产、稳产、优质的主要障碍因素之一，切实加强甘蔗螟虫的科学有效防控，减少危害损失，对确保甘蔗生产安全和蔗糖产业可持续发展具有重要意义。

表8-2　甘蔗螟虫危害对甘蔗产量的影响

蔗区	品种	植期	处理	枯心苗率（%）	螟害株率（%）	螟害节率（%）	亩有效茎条	实测产量（千克/亩）	相对产量损失率（%）
耿马	粤糖93-159	宿根	防治区	3.0	7.8	2.8	5 797	6 083.3	
			不治区	26.5	73.3	16.2	4 781	4 656.7	23.5
			损失量				1 016	1 426.6	
	粤糖93-159	新植	防治区	1.9	6.7	2.6	5 591	5 389.2	
			不治区	17.1	62.5	13.3	4 875	4 456.7	17.3
			损失量				716	932.5	
	粤糖93-159	宿根	防治区	2.5	7.7	2.1	5 955	7 449.4	
			不治区	46.0	85.0	21.6	4 315	4 339.7	41.7
			损失量				1 640	3 109.7	

（续）

蔗区	品种	植期	处理	枯心苗率 （%）	螟害株率 （%）	螟害节率 （%）	亩有效 茎条	实测产量 （千克/亩）	相对产量 损失率 （%）
耿马	盈育 91-59	宿根	防治区	2.1	5.7	2.3	5 897	7 297.3	
			不治区	15.4	73.3	10.2	5 092	6 114.2	16.2
			损失量				805	1 183.1	
	盈育 91-59	新植	防治区	1.2	6.0	1.7	5 693	6 876.7	
			不治区	9.8	49.2	9.4	4 997	5 914.2	14.0
			损失量				696	962.5	
	粤糖 83-88	新植	防治区	0.4	5.0	1.3	5 955	6 719.6	
			不治区	8.3	26.7	4.4	5 659	6 364.9	5.3
			损失量				296	354.7	
	粤糖 83-88	宿根	防治区	2.3	6.7	3.0	6 507	7 973.1	
			不治区	33.3	73.3	17.3	5 307	6 264.9	21.4
			损失量				1 200	1 708.2	
	ROC22	宿根	防治区	2.3	7.0	2.6	5 994	7 257.1	
			不治区	36.7	79.0	18.7	4 626	4 967.9	31.3
			损失量				1 368	2 289.2	
	ROC22	新植	防治区	1.3	5.3	1.3	6 195	7 739.9	
			不治区	19.6	31.7	6.1	5 594	6 783.3	12.4
			损失量				601	956.6	
	ROC22	宿根	防治区	2.9	8.3	3.2	6 952	10 570.0	
			不治区	56.7	96.7	24.6	5 106	5 863.3	44.5
			损失量				1 846	4 706.7	
勐永	ROC25	新植	防治区	2.3	6.0	2.2	7 245	8 244.6	
			不治区	22.1	58.3	12.9	6 331	6 583.3	20.1
			损失量				914	1 661.3	
	ROC25	宿根	防治区	2.4	6.7	2.3	5 618	6 489.3	
			不治区	49.6	73.3	10.2	4 158	4 242.9	34.6
			损失量				1 460	2 246.4	
	粤糖 00-236	新植	防治区	1.2	5.7	1.4	6 751	6 461.0	
			不治区	14.8	38.3	7.2	6 162	5 678.0	12.1
			损失量				589	783.0	
	粤糖 00-236	宿根	防治区	2.5	8.0	3.2	6 651	6 965.5	
			不治区	65.8	66.7	27.9	4 909	3 963.1	43.1
			损失量				1 742	3 002.3	

蔗区	品种	植期	处理	枯心苗率（%）	螟害株率（%）	螟害节率（%）	亩有效茎条	实测产量（千克/亩）	相对产量损失率（%）
双江	ROC25	新植	防治区	0.2	5.3	1.6	5 751	3 546.4	
			不治区	9.6	36.7	9.7	5 147	3 100.0	12.6
			损失量				604	446.4	
	粤糖 00-236	宿根	防治区	3.0	7.3	2.2	5 051	5 569.9	
			不治区	54.0	78.3	17.0	3 369	3 202.0	42.5
			损失量				1 682	2 367.9	
	ROC22	宿根	防治区	2.5	6.7	2.0	4 797	4 817.1	
			不治区	33.3	56.7	12.2	3 707	3 600.0	25.3
			损失量				1 090	1 217.1	
勐堆	ROC25	新植	防治区	1.3	6.3	2.5	6 892	7 157.3	
			不治区	16.8	48.3	9.3	5 996	5 778.0	19.7
			损失量				896	1 379.4	
	粤糖 00-236	宿根	防治区	2.7	7.7	3.8	6 051	7 110.0	
			不治区	58.8	76.7	25.9	4 469	4 042.9	43.4
			损失量				1 582	3 067.1	
	ROC22	宿根	防治区	2.0	7.0	3.0	5 558	6 985.7	
			不治区	46.3	61.7	17.2	4 076	4 342.9	37.8
			损失量				1 482	2 642.8	
			平均损失量				1 111.3	1 822.2	25.9

表 8-3　甘蔗螟虫危害对甘蔗品质的影响

蔗区	品种	植期	处理	甘蔗出汁率（%）	甘蔗糖分（%）	蔗汁锤度（°BX）	蔗汁重力纯度（%）	蔗汁还原糖分（%）
耿马	ROC22	宿根	防治区	69.8	16.3	22.0	87.1	0.2
			不治区	67.6	14.3	20.3	85.9	0.4
			损失量	2.2	2.0	1.7	1.2	−0.2
	粤糖 93-159	新植	防治区	71.1	17.0	22.4	90.0	0.2
			不治区	69.4	15.9	21.2	88.8	0.5
			损失量	1.7	1.1	1.2	1.2	−0.3
	盈育 91-59	宿根	防治区	69.8	15.5	20.6	85.3	0.5
			不治区	66.5	14.2	19.8	83.3	0.8
			损失量	3.3	1.3	0.8	2.0	−0.3

（续）

蔗区	品种	植期	处理	甘蔗出汁率（%）	甘蔗糖分（%）	蔗汁锤度（°BX）	蔗汁重力纯度（%）	蔗汁还原糖分（%）
勐永	ROC25	新植	防治区	71.5	16.7	21.8	89.7	0.4
			不治区	67.7	15.9	20.9	88.6	0.5
			损失量	3.8	0.8	0.9	1.1	−0.1
	粤糖00-236	宿根	防治区	70.4	17.6	23.3	91.0	0.2
			不治区	67.6	12.0	17.0	78.5	1.8
			损失量	2.8	5.6	6.3	12.5	−1.6
双江	粤糖00-236	新植	防治区	72.5	17.3	22.8	91.7	0.3
			不治区	70.8	16.2	21.6	90.4	0.6
			损失量	1.7	1.1	1.2	1.3	−0.3
	ROC25	宿根	防治区	70.0	16.8	22.1	90.7	0.3
			不治区	69.1	14.7	20.1	86.0	1.0
			损失量	0.9	2.1	2.0	4.7	−0.7
勐堆	ROC22	宿根	防治区	73.5	16.2	21.5	92.5	0.3
			不治区	71.0	14.6	20.1	88.8	0.8
			损失量	2.5	1.6	1.4	3.7	−0.5
	ROC25	宿根	防治区	71.0	17.0	22.3	91.5	0.2
			不治区	68.2	13.1	18.7	82.6	1.5
			损失量	2.8	3.9	3.6	8.9	−1.3
			平均损失量	2.4	2.2	2.1	4.1	−0.6

表8-4　6个主栽甘蔗品种螟害甘蔗产量损失

品种	处理	枯心苗率（%）	螟害株率（%）	螟害节率（%）	相对产量损失率（%）
ROC22	不治区	38.2	64.2	15.4	28.5
ROC25	不治区	15.9	47.5	11.3	16.4
粤糖83-88	不治区	20.8	50.0	10.9	13.4
粤糖93-159	不治区	31.6	73.8	17.5	29.5
粤糖00-236	不治区	36.8	57.5	16.6	27.8
盈育91-59	不治区	12.6	51.3	9.8	15.1

4. 摸清了生物生态学特性及种群演替

大螟年发生5～6代，世代重叠。3月上中旬、5月上中旬和6月中下旬是危害甘蔗高峰期。刚孵化幼虫有群集在叶鞘内侧吃表皮组织的习性，二龄开始分散，多数从离地表1厘米处蛀入蔗苗内部，每虫危害1株。有转株危害习性，一生可危害3～5株蔗苗。

二点螟一年可发生5～6代，世代重叠。一般在田间因二点螟危害蔗苗导致枯心出现两次高峰。第一次在 4 月中下旬至 5 月上旬，第二次在 5 月下旬至 6 月上旬。第三代以后多危害无效分蘖，部分危害造成虫蛀节。刚孵化幼虫在叶片上爬行或吐丝下垂随风飘拂，分散到附近蔗株上，从蔗苗基部叶鞘间隙侵入。一龄幼虫有群集在叶鞘内侧危害的习性，二龄以后逐渐分散蛀入蔗苗内部，食至生长点后便造成枯心苗，常转株危害。

黄螟一年可发生 6～7 代，发生世代较多，且有重叠发生现象。黄螟卵在四月上中旬出现第一个高峰期，五月下旬为第二个高峰期，七月上中旬为第三个高峰期，第三个高峰期产卵量猛增，相当于第一、第二个高峰的几倍或几十倍。幼虫孵化后爬行向下降，潜入叶鞘间隙，一般在芽或根带等较嫩的部位蛀入。对甘蔗幼苗及分蘖株，幼虫常在其泥面下的部位侵入，危害蛀道曲折，1 头幼虫多危害 1 株蔗苗；中后期，幼虫于根带上方或芽眼处侵入，形成虫害节，在根带处上方留下蚯蚓状的食痕，被害茎蛀食孔外常露出一堆虫粪。

台湾稻螟一年发生 4～5 代。第一代成虫发生于 4 月上旬至 5 月中旬；第二代发生于 5 月至 6 月；第三代发生于 7 月上旬至 8 月上旬；第四代发生于 8 月下旬至 9 月下旬；第五代发生于 10 月上旬至 11 月上旬。幼虫孵化后爬行或吐丝下垂飘荡扩散，从叶鞘间隙侵入蔗株，常数头幼虫同在一株上蛀食，有转株危害习性。幼虫在被害茎上穿孔较多，虫孔外表一般呈长方形或接近方形。蔗茎内蛀道可跨 2～4 节，蛀道有不规则的横道。

条螟一年发生 5～6 代，幼虫分别在 4 月下旬至 5 月中旬、5 月下旬至 7 月上旬、7 月中旬至 8 月上旬和 9 月上旬至 11 月上旬危害。初孵幼虫有群集危害心叶习性，危害 2～3 天后，受害心叶伸展可见一层透明状不规则的食痕或圆形小孔，此症叫作"花叶"。伸长拔节后蔗茎受害，蛀孔大，内外留有大量虫粪，孔周围常呈枯黄色，食道呈横形，蛀茎隧道多分支而跨节，其上连续几节强力收缩变短变细，易风折，轻者造成螟害节，重者造成梢枯（即死尾蔗）。

白螟一年发生 4～5 代，以老熟幼虫在蔗茎梢头内越冬。第一代成虫于 5 月上中旬发生；第二代成虫于 6 月中旬至 7 月中旬发生；第三代成虫于 8 月上旬至 9 月中旬发生；第二、第三代之间有世代重叠现象。以第二、第三代发生量最大，亦是危害甘蔗最严重的两个世代。初孵幼虫行动活泼，分散时常吐丝下垂，选择尚未展开心叶基部侵入，并一直向内蛀食直至生长点，心叶展开后具带状横列的蛀食孔，孔周围为褐色。危害严重时，多头幼虫集中于心叶危害，心叶多无法正常展开，叶片出现腐烂或食痕周围逐渐枯死。幼虫稍长大后危害生长点，形成枯心苗和扫把蔗。

20 世纪 60 年代以前，云南蔗区主要有大螟、二点螟、台湾稻螟，对甘蔗危害以大螟为主，二点螟次之，台湾稻螟仅在德宏局部蔗区发生，总体混合种群虫口密度低，危害轻，苗期螟害枯心率在 10％以下；1966 年从广西调种时将黄螟带入云南，先在开远、弥勒发生，后传遍红河全州及玉溪部分蔗区，成为滇南蔗区主要害虫之一。

20 世纪 70～80 年代，云南蔗区发生的甘蔗螟虫主要种类有大螟、黄螟、二点螟、台湾稻螟，对甘蔗危害仍以大螟居首位，变化明显的是黄螟种群数量急剧上升与大螟不相上下，而二点螟和台湾稻螟无明显变化，所占比例小。二点螟多发生在旱地蔗，台湾稻螟主要发生在德宏蔗区。此期，农业产业结构主要以水稻生产为主，作物结构单一，复种指数低，甘蔗螟虫寄主单一，营养条件有限，增殖速度慢，生存密度低，苗期螟害枯心率一般在 10.3%~14.08%。

20 世纪 80 年代末、90 年代，随着甘蔗生产快速发展，尤其是旱地蔗大面积推广种植，多发生于旱地蔗的二点螟种群数量快速上升跃居首位，其次是大螟和黄螟不相上下，台湾稻螟仍主要发生在德宏蔗区，所占比例甚小，苗期螟害枯心率一般在 10%~20%。

进入 21 世纪，条螟、白螟先后由广东、广西引种带入云南，逐年扩展成为危害云南甘蔗主要害虫。调查表明，目前云南蔗区发生的甘蔗螟虫主要种类有黄螟、条螟、二点螟、大螟、白螟、台湾稻螟 6 种。其中以黄螟对甘蔗生产影响最大，广泛分布于德宏、临沧、西双版纳、普洱、保山等滇西南湿热蔗区；其次是条螟种群数量也快速增长，扩展蔓延迅速，对甘蔗危害日趋加重；第三是二点螟对旱地蔗影响大；其他的 3 种均在局部蔗区发生，所占比例甚小，大螟多发生于水田蔗，台湾稻螟主要发生在德宏蔗区，白螟主要发生在临沧、普洱以及文山蔗区，但其增长快、扩展迅速，是今后应重点加强监测对象。

5. 揭示了低纬高原蔗区影响甘蔗螟虫种群结构动态和猖獗成灾的因子

（1）引种制度不健全，甘蔗引种未实行严格检疫

甘蔗螟虫是危害甘蔗最普遍且严重的一类钻蛀性害虫，易随引种传播。进入 21 世纪，省外引种、省内蔗区间相互调种更加频繁，但引种、调种、繁种、用种工作中，引种制度不健全，未实行严格检疫，使得一些危险性病虫如黄螟、条螟、白螟等多种蔗螟先后由广东、广西引种带入云南，再通过省内蔗区间调种相互传播，扩展蔓延十分迅速，导致云南蔗区危害甘蔗的螟虫种类增多，虫口逐年积累，苗期螟害枯心率和后期蔗茎螟害株率急剧上升，造成大幅度减产减糖，给全省甘蔗安全生产带来了严重灾害。

（2）作物结构多元化，复种指数高

大螟、二点螟、条螟、台湾稻螟等均属杂食性害虫，除危害甘蔗外，还危害水稻、玉米、高粱等多种作物。20 世纪 80 年代以前，作物结构单一，复种指数低，甘蔗螟虫寄主单一，营养条件有限，增殖速度慢，生存密度低。20 世纪 90 年代以来，随着农业生产发展，农业产业结构战略性调整，水稻、甘蔗、玉米、高粱等多种作物竞相种植，作物结构多元化，复种指数高。尤其甘蔗、玉米种植面积迅速扩大，两者均是甘蔗螟虫喜食作物，可供取食面广，选择性大，物候期与发生期相吻合，为甘蔗螟虫生存繁殖创造了良好的物质条件。

（3）螟虫种类多，发生规律及生活习性不一

甘蔗螟虫种类繁多、一年多代、世代重叠、繁殖快、发生早、危害期长，在同一蔗园里，同时存在多种不同虫态螟虫，发生期不一，防治难度大，技术性强，致使甘蔗螟虫长期以来得不到有效防控，虫口逐年积累，扩展蔓延迅速。这是低纬高原蔗区甘蔗螟虫猖獗发生，危害成灾的关键因素之一。

（4）虫害长期累积，虫口密度过大

甘蔗是种茎繁殖多年生作物，大部分蔗区耕作土地面积有限，长期多年连作，为甘蔗螟虫长年累积提供有利条件。同时，近 10 多年来，南方地区高温、干旱、少雨且冬天暖和，有利于甘蔗螟虫安全越冬，加上有效防控措施未能在广大蔗区普遍推广，最终导致甘蔗螟虫虫口密度迅速增加，直至暴发成灾。

（5）种植制度多样化，提供了优越生存环境

甘蔗种植品种多样，结构特点及生长期不同，为甘蔗螟虫取食繁殖提供了条件。另外甘蔗种植1次大多宿根3～4年，长的达6～7年，生长周期长，加上长期连续种植，得不到合理轮作及深耕晒地，这不但为螟虫创造了稳定的生存环境，而且一年四季均有适宜寄主，为螟虫生存、繁殖和越冬提供了优越的生态条件，更有利于螟虫虫口增长蔓延危害。

（6）蔗农对甘蔗螟虫危害认识不足，防治意识差，缺少有效预防措施

目前云南甘蔗生产重点布局在山区，科技文化相对落后，甘蔗种植管理粗放，蔗农对甘蔗螟虫危害认识不足，防治意识差，甘蔗螟虫发生前期或危害程度较轻时不及时管理，缺少有效预防措施。施药防治措施不到位、施药时间不对、用药量不足导致防治效果不佳，甘蔗螟虫快速增长，危害日趋猖獗。

（7）重新植轻宿根蔗管理，有利于甘蔗螟虫发生，整体防控效果不理想

云南多数蔗区蔗农习惯在新植蔗种植时撒药防虫，而不重视宿根蔗田间前期管理，未采取破垄松蔸、撒药覆土防虫等高产栽培措施，造成宿根蔗苗期螟害发生严重，整体防控效果不理想。

6. 建立了虫情档案，科学划分了防治重点区域，确保防治工作有的放矢

通过对耿马、双江、镇康、沧源、临翔、云县、永德、凤庆、陇川、盈江、芒市、瑞丽、梁河、昌宁、龙陵、隆阳、施甸、腾冲、澜沧、孟连、景谷、景东、西盟、江城、勐海、勐腊、金平、弥勒、元阳、红河、石屏、开远、蒙自、新平、元江、富宁、麻栗坡、马关、西畴、广南等主产乡镇、各单元糖厂蔗区甘蔗螟虫危害情况普查，摸清了各单元蔗区螟虫的发生种类、虫口密度、分布情况、危害面积及防治重点区域。

根据各单元蔗区螟虫危害情况普查结果，按螟虫的发生种类、虫口密度、分布情况、危害面积等建立了虫情档案，科学划分了重点防治区、疫区和预防区，为精准防治、集约防治提供了科学依据，确保防治工作有的放矢。

7. 构建了低纬高原蔗区螟虫种群监测技术体系和预警监测网点，为精准防控提供了技术支撑

准确及时预测预报信息是有效防治虫害的前提条件。项目以低纬高原蔗区灾害性螟虫为对象，利用成虫趋性，采用智能型虫情测报灯和性诱剂新型诱捕器，研发了监测成虫动态灯光诱测法与性诱剂诱捕法，研究明确了螟害枯心苗空间分布及抽样技术，科学制定了田间发育进度调查与数据统计分析方法，构建了灯诱、性诱与发育进度调查相验证的预警监测技术体系。并以各主产蔗区、各单元糖厂为划分单元，设立螟虫预警监测点，建立覆盖低纬高原蔗区虫情监测网，对灾害性螟虫种群动态实施精准监测，实时掌握虫情动态，及时发布信息，科学指导防控工作，为精准防控甘蔗螟虫提供了技术支撑（图8-1）。

8. 开发了低纬高原蔗区螟虫飞防精准施药技术且大面积成功应用，为有效防控后期螟虫成功开辟了一条轻简高效新途径

针对传统人工喷药防治存在缺陷和甘蔗高秆作物中后期施药难、劳力缺乏和作业效率低等问题，从飞防机型选择、专用药及助剂筛选、药械融合、田间作业、技术规范、规模化应用组织模式等层面对螟虫飞防技术进行了系统开发示范，凝练形成了低纬高原蔗区螟虫飞防精准施药技术且大面积成功应用（2018年推广应用无人机飞防20万亩），为全面

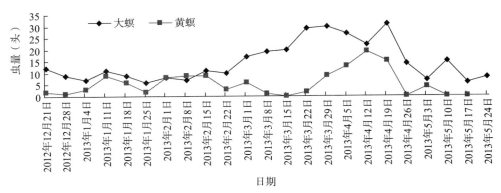

图 8-1 大螟、黄螟田间发生动态

推广应用无人机飞防甘蔗病虫常态化提供成熟全程技术支撑，推进了甘蔗虫害统防统治进程（表 8-5、表 8-6）。制定了云南省甘蔗病虫精准防控无人机飞防技术指导意见。

表 8-5 开发的适宜机型及飞行技术参数

飞行技术参数	极目 3WWDZ-10B	大疆 3WWDSZ-10017
结构形式	四旋翼	八旋翼
整机重量	17 千克	13.8 千克
药箱容量	10 升	10 升
电池容量	16 000 毫安时	12 000 毫安时
喷头形式及数量	离心弥雾喷头 2 个	扇形压力喷头 4 个
最大流量	2 升/分钟	1.8 升/分钟
喷幅	1～4 米	5 米（4 米/秒，2 米高）
雾滴直径	10～300 微米	130～250 微米
飞行模式	手动加全自主	手动加全自主
避障功能	双目视觉全自主避障	手动规划避障
仿地功能	仿地坡度 40 度，定高 0.5～3 米	定高 1.5～3.5 米
空载及满载悬停时间	17 分钟/9 分钟	20 分钟/10 分钟

表 8-6 筛选的最佳药剂配方组合

重点防治对象	最佳选用药剂、用量	使用技术、方法
应急性螟害（前期枯心苗）	（1）46%杀单·苏云菌可湿性粉剂 150 克/亩；（2）20%阿维·杀螟松乳油 100 毫升/亩	3—5 月第一、二代螟卵孵化盛期，亩用药量对飞防专用助剂及水 1 千克，无人机飞防叶面喷施
中后期条螟、白螟	（1）46%杀单·苏云菌可湿性粉剂 300 克/亩；（2）20%阿维·杀螟松乳油 100 毫升/亩	9 月中下旬第四、五代高发期，亩用药量对飞防专用助剂及水 1 千克，无人机飞防叶面喷施

9. 研究形成灯诱和性诱诱杀成虫技术并规模化应用，推进了螟虫绿色防控技术进步

为进一步探索和寻求高效安全的甘蔗螟虫绿色防控技术，推进甘蔗病虫绿色防控，构建资源节约型、环境友好型甘蔗病虫可持续治理体系。项目一是科学利用螟虫成虫性诱特性，研究了螟虫性诱剂新型诱捕器对甘蔗螟虫的防控效果及应用技术，优化形成了螟虫性诱剂新型诱捕器诱杀螟虫成虫技术，即在螟虫成虫盛发期（3—7月），每公顷设3～6个螟虫性诱剂新型诱捕器诱杀成虫，每15～20天更换1次诱芯，适时清理诱捕器。二是利用螟虫成虫强趋光性，研究杀虫灯在螟虫防治中的应用，以选择最佳灯光源，以及开灯时间、挂灯高度、田间布局等，科学评价灯光诱杀防治效果，通过光源、开灯时段、挂灯高度、挂灯密度的优化选择，提高杀虫灯诱虫防治效果，研究形成了频振式杀虫灯诱杀螟虫成虫技术，即在螟虫成虫盛发期（3—7月），采用频振式杀虫灯诱杀螟虫成虫，每30～60亩安装1盏灯（单灯辐射半径100～120米）；安装高度一般以1～1.5米为宜（接虫口对地距离），每天开灯时间以20时至22时成虫活动高峰期为佳。几年来，共引进安装频振式杀虫灯2 000余盏，年应用面积10万亩以上，有效降低虫口基数，保护蔗苗，减轻危害，防治效果显著。成功研发并规模化应用灯诱和性诱诱杀成虫技术，切实推进了螟虫绿色防控技术进步。

10. 成功探索出甘蔗螟虫绿色防控技术模式，为甘蔗螟虫防控开辟了新途径

为探索和寻求高效安全的甘蔗螟虫绿色防控技术，推进甘蔗病虫绿色防控，构建资源节约型、环境友好型甘蔗病虫可持续治理体系，项目选用螟虫性诱剂新型诱捕器以及阿维菌素·苏云金杆菌和虫酰肼等生物制剂进行田间试验研究。结果表明，螟虫性诱剂新型诱捕器与生物制剂阿维菌素·苏云金杆菌或虫酰肼结合使用是防控甘蔗螟虫理想的绿色防控技术模式，对甘蔗螟虫具有良好的防控效果（表8-7），为综合防控甘蔗螟虫开辟了新途径，对推进甘蔗病虫绿色防控，构建资源节约型、环境友好型甘蔗病虫可持续治理体系具有重要的意义和广阔的应用前景。螟虫性诱剂新型诱捕器与生物制剂阿维菌素·苏云金杆菌或虫酰肼的推广应用，与化学农药及常规防治相比具有持效期长、杀虫活性高、选择性强、成虫幼虫双杀双控、经济高效、环境友好等优点。能取得除害增产、减轻环境污染、维护生态平衡、节省能源的明显效果，有助于推进甘蔗产业绿色高质量发展，实现甘蔗病虫绿色防控、农药减量控害、生产提质增效。

表8-7 螟虫性诱剂新型诱捕器与生物制剂对甘蔗螟虫防控效果

处理	处理时间/月—日	螟害枯心率防控效果		螟害株率防控效果	
		枯心率（%）	防效（%）	螟害株率（%）	防效（%）
螟虫性诱剂新型诱捕器	6个/公顷	3—5	9.55	52.00	51.67	29.54
螟虫性诱剂新型诱捕器＋0.05%阿维菌素·100亿活芽孢/克苏云金杆菌可湿性粉剂	6个/公顷＋1.8千克/公顷	3—5、4—13	4.65	76.62	31.02	57.70
		3—5、4—22	8.14	59.07	44.33	39.55
		3—5、5—3	5.98	69.93	37.67	48.63
螟虫性诱剂新型诱捕器＋200克/升虫酰肼悬浮剂	6个/公顷＋1.5升/公顷	3—5、4—13	5.97	69.98	37.33	49.09
		3—5、4—22	7.43	62.64	43.17	41.13
		3—5、5—3	7.63	61.64	43.33	40.91

（续）

处理	处理时间/ 月—日	螟害枯心率防控效果		螟害株率防控效果	
		枯心率 （%）	防效 （%）	螟害株率 （%）	防效 （%）
3.6%杀虫双颗粒剂	90千克/公顷 4—13	6.48	67.42	36.67	50.00
空白对照		19.89	—	73.33	—

11. 创制筛选了一批高效低毒低风险农药产品，研究确定了相应的精准高效施药技术，为螟虫精准绿色防控提供了核心产品技术支撑

项目紧扣甘蔗产业绿色高质量发展目标，创新技术服务模式，以企业为主体、产业为导向，携手建立甘蔗病虫害防控战略合作关系，开展科企合作，实现产学研结合。科企合作以"科学植保、公共植保、绿色植保"为理念，以"蔗农的需要就是我们努力的方向"为驱动，以"现代科技提升产业竞争力"为目标，创建了"配方筛选、试验示范、药效调查、测产验收、效益分析、残留检测"药剂筛选六步法评价体系，成功创制新型农药产品5个（获农药登记证5个），筛选出高效低毒低风险农药产品8个，并制定相关企业标准3个。其中，新型农药产品3.6%杀虫双颗粒剂荣获2014年植保产品贡献奖、8%毒·辛颗粒剂荣获2015年中国植保市场杀虫剂畅销品牌产品和绿色食品生产资料证明商标使用证。通过多年多点多次试验示范和大面积应用生产验证显示，创制的5个新型农药产品3.6%杀虫双颗粒剂、8%毒·辛颗粒剂、70%噻虫嗪种子处理可分散粉剂、10%杀虫单·噻虫嗪颗粒剂、1%苏云金杆菌·噻虫胺颗粒剂和筛选的8个高效低毒低风险农药产品90%杀虫单可溶粉剂、20%阿维·杀螟松乳油、72%杀单·苏云菌可湿性粉剂、30%氯虫·噻虫嗪悬浮剂、40%氯虫·噻虫嗪水分散粒剂、200克/升虫酰肼悬浮剂等，对甘蔗螟虫均具有良好且稳定的防效和显著增产增糖效果，是科学有效防控甘蔗螟虫理想的新型高效低毒低风险农药产品（表8-8至表8-15）。同时，结合云南甘蔗生产实际，针对低纬高原蔗区螟虫灾害特性，研究确定了相应的精准高效施药技术，并制定了低纬高原蔗区螟虫全程精准绿色防控药剂组合及用药指导方案，为甘蔗生产上大面积综合防控甘蔗螟虫提供了核心产品及技术支撑。

表8-8　新型配方生物制剂人工喷施对甘蔗螟虫的防治效果（2017年）

处理时间	处理药剂及用量 毫升（克）/公顷	螟害株率防治效果		螟害节率防治效果	
		螟害株率 （%）	防效 （%）	螟害节率 （%）	防效 （%）
9月中旬 喷施	20%阿维·杀螟松乳油　1 500	20.84	73.7b	1.63	85.9a
	72%杀单·苏云菌可湿性粉剂　3 000	13.76	82.6a	1.31	88.6a
	8%氯氟氰·甲维盐悬浮剂　750	12.51	84.2a	0.83	92.8a
	3.6%氯氟氰·苏云悬浮剂　1 500	21.67	72.6b	1.59	86.2a
	空白对照（CK）	79.16	—	11.54	—
9月下旬 喷施	20%阿维·杀螟松乳油　1 500	24.3	69.9a	2.02	82.0a
	72%杀单·苏云菌可湿性粉剂　3 000	23.06	71.4a	1.61	85.7a
	8%氯氟氰·甲维盐悬浮剂　750	21.11	73.8a	1.76	84.3a
	3.6%氯氟氰·苏云悬浮剂　1 500	23.5	70.9a	1.47	86.9a
	空白对照（CK）	80.69	—	11.24	—

注：同列数据后不同字母表示经 Duncan 氏新复极差法检验在 0.05 水平上差异显著情况。

表 8 - 9　新型配方生物制剂无人机飞防喷施对甘蔗螟虫的防治效果（2017 年）

处理时间	处理药剂及用量 毫升（克）/公顷	螟害株率防治效果		螟害节率防治效果	
		螟害株率 （％）	防效 （％）	螟害节率 （％）	防效 （％）
9月中旬 喷施	20％阿维·杀螟松乳油　1 500	27.93	70.9b	2.46	85.8b
	72％杀单·苏云菌可湿性粉剂　3 000	8.76	89.8a	0.51	97.1a
	8％氯氟氰·甲维盐悬浮剂　750	17.92	81.3a	1.17	93.2a
	3.6％氯氟氰·苏云悬浮剂　1 500	26.25	72.6b	2.27	86.9b
	空白对照（CK）	95.84	—	17.32	—
9月下旬 喷施	20％阿维·杀螟松乳油 1 500	16.25	80.8a	1.07	91.9a
	72％杀单·苏云菌可湿性粉剂　3 000	21.26	74.9a	1.48	88.8a
	8％氯氟氰·甲维盐悬浮剂　750	24.58	71.0a	1.83	86.2a
	3.6％氯氟氰·苏云悬浮剂　1 500	32.79	61.4b	3.06	76.9b
	空白对照（CK）	84.85	—	13.27	—

注：同列数据后不同字母表示经 Duncan 氏新复极差法检验在 0.05 水平上差异显著情况。

表 8 - 10　缓释长效多功能新药剂对甘蔗螟虫的防治效果（2017 年）

处理	处理时间 （月）	甘蔗螟虫		甘蔗绵蚜	
		枯心率（％）	防效（％）	虫株率（％）	防效（％）
10％杀虫单·噻虫嗪 颗粒剂 45 千克/公顷	3	2.4	80.0a	1.2	98.8a
	4	1.9	84.2a	0	100.0a
	5	1.8	85.0a	0.9	99.1a
10％杀虫单·噻虫嗪 颗粒剂 60 千克/公顷	3	2.0	83.3a	0	100.0a
	4	1.9	84.2a	0.5	99.5a
	5	1.7	85.8a	0	100.0a
1％苏云金杆菌·噻虫胺 颗粒剂 45 千克/公顷	3	2.5	79.2a	1.0	99.0a
	4	2.3	80.8a	0.8	99.2a
	5	2.1	82.5a	0	100.0a
1％苏云金杆菌·噻虫胺 颗粒剂 60 千克/公顷	3	2.4	80.0a	1.1	98.9a
	4	2.2	81.7a	0	100.0a
	5	2.0	83.3a	0.9	99.1a
3.6％杀虫双颗粒剂 90 千克/公顷＋70％噻虫嗪 种子处理可分散粉剂 600 克/公顷	3	2.0	83.3a	1.0	99.0a
空白对照（CK）		12.0	—	100.0	—

注：同列数据后不同字母表示经 Duncan 氏新复极差法检验在 0.05 水平上差异显著情况。

表 8 - 11　缓释长效多功能新药剂防治甘蔗螟虫增产增糖效果（2016—2017 年）

处理	处理时间 （月）	实测产量/ （千克/公顷）	较对照增加/ （千克/公顷）	甘蔗糖分 （%）	较对照增加 （%）
10%杀虫单·噻虫嗪 颗粒剂 45 千克/公顷	3	104 685	41 655a	16.3a	6.6a
	4	104 850	41 820a	16.2a	6.5a
	5	105 045	42 015a	16.4a	6.7a
10%杀虫单·噻虫嗪 颗粒剂 60 千克/公顷	3	104 785	41 755a	16.5a	6.8a
	4	104 950	41 920a	16.2a	6.5a
	5	105 145	42 115a	16.2a	6.5a
1%苏云金杆菌·噻虫胺 颗粒剂 45 千克/公顷	3	104 585	41 555a	16.4a	6.7a
	4	104 750	41 720a	16.3a	6.6a
	5	104 945	41 915a	16.5a	6.8a
1%苏云金杆菌·噻虫胺 颗粒剂 60 千克/公顷	3	104 635	41 605a	16.3a	6.6a
	4	104 800	41 770a	16.4a	6.7a
	5	104 995	41 965a	16.3a	6.6a
3.6%杀虫双颗粒剂 90 千克/公顷＋70%噻虫嗪 种子处理可分散粉剂 600 克/公顷	3	104 445	41 415a	16.1a	6.4a
空白对照（CK）		63 030	—	9.7b	

注：同列数据后不同字母表示经 Duncan 氏新复极差法检验在 0.05 水平上差异显著情况。

表 8 - 12　5 种药剂对甘蔗螟害株和螟害节的防治效果（2012—2013 年）

甘蔗植期	药剂	剂量/ （千克/公顷）	螟害株率 （%）	螟害株率防效 （%）	螟害节率 （%）	螟害节率防效 （%）
新植	3.6%杀虫双颗粒剂	90	23.33	68.18±4.25a	4.55	83.43±3.63a
	5%异丙特丁颗粒剂	75	20.00	72.73±2.78a	3.68	86.59±3.66a
	5%二嗪磷颗粒剂	75	36.67	50.00±5.79b	9.21	66.45±3.82b
	8%毒·辛颗粒剂	75	35.00	52.27±6.63b	8.28	69.83±3.03b
	5%甲拌磷颗粒剂（已禁用）	75	40.00	45.45±4.25b	9.73	64.55±3.83b
	空白对照（CK）	—	73.33	—	27.45	—
宿根	3.6%杀虫双颗粒剂	90	21.67	72.34±4.26a	4.76	84.26±2.65a
	5%异丙特丁颗粒剂	75	18.33	76.59±3.98a	3.68	87.83±3.32a
	5%二嗪磷颗粒剂	75	35.00	55.32±5.21b	8.62	71.51±2.98b
	8%毒·辛颗粒剂	75	33.33	57.44±4.76b	8.17	73.01±2.41b
	5%甲拌磷颗粒剂（已禁用）	75	38.33	51.06±6.38b	9.59	68.32±4.35b
	空白对照（CK）	—	78.33	—	30.26	—

注：同列数据后不同字母表示经 Duncan 氏新复极差法检验在 0.05 水平上差异显著情况。

表 8-13　5 种药剂防治甘蔗螟虫增产增糖效果（2012—2013 年）

甘蔗植期	药剂	剂量/（千克/公顷）	蔗糖分（%）	蔗糖分较对照增加（%）	实测产量/（千克/公顷）	实测产量较对照增加/（千克/公顷）
新植	3.6%杀虫双颗粒剂	90	14.82	0.56	87 640.35	6 493.95
	5%异丙特丁颗粒剂	75	14.88	0.62	88 759.95	7 613.55
	5%二嗪磷颗粒剂	75	14.56	0.30	84 134.55	2 988.15
	8%毒·辛颗粒剂	75	14.58	0.32	85 651.80	4 505.40
	5%甲拌磷颗粒剂（已禁用）	75	14.5	0.24	83 004.75	1 858.35
	空白对照（CK）	—	14.26	—	81 146.40	—
宿根	3.6%杀虫双颗粒剂	90	15.66	0.58	100 234.35	6 684.60
	5%异丙特丁颗粒剂	75	15.72	0.64	101 382.15	7 832.40
	5%二嗪磷颗粒剂	75	15.42	0.34	97 102.80	3 553.05
	8%毒·辛颗粒剂	75	15.48	0.40	98 388.15	4 838.40
	5%甲拌磷颗粒剂（已禁用）	75	15.36	0.28	95 540.70	1 990.95
	空白对照（CK）	—	15.08	—	93 549.75	—

表 8-14　噻虫嗪及其复配制剂对甘蔗螟虫防效（2012 年）

处理	枯心率（%）	防效（%）
30%氯虫·噻虫嗪悬浮剂 450 毫升/公顷	15.18	42.21b
30%氯虫·噻虫嗪悬浮剂 600 毫升/公顷	7.51	71.40a
30%氯虫·噻虫嗪悬浮剂 750 毫升/公顷	7.11	72.91a
40%氯虫·噻虫嗪水分散粒剂 450 克/公顷	16.76	36.19b
40%氯虫·噻虫嗪水分散粒剂 600 克/公顷	6.66	74.65a
40%氯虫·噻虫嗪水分散粒剂 750 克/公顷	7.40	71.81a
3.6%杀虫双颗粒剂 90 千克/公顷	8.65	67.05a
空白对照（CK）	26.26	—

注：同列数据后不同字母表示经 Duncan 氏新复极差法检验在 0.05 水平上差异显著情况。

表 8-15　3.6%杀虫双颗粒剂防治甘蔗螟虫试验效果（2009 年）

处理	药后 20 天		药后 40 天		药后 60 天	
	枯心率（%）	防效（%）	枯心率（%）	防效（%）	枯心率（%）	防效（%）
3.6%杀虫双颗粒剂 60 千克/公顷	2.4	44.91c	2.61	72.94b	3.3	73.36b
3.6%杀虫双颗粒剂 75 千克/公顷	1.49	65.72a	1.56	83.86a	1.74	85.97a
3.6%杀虫双颗粒剂 90 千克/公顷	1.67	61.74ab	1.48	84.62a	1.7	86.29a
18%杀虫双 S 900 毫升/公顷	1.5	65.50a	5.49	43.12c	8.41	32.20c
90%杀虫单种子处理可分散粉剂 1 500 克/公顷	1.95	55.32b	7.73	19.83d	9.27	25.27d
3%克百威颗粒剂 75 千克/公顷（已禁用）	1.76	59.68ab	1.89	80.44a	2.06	83.39a
空白对照（CK）	4.36	0d	9.65	0e	12.4	0e

注：同列数据后不同字母表示经 Duncan 氏新复极差法检验在 0.05 水平上差异显著情况。

12. 研创了螟虫全程精准绿色防控集成技术模式，成功解决了甘蔗生产上大面积综合防控甘蔗螟虫技术问题，实现了蔗螟全程精准绿色防控

项目根据低纬高原甘蔗螟虫灾害特性，提出压前控后防控策略，将"标准化核心示范和面上示范"相结合，集成推广抗病品种，科学使用生物制剂，将无人机飞防和施用缓释长效低风险新型农药等技术组装配套和示范，优化形成低纬高原蔗区螟虫全程精准绿色防控集成技术模式，并制定了云南省地方标准《甘蔗螟虫综合防治技术规程》（DB53/T 531—2013）和《云南省甘蔗螟虫综合防治技术指导意见》，核心技术入选云南省主推技术2项，成功解决了甘蔗生产上大面积综合防控甘蔗螟虫技术问题，实现了甘蔗螟虫全程精准绿色防控、农药减量控害、甘蔗生产提质增效，为蔗糖业持续稳定发展提供了关键技术支撑。

（1）农业防治

甘蔗与花生、大豆、红薯、水稻等轮作或间套种蔬菜，创造有利蔗螟天敌生存繁衍的条件；选用无病虫健壮种苗，适时下种，早植早施肥；2—3月出现枯心苗田块，可人工从基部割除枯心苗，取出并杀死害虫，个别钻得太深未割出的，可用铁丝从枯心中央插下，刺杀幼虫；适时剥除枯叶；甘蔗收获时入土3～5厘米快锄低砍，收砍后及时清除枯叶残蔗和田间杂草。

（2）物理防治

甘蔗螟虫成虫盛发期（3—7月），每2～4公顷安装1盏杀虫灯（单灯辐射半径100～120米，波长为320～400纳米，功率为30瓦），安装高度以1～1.5米为宜（接虫口对地距离），宜在20时开灯。

（3）生物防治

选择螟虫产卵始盛期和高峰期释放赤眼蜂到蔗田，每公顷每次放15万头，设75～120个释放点，全年放蜂5～7次；或于成虫盛发期（3—7月），每公顷设3～6个螟虫性诱剂新型飞蛾诱捕器诱杀成虫，每15～20天更换1次诱芯，适时清理诱捕器。

（4）保护天敌

蔗田中螟黄足绒茧蜂、大螟拟丛毛寄蝇和卵寄生蜂等多种天敌是寄生甘蔗螟虫优势天敌，在甘蔗产区分布较广，寄生率一般在15%～35%。从早春开始，选用高效中低毒选择性杀虫剂，并采用根区土壤施药。

（5）药剂防治

2—5月结合春植蔗下种、宿根蔗松蔸或甘蔗培土，每亩选用3.6%杀虫双颗粒剂6千克、8%毒死蜱·辛硫磷颗粒剂5千克、10%杀虫单·噻虫嗪颗粒剂3千克或40%氯虫苯甲酰胺·噻虫嗪水分散粒剂40克，与肥料混合均匀后，均匀撒施于蔗沟、蔗桩或蔗株基部覆土或盖膜；9月中下旬为条螟、白螟第四、五代高发期，每公顷选用72%杀单·苏云菌可湿性粉剂200克、20%阿维·杀螟松乳油100毫升或30%氯虫苯甲酰胺·噻虫嗪悬浮剂40毫升，亩用药量对水60千克进行人工或机动叶面喷施（或亩用药量对飞防专用助剂及水1千克，采用无人机飞防叶面喷施）。

（三）项目推广应用及社会经济效益

本项目科学利用螟虫成虫强趋光性和性诱特性，研究形成灯诱和性诱诱杀成虫技术规模化应用，推进了螟虫绿色防控技术进步；根据螟虫灾害特性，提出压前控后防控策略，集成利用抗性品种、生物制剂，将无人机飞防和缓释长效低风险新型农药组装配套，优化形成低纬高原蔗区螟虫全程精准绿色防控集成技术模式，实现了蔗螟全程精准绿色防控，提高了大面积整体防控效果。

多年来，项目将"标准化核心示范和面上示范"相结合，以点带面，在低纬高原蔗区云南临沧、普洱、保山、红河、西双版纳、德宏、文山、玉溪共 8 个主产州（市）科学引导和组织进行了甘蔗螟虫精准绿色防控技术大面积推广应用，控制了螟虫危害，防控效果显著。2017—2018 年累计推广应用 417 万亩（其中无人机飞防 20 万亩），有效控制了甘蔗螟虫发生危害，平均亩挽回甘蔗损失 0.8～0.9 吨，共挽回甘蔗损失 366.6 万吨，增加蔗糖 46.9 万吨（按出糖率 12.8% 计），新增销售额 39.79 亿元（按吨蔗价 420 元、吨糖价 5 200 元计），新增利润 12.51 亿元，增加税收 1.88 亿元。成果转化程度高，促进了甘蔗产业绿色高质量发展，取得了重大的经济效益，为低纬高原蔗区蔗糖业持续稳定发展、减损增效提供了技术支撑。

项目实施系统突破了低纬高原蔗区灾害性螟虫全程精准绿色防控瓶颈，形成了一批核心产品技术，培养锻炼了一批从事植保工作的技术队伍和种蔗能手（培训技术人员和蔗农累计 5 万余人次），构建了资源节约型、环境友好型灾害性螟虫可持续治理体系，实现了甘蔗螟虫精准绿色防控、农药减量控害、甘蔗提质增效，促进了甘蔗产业绿色高质量发展，有效控制了甘蔗螟虫发生危害，切实提高了边境地区甘蔗产业科技水平和蔗农种蔗积极性，增加就业人数，有力保障国家糖料安全，促进了边疆民族经济发展和农民增收脱贫，社会效益极其显著。

（四）经验及问题分析

①针对灾害性螟虫蔓延迅速、危害成灾，蔗农糖企受损日趋严重，群众迫切要求立题，研究解决甘蔗生产上大面积综合防控甘蔗螟虫技术问题。提出的项目及研究内容重点突出，技术路线明确，紧密结合生产实际，来自生产，又直接服务于生产，群众需要，生产需要，应用效益显著，前景广阔。

②项目将"标准化核心示范和面上示范"相结合，建立统防统治标准化核心示范区，百亩、千亩集中连片整体推进。选择临沧、普洱、玉溪、红河、西双版纳等重灾区为研究基地，代表性强，领导和蔗糖部门重视，科技人员态度积极、工作踏实、认真严谨，保证了整个研究与推广工作完成。

③项目紧扣乡村振兴战略和甘蔗产业绿色高质量发展目标，创新技术服务模式，以企业为主体、产业为导向，采用"公司＋科研＋农户"的模式进行研究和推广，携手建立甘蔗病虫害防控战略合作关系，开展科企合作，实现产学研结合。科企合作以"科学植保、公共植保、绿色植保"为理念，以"蔗农的需要就是我们努力的方向"为驱动，以"现代科技提升产业竞争力"为目标，践行甘蔗病虫精准绿色防控、农药减量控害、甘蔗提质增效，为甘蔗产业健康发展保驾护航。

④项目主要由中青年科技人员承担，与群众结合发挥各方面优势，团结协作，有力地促进了研究工作顺利实施完成。同时也使青年科技人员得到锻炼，积累了工作经验，丰富

了知识，专业水平、研究水平显著提高。项目培养云岭产业技术领军人才 1 名、省突出贡献专业技术人才 1 名、省两类人才 2 名，国家和云南省现代农业产业技术体系岗位科学家各 1 名，培训技术人员和蔗农累计 5 万余人次，显著推动了人才培养。

⑤甘蔗螟虫种类繁多、分布广、世代重叠、繁殖快、发生早、危害期长、危害隐蔽，常混合发生。蔗区广大干部及蔗农难以认识其生活习性、发生规律及危害特性等，而且螟虫防控难度大、技术性强。今后将通过各种科技期刊介绍、多种形式交流以及现场观摩，加强宣传，使广大干部及蔗农加深对甘蔗螟虫危害性和防控重要性认识，增强干部及蔗农对甘蔗螟虫的防控意识，切实提高防控能力和水平，实现甘蔗螟虫防控常态化、规范化、标准化，有效防控其发生危害，减少危害损失，确保蔗糖产业持续、稳定、健康发展。

九、低纬高原甘蔗中后期灾害性真菌病害综合防控技术研究与应用

（一）项目背景及来源

云南蔗区有害生物种类繁多，且甘蔗属无性繁殖宿根性作物，多年来轮作区域少，长期连作，导致甘蔗病害日趋严重；多种病原复合侵染，扩展蔓延迅速，病虫灾害常发重发，蔗农和糖企受损极为严重。尤其自 2015 年以来，感病品种规模化种植加上适宜发病气候条件（夏秋多雨高湿），导致甘蔗中后期灾害性真菌病害在临沧、德宏、普洱、文山、西双版纳、玉溪、保山、红河等低纬高原蔗区大面积流行成灾，减产减糖严重，给蔗糖业带来严峻灾害威胁。调查表明，感病品种大量蔗茎枯死，病株率平均 81.1%，严重的 100%；甘蔗实测产量损失平均 38.42%，最多的 48.5%；甘蔗糖分平均降低 3.14%，最多的 4.21%，经济损失巨大。因此，如何精准诊断和防控甘蔗中后期灾害性真菌病害成为甘蔗产业高质量发展重要任务。根据国内外经验，要以种植抗病品种为基础，积极应用健康种苗，从根本上解决病害的问题。

为此，项目针对甘蔗中后期灾害性真菌病害防控难题，在农业农村部"现代农业产业技术体系建设专项（CARS-20-2-2 和 CARS-170303）"、国家自然科学基金项目"滇蔗茅对甘蔗褐锈病的抗性遗传规律分析及抗性基因定位（31660419）"、临沧南华科企合作项目"甘蔗病虫草害科技防控（LT2017-01）"等项目支持下，由云南省农业科学院甘蔗研究所牵头，与糖企药企开展科企合作、产学研结合，协同从诊断检测、病原类群、灾害特性、品种抗性、监测预警、生物制剂及复合高效配方药剂筛选、绿色防控和控害减灾关键技术等方面进行深入系统研究，重点研究灾害性病害监测预警时效性和准确率以及可持续控制关键技术之间的兼容性、增效性和持效性等重大科学技术问题，优化形成甘蔗中后期灾害性真菌病害全程精准绿色防控集成技术模式，构建资源节约型、环境友好型甘蔗病害可持续治理体系，科学引导蔗农实现甘蔗病害全程精准绿色防控、农药减量控害、甘蔗提质增效，促进甘蔗产业绿色高质量发展，达到蔗农增收、企业增效、财税增长目的。项目历时 10 年，协同攻关，突破了甘蔗中后期灾害性真菌病害综合防控瓶颈，形成了一批核心技术，为低纬高原蔗糖产业高质量发展、减损增效提供了技术支撑。

（二）项目研究及主要科技创新

1. 研发了梢腐病、褐条病、锈病 3 种灾害性真菌病害 5 种病原标准化分子快速检测技术，科学制定了 3 种病害测报调查规范和病情分级标准，构建了病害监测预警技术体系及监测网点，实现了病害流行动态精准监测，为综合防控提供了技术支撑，显著提升了防控水平

我国蔗区（尤其云南）生态多样，甘蔗病害病原种类复杂，多种病原复合侵染，传统方法难以诊断。快速精准有效地对灾害性真菌病害病原进行诊断检测，明确监测病害致病病原是科学有效防控灾害性真菌病害的基础和关键。项目针对甘蔗真菌病害诊断检测基础薄弱、主要病害病原种类及小种不明等关键问题，以低纬高原甘蔗中后期灾害性真菌病害为对象，研发了甘蔗梢腐病、褐条病、锈病 3 种病害 5 病原标准化分子快速检测技术，科学制定了 3 种病害测报调查规范和病情分级标准，图文并茂地描述了 3 种病害田间症状和病原形态典型特征，构建了以标准化分子快速检测技术为核心，结合田间定点定时调查的监测预警技术体系，布局了覆盖低纬高原云南 8 个主产州（市）监测站点 15 个，实现了病害流行动态精准监测，为精准防控提供了技术支撑，显著提升了精准防控水平和产业生产效益。研发的核心技术获国外授权发明专利 3 件、软著作权 6 件。

（1）研发了 3 种灾害性真菌病害 5 种病原标准化分子快速检测技术，为甘蔗中后期灾害性真菌病害精准有效诊断与早期监测预警提供了关键技术支撑

核心技术获国外授权发明专利 3 件："Specific primers for detecting sugarcane brown rust pathogen and detection method thereof（一种甘蔗褐锈病菌检测用特异性引物及其检测方法）（2021104192）""Specific primer for detecting sugarcane pokkah boeng pathogen and detection method（一种甘蔗梢腐病菌检测用特异性引物及其检测方法）（2021104367）""PCR detection method for detecting pathogen causing sugarcane pokkah boeng（一种甘蔗梢腐病菌的 PCR 检测方法）（2021104196）"；获软著作权 6 件：甘蔗梢腐病菌精准检测系统（2021SR1185531）、甘蔗梢腐病菌精准鉴定系统（2022SR0151240）、甘蔗褐条病菌精准检测系统（2022SR0150692）、甘蔗褐条病菌分子精准鉴定系统（2023SR0335221）、甘蔗褐锈病菌精准检测系统（2021SR1854115）、甘蔗锈病菌精准鉴定系统（2022SR0150692）；制定云南省地方标准"DB53/T 877-2018 甘蔗锈病病原菌分子检测技术规程"1 项。

①甘蔗梢腐病 PCR 检测技术共分为 DNA 提取、病菌扩增、PCR 检测和结果判别 4 个步骤。

DNA 的提取：采用北京全式金生物技术公司的植物总 DNA 提取试剂盒（EasyPure plant Genomic DNA Kit），按照说明书提取蔗叶和菌株基因组 DNA，用 Eppendorf AG 22331 蛋白/核酸分析仪检测提取 DNA 质量，−20℃保存备用。

扩增甘蔗梢腐病菌 *F. verticillioides* 和 *F. proliferatum*：先设计特异性引物，在 GenBank 下载 *F. verticillioides* 和 *F. proliferatum* 的 rDNA-ITS 基因序列，选择序列差异较大区域，利用 Primer 5.0 软件设计 *F. verticillioides* 特异性引物 Fv-F3：5′-GTTT-

TACTACTACGCTATGGAAGCT-3′ 和 Fv-R3：5′-CGAGTTTACAACTCCCAAAC-CCCT-3′，目的片段长度为 400 bp；设计 *F. proliferatum* 特异性引物 Fp-F4：5′-TCGGGGCCGGCTTGCCGC-3′ 和 Fp-R4：5′-TACAACTCCCAAACCCCTGTGAACAT-AC-3′，目的片段长度为 362 bp。

PCR 检测：25 微升 PCR 扩增体系含 DNA 模板 2 微升、Taq PCR Master Mix 12.5 微升、上下游引物各 2.5 微升（10 微摩尔/升）、双蒸水 5.5 微升。PCR 反应程序：95℃ 预变性 5 分钟；94℃ 变性 30 秒，63℃ 退火 15 秒，72℃ 延伸 30 秒，30 个循环；最后 72℃ 延伸 10 分钟。每个样品进行 3 次重复扩增检测。

结果判别：取 6 微升 PCR 反应产物于 1.5 ％琼脂糖凝胶上电泳，用 BIO-RAD 凝胶 成像系统观察、判别结果，扩增出 400 bp 和 362 bp 条带的为阳性，未扩增出 400 bp 和 362 bp 条带的为阴性（图 9-1）。

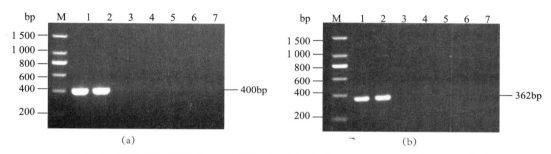

图 9-1 甘蔗梢腐病菌 *F. verticillioides*（a）和 *F. proliferatum*（b）PCR 检测

②甘蔗褐条病狗尾草平脐蠕孢菌（*B. setariae*）PCR 检测技术共分为 DNA 提取、病菌扩增、PCR 检测和结果判别 4 个步骤。

DNA 的提取：采用北京全式金生物技术公司的植物总 DNA 提取试剂盒（EasyPure plant Genomic DNA Kit），按照说明书提取蔗叶和菌株基因组 DNA，用 Eppendorf AG 22331 蛋白/核酸分析仪检测提取 DNA 质量，−20℃ 保存备用。

扩增甘蔗褐条病狗尾草平脐蠕孢菌（*B. setariae*）：先设计特异性引物，根据 *B. setariae* 的 GAPDH 基因序列，选择序列差异较大区域，利用 Primer 5.0 软件设计 *B. setariae* 特异性引物 BS-F1：5′-TCCCTCAACCCAGAACCTTTCAC-3′ 和 BS-R1：5′-GATGGTCTTGCCGT TGACGGTT-3′，目的片段长度为 193 bp。

PCR 检测：25 微升 PCR 扩增体系含 DNA 模板 2 微升、Taq PCR Master Mix 12.5 微升、上下游引物各 1 微升（10 微摩尔/升）、灭菌双蒸水 8.5 微升。PCR 反应程序：94℃ 预变性 3 分钟；94℃ 变性 30 秒，65℃ 退火 30 秒，72℃ 延伸 45 秒，30 个循环；最后 72℃ 延伸 7 分钟。每个样品进行 3 次重复扩增检测。

结果判别：取 10 微升 PCR 反应产物于 1.5 ％琼脂糖凝胶上电泳，用 BIO-RAD 凝胶 成像系统观察、判别结果，扩增出 193 bp 条带的为阳性，未扩增出 193 bp 条带的为阴性（图 9-2）。

③甘蔗橙锈病 PCR 检测技术包括甘蔗橙锈病菌（*P. kuehnii*）PCR 检测技术和甘蔗 褐锈病菌（*P. melanocephala*）PCR 检测技术。

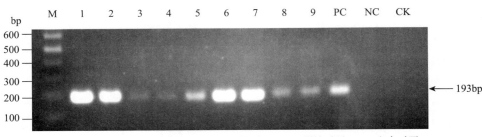

M. DNA分子量标准　1~9. 检测样品　PC. 阳性对照　NC. 阴性对照　CK. 空白对照

图 9-2　甘蔗褐条病狗尾草平脐蠕孢菌 *B. setariae* PCR 检测

甘蔗橙锈病菌（*P. kuehnii*）PCR 检测技术共分为 DNA 提取、病菌扩增、PCR 检测和结果判别 4 个步骤。

DNA 的提取：取甘蔗橙锈病病叶 0.2 克，采用 DNA Kit 植物 DNA 提取试剂盒提取叶片总 DNA，具体步骤按照说明书操作，提取后用 Eppendorf AG 22331 蛋白/核酸分析仪鉴定 DNA 质量。

扩增甘蔗橙锈病菌：先设计特异性引物，采用文献报道的根据甘蔗橙锈病菌 *P. kuehnii* 基因组 ITS 区域保守序列设计的特异性引物，序列为上游引物 Pk1-F：5'-AA-GAGTGCACTTAATTGTGGCTC-3'，下游引物 Pk1-R：5'-CAGGTAACACCTTCCTT-GATGTG-3'；目的片段长度为 527 bp。

PCR 检测：25 微升 PCR 扩增体系中含双蒸水 10 微升、2×PCR Taq 混合物 12.5 微升、DNA 模板 0.5 微升、上下游引物各 1.0 微升（20 微克/微升）。PCR 反应程序：94℃ 预变性 5 分钟；94℃变性 30 秒，56℃退火 1 分钟，72℃延伸 30 秒，35 个循环；最后 72℃延伸 7 分钟。每个样品进行 3 次重复扩增检测。

结果判别：取 10 微升 PCR 反应产物于 1.5 ％ 琼脂糖凝胶上电泳，用 BIO-RAD 凝胶成像系统观察、判别结果，扩增出 527 bp 条带的为阳性，未扩增出 527 bp 条带的为阴性（图 9-3）。

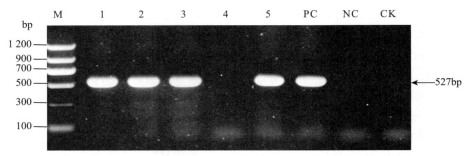

M. DNA分子量标准　1~5. 检测样品　PC. 阳性对照　NC. 阴性对照　CK. 空白对照

图 9-3　甘蔗橙锈病菌 PCR 检测

甘蔗褐锈病菌（*P. melanocephala*）PCR 检测技术共分为 DNA 提取、病菌扩增、PCR 检测和结果判别 4 个步骤。

DNA 的提取：取甘蔗褐锈病病叶 0.2 克，采用 DNA Kit 植物 DNA 提取试剂盒提取叶片总 DNA，具体步骤按照说明书操作，提取后用 Eppendorf AG 22331 蛋白/核酸分析仪鉴定 DNA 质量。

扩增甘蔗褐锈病菌：先设计特异性引物，采用文献报道的根据甘蔗褐锈病菌 *P. melanocephala* 基因组 ITS 区域保守序列设计的特异性引物，序列为上游引物 Pm1-F：5′-AATTGTGGCTCGAACCATCTTC-3′，下游引物 Pm1-R：5′-TTGCTACTTTCCTT-GATGCTC-3′；目的片段长度为 480 bp。

PCR 检测：25 微升 PCR 扩增体系中含双蒸水 10 微升、2×PCR Taq 混合物 12.5 微升、DNA 模板 0.5 微升、上下游引物各 1.0 微升（20 微克/微升）。PCR 反应程序：94℃ 预变性 5 分钟；94℃ 变性 30 秒，56℃ 退火 1 分钟，72℃ 延伸 30 秒，35 个循环；最后 72℃ 延伸 7 分钟。每个样品进行 3 次重复扩增检测。

结果判别：取 10 微升 PCR 反应产物于 1.5 ％ 琼脂糖凝胶上电泳，用 BIO-RAD 凝胶成像系统观察、判别结果，扩增出 480 bp 条带的为阳性，未扩增出 480 bp 条带的为阴性（图 9 - 4）。

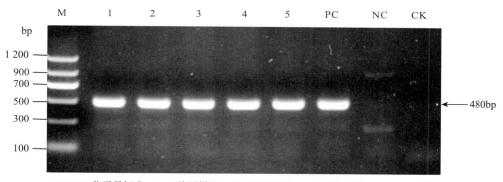

M. DNA分子量标准　1~5. 检测样品　PC. 阳性对照　NC. 阴性对照　CK. 空白对照

图 9 - 4　甘蔗褐锈病菌 PCR 检测

（2）构建了低纬高原甘蔗中后期灾害性真菌病害监测预警技术体系及监测网点 15 个，实现了病害流行动态精准监测和精准防控

我国蔗区（尤其云南）生态多样，甘蔗病害病原种类复杂，多种病原复合侵染。准确及时的预测预报信息是有效防治病害的前提条件。项目以低纬高原甘蔗中后期灾害性真菌病害为对象，研发了甘蔗梢腐病、褐条病、锈病 3 种病害 5 种病原标准化分子快速检测技术，科学制定了 3 种病害测报调查规范和病情分级标准（表 9 - 1 至表 9 - 3），图文并茂地描述了 3 种病害田间症状和病原形态典型特征，构建了以标准化分子快速检测技术为核心，结合田间定点定时调查的监测预警技术体系。并以各主产蔗区、各单元糖厂为划分单元，布局了覆盖低纬高原云南 8 个主产州（市）监测网点 15 个，对 3 种灾害性病害发生与变异动态实施精准监测及预警，年监测技术应用 300 万亩以上，实时掌握病情动态，及时发布信息，推动了病害精准测报和科学防控，显著提升了精准防控水平和产业生产效益。

表 9-1　甘蔗梢腐病病情分级标准

分级	病症描述
0 级	全株无病
1 级	1～2 张新叶基部褪绿黄化或变白，有少许红褐色条纹；叶缘皱褶呈波纹状
2 级	3～4 张叶片基部有褪绿、变白或有褐色条纹，叶片基部变窄、撕裂
3 级	3～5 张叶片有褪绿的黄白斑，病叶基部明显变窄、撕裂或残缺不全，心叶短小、扭曲，顶端如打结状
4 级	心叶停止生长，短小如竹叶，或节间缩短弯曲
5 级	梢部无青叶，呈秃顶状或梢头已腐烂，有的节间缩短弯曲，有梯级状病斑或长出侧芽

表 9-2　甘蔗褐条病病情分级标准

分级	病症描述
1 级	无病斑
2 级	有少量坏死斑，病斑占叶面积 10% 以下
3 级	有较多坏死斑，病斑占叶面积 11%～25%
4 级	有大量坏死斑，病斑占叶面积 26%～40%
5 级	叶片坏死，病斑占叶面积 41%～65%
6 级	叶片坏死，植株濒于死亡，病斑占叶面积 66%～100%

表 9-3　甘蔗锈病病情分级标准

分级	病症描述
1 级	无症状
2 级	有坏死斑，病斑占叶面积 10% 以下
3 级	植株上有一些孢子堆，病斑占叶面积 11%～25%
4 级	上层 1～3 张叶有一些孢子堆，同时下层叶有许多孢子堆，病斑占叶面积 26%～35%
5 级	上层 1～3 张叶有极多孢子堆，同时下层叶有轻微的坏死，病斑占叶面积 36%～50%
6 级	上层 1～3 张叶有极多孢子堆且下层叶有比第五级更多的坏死，病斑占叶面积 51%～60%
7 级	上层 1～3 张叶有极多孢子堆，下层叶坏死，病斑占叶面积 61%～75%
8 级	上层 1～3 张叶有某些坏死，病斑占叶面积 76%～90%
9 级	叶片坏死，植株濒于死亡，病斑占叶面积 91%～100%

2. 探明了低纬高原甘蔗中后期灾害性真菌病害种类及病原菌类群，首次报道了褐条病菌新记录种狗尾草平脐蠕孢；明确了 3 种灾害性真菌病害地理分布、危害损失及灾害特性，为制定防控策略提供依据

首次确定了低纬高原甘蔗中后期灾害性真菌病害有梢腐病、褐条病、锈病 3 种，普遍存在梢腐病＋褐条病＋锈病、梢腐病＋褐条病、梢腐病＋锈病、褐条病＋锈病 2 种或 3 种病害复合侵染现象；梢腐病菌为拟轮枝镰孢（*F. verticillioides*）和层出镰孢（*F. proliferatum*），且存在复合侵染，优势种为 *F. verticillioides*；褐条病菌为狗尾草平脐蠕孢（*Bipolaris setariae*），属项目首次报道褐条病菌新记录种；锈病菌为屈恩柄锈菌（*P. kuehnii*）和黑顶柄锈菌（*P. melanocephala*），优势种为 *P. melanocephala*。查明了地理分布及危害损失，摸清了灾害特性，明确了不同甘蔗品种抗病性，揭示了暴发流行诱因，建立了病情档案，为综合防控提供了科学依据。

（1）首次确定了低纬高原甘蔗中后期灾害性真菌病害种类及分布

甘蔗属无性繁殖宿根性作物，云南蔗区多年来轮作区域少，长期连作，导致甘蔗病害日趋积累而加重；多种病原复合侵染，扩展蔓延迅速，甘蔗受损极为严重。自 2015 年以来多雨高湿加上感病品种规模化种植，导致甘蔗中后期灾害性真菌病害在临沧、玉溪、西双版纳、普洱、红河、保山、德宏、文山等低纬高原蔗区大面积暴发危害成灾，减产减糖严重。而有关低纬高原甘蔗中后期灾害性真菌病害尚未开展过系统性研究，其主要发生种类、地理分布及流行动态情况均不清。

为了弄清这一问题，明确低纬高原甘蔗中后期灾害性真菌病害种类及分布。项目通过先后到云南临沧、德宏、保山、普洱、西双版纳、红河、玉溪、文山 8 个主产州（市），向各地蔗糖部门、科技人员了解、座谈，并深入田间地头及糖厂原料车间进行全面和广泛的实地调查，仔细鉴别甘蔗受害症状，采集病样，用作室内病原分离培养和检测鉴定。首次确定了云南低纬高原甘蔗中后期灾害性真菌病害主要有：甘蔗梢腐病、甘蔗褐条病、甘蔗锈病 3 种，它们广泛分布于云南低纬高原蔗区（表 9-4），普遍存在梢腐病＋褐条病＋锈病、梢腐病＋褐条病、梢腐病＋锈病、褐条病＋锈病 2 种或 3 种病害复合侵染现象。其中，甘蔗梢腐病在耿马、双江、镇康、新平、勐海、澜沧、孟连、金平、红河、石屏共 10 个蔗区最严重，甘蔗褐条病在耿马、双江、镇康、新平、勐海、澜沧、孟连、西盟、弥勒、红河共 10 个蔗区最严重，甘蔗锈病在耿马、双江、镇康、勐海、孟连、西盟、陇川、麻栗坡、马关、西畴共 10 个蔗区最严重，而耿马、双江、镇康、勐海、孟连 5 个蔗区 3 种病害重叠发生，危害最严重。3 种病害中，尤以甘蔗梢腐病暴发成灾趋势明显，感病品种发病严重，平均病株率高达 81.2%，常使大量蔗茎枯死，是造成减糖减产最严重的第一大病害。

表 9-4　3 种甘蔗中后期灾害性真菌病害地理分布

病害	地理分布
甘蔗梢腐病	耿马、双江、镇康、沧源、临翔、云县、永德、凤庆、新平、元江、勐海、勐腊、澜沧、孟连、西盟、景谷、景东、江城、金平、弥勒、元阳、红河、石屏、开远、个旧、昌宁、龙陵、隆阳、施甸、腾冲、陇川、盈江、芒市、瑞丽、梁河、富宁、麻栗坡、马关、西畴、广南
甘蔗褐条病	耿马、双江、镇康、沧源、临翔、云县、永德、凤庆、新平、元江、勐海、勐腊、澜沧、孟连、西盟、景谷、景东、江城、金平、弥勒、元阳、红河、石屏、开远、个旧、昌宁、龙陵、隆阳、施甸、腾冲、陇川、盈江、芒市、瑞丽、梁河、富宁、麻栗坡、马关、西畴、广南
甘蔗锈病	耿马、双江、镇康、沧源、云县、永德、凤庆、勐海、澜沧、孟连、西盟、景谷、弥勒、石屏、开远、昌宁、龙陵、隆阳、施甸、陇川、盈江、芒市、瑞丽、梁河、富宁、麻栗坡、马关、西畴

（2）探明了低纬高原甘蔗中后期灾害性真菌病害病原菌类群，首次报道了云南甘蔗褐条病菌新记录种狗尾草平脐蠕孢

①鉴定明确低纬高原云南甘蔗梢腐病菌为拟轮枝镰孢（*F. verticillioides*）和层出镰孢（*F. proliferatum*），且存在复合侵染，优势种为拟轮枝镰孢（*F. verticillioides*）。采

用基于核糖体 DNA 非转录间隔区 （rDNA-ITS） 序列设计的 *F. verticillioides* 和 *F. proliferatum* 特异性引物（Fv-F4/Fv-R4 和 Fp-F3/ Fp-R3），对采自云南耿马、孟连、勐滨、新平、澜沧、上允、开远和弥勒等蔗区 12 个甘蔗品种 14 份梢腐病样品进行 PCR 分子检测。分子鉴定结果表明，低纬高原云南蔗区，甘蔗梢腐病病原菌为镰刀菌 *F. verticillioides* 和 *F. proliferatum*，且存在复合侵染现象（图 9-5）。7 份复合侵染样品的 *F. verticillioides* （GenBank 登录号：MZ126549—MZ126555）和 *F. proliferatum* （GenBank 登录号：MZ102259—MZ102265）序列与 GenBank 中公布的 *F. verticillioides* 菌株 20 （GenBank 登录号：KU508286）和 *F. proliferatum* 德宏菌株 （GenBank 登录号：KJ629482）的同源性分别为 98.6%～100% 和 100%。系统进化树显示，云南甘蔗梢腐病病原菌主要分为 *F. verticillioides* 组和 *F. proliferatum* 组。*F. verticillioides* 组中，除 ROC 25 （云南澜沧）和福农 10-1405 （云南弥勒）处于一个独立小分支上；其余 5 个复合侵染样品与不同地理来源 *F. verticillioides* 菌株聚为一组，且与 *F. oxysporum* 广西菌株的亲缘关系较近，而所有不同地理来源的 *F. proliferatum* 菌株聚为另一组（图 9-6）。

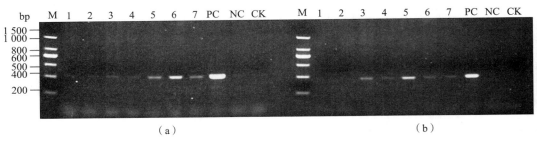

M. DNA分子量标准　1~7. 检测样品　PC. 阳性对照　NC. 阴性对照　CK. 空白对照

图 9-5　部分甘蔗梢腐病样品 PCR 扩增结果

（a）*F. verticillioides* 的 PCR 扩增结果　（b）*F. proliferatum* 的 PCR 扩增结果

采用基于甘蔗梢腐病菌拟轮枝镰孢（*F. verticillioides*）和层出镰孢（*F. proliferatum*）的核糖体 DNA 非转录间隔区 （rDNA-ITS） 序列设计的特异性引物 Fv-F3/Fv-R3 和 Fp-F4/Fp-R4，对采自低纬高原云南不同蔗区不同主栽品种 117 份典型梢腐病样品进行了 PCR 分子检测。结果表明，117 份样品中有 112 份样品检出 *F. verticillioides*，阳性检出率为 95.7%；有 103 份样品检出 *F. proliferatum*，阳性检出率为 88%；有 103 份样品为 *F. verticillioides* ＋ *F. proliferatum* 复合侵染，复合侵染率为 88%（图 9-7）。分别选取不同蔗区不同主栽甘蔗品种 23 个 *F. verticillioides* 和 19 个 *F. proliferatum* 的 PCR 扩增产物进行测序，结果显示，*F. verticillioides* 和 *F. proliferatum* 扩增产物序列分别与 *F. verticillioides* （GenBank 登录号：KU508286）和 *F. proliferatum* （GenBank 登录号：MK252904）序列相似性高达 99.45% ～ 100% 和 99.26% ～ 100%。挑取部分序列构建系统发育树，系统发育分析分属于 *F. verticillioides* 组和 *F. proliferatum* 组（图 9-8）。研究结果表明，云南不同蔗区不同主栽品种 *F. verticillioides* 和 *F. proliferatum* 检出率高，为云南甘蔗梢腐病重要病原，且复合侵染现象普遍，其中 *F. verticillioides* 在普洱、临沧、红河和玉溪蔗区为优势种。

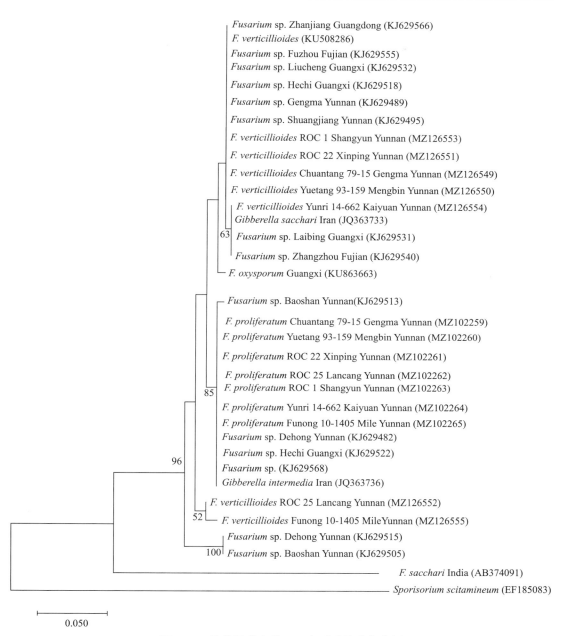

图 9-6 甘蔗梢腐病菌 ITS 序列系统进化分析

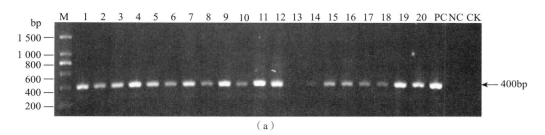

（a）

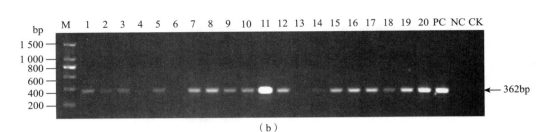

（b）

M. DNA分子量标准　1~20. 检测样品　PC. 阳性对照　NC. 阴性对照　CK. 空白对照

图 9-7　部分甘蔗梢腐病样品特异性引物 PCR 扩增结果

（a）*F. verticillioides* 检测结果　（b）*F. proliferatum* 检测结果

图 9-8　基于甘蔗梢腐病菌 ITS-rDNA 构建的系统发育树

使用检测 *F. verticillioides* 和 *F. proliferarum* 的特异性引物，对采自云南开远综合试验站的 15 份典型甘蔗梢腐病样品进行 PCR 分子检测，在 14 份样品中检出 *F. verticillioides* ＋ *F. proliferarum* 复合侵染，复合侵染率为 93.33%（图 9 - 9）。测序结果显示，检出的 *F. verticillioides* 扩增产物序列（GenBank 登录号：MZ920151-MZ920154）与 *F. verticillioides*（GenBank 登陆号 KU508286），*F. proliferarum* 扩增产物序列（GenBank 登录号：MZ920147—MZ920150）与 *F. proliferarum*（GenBank 登陆号 MZ447573）同源性均高达 100%，经系统发育分析，两者分属于 *F. verticillioides* 组和 *F. proliferarum* 组（图 9 - 10）。研究结果表明，开远综合试验站示范甘蔗新品种梢腐病病原菌主要有 *F. verticillioides* 和 *F. proliferarum*，且复合侵染现象较普遍。

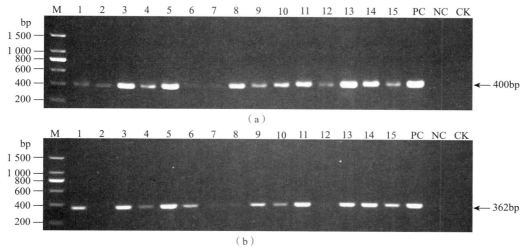

M.DNA分子量标准　1~15.检测样品　PC.阳性对照　NC.阴性对照　CK.空白对照

图 9 - 9　部分示范新品种甘蔗梢腐病样品特异性引物 PCR 扩增结果

（a）*F. verticillioides* 检测结果　（b）*F. proliferarum* 检测结果

②首次报道了低纬高原云南甘蔗褐条病菌新记录种狗尾草平脐蠕孢（*B. setariae*）。2019 年，对采自云南弥勒示范基地的甘蔗褐条病典型症状样品（图 9 - 11）进行病原菌分离鉴定及系统发育分析。分离获得的代表菌株 BS1 和 BS2 其 ITS 序列（登录号：MW466590-MW466591）与 *B. setariae* 模式菌株 CBS141.31（登录号：EF452444）相似性达 99.47%，与菌株 CBSHN01（登录号：GU290228）相似性达 100%；GAPDH 序列（登录号：MW473721、MW473722）与 *B. setariae* 模式菌株 CBS141.31（登录号：EF513206）相似性达 99.83%，与菌株 CPC28802（登录号：MF490833）相似性达 100%。基于 ITS 和 GPDH 基因序列构建系统发育树，发现菌株 BS1 和 BS2 与 *B. setariae* 处于同一分支，亲缘关系最近。

2020—2021 年从低纬高原云南不同蔗区采集 22 个甘蔗品种 68 份甘蔗褐条病样品进行病原菌分离，共获得 113 株分离物，通过形态学鉴定，结合核糖体 RNA 基因的内转录间隔区（internal transcribed spacer，ITS）序列和甘油醛-3-磷酸脱氢酶基因（glyceraldehyde-3-phosphate dehydrogenase，GAPDH）序列对分离物进行分子鉴定及系统发育分

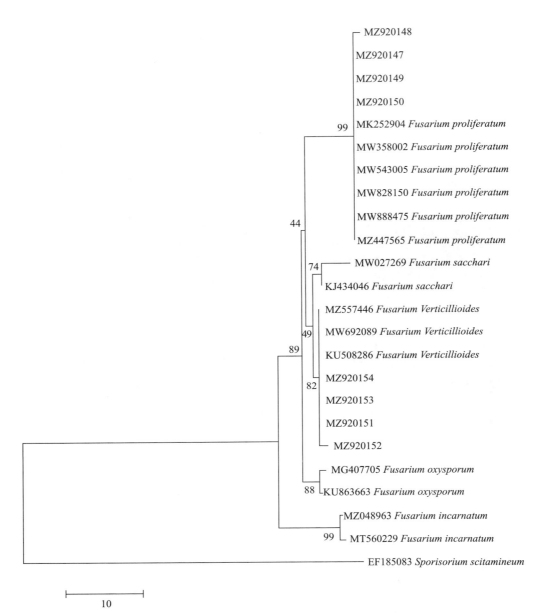

图 9-10　基于 ITS-rDNA 序列对甘蔗梢腐病分离株进行系统发育分析

析。形态学鉴定结果表明，113 株分离物为平脐蠕孢属真菌（图 9-11）。同源性分析显示，分离株 ITS 序列（登录号：OL614157～OL614212，MW466590～MW466591）与 *B. setariae* 模式菌株 CBS141.31（登录号：EF452444）同源性达 99.47%～100%，与菌株 CPC28802（登录号：MF490811）及广西甘蔗上的菌株 LC13488、LC13489（登录号：MN215637、MN215638）同源性达 100%；GAPDH 序列（登录号：OL652663—OL652707，MW473721、MW473722）与 *B. setariae* 模式菌株 CBS141.31（登录号：EF513206）同源性达 99.83%，与菌株 CPC28802（登录号：MF490833）及广西甘蔗上

的菌株 LC13488、LC13489（登录号：MN264073、MN264074）同源性达 100%。基于 ITS 和 GAPDH 基因序列构建系统发育树，发现分离株与 *B. setariae* 处于同一分支，亲缘关系最近（图 9-12）。结合形态特征、分子生物学鉴定和柯赫氏法则验证，确认低纬高原云南甘蔗褐条病病原菌为 *B. setariae*，这是首次报道的云南省甘蔗褐条病菌新记录种。

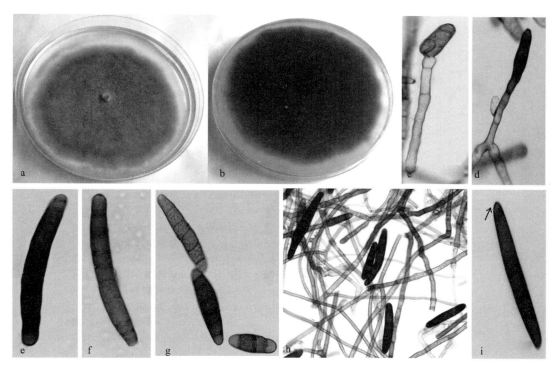

图 9-11　狗尾草平脐蠕孢形态特征

a. PDA 上培养 7 天后菌落正面形态　b. PDA 上培养 7 天后菌落反面形态　c、d. 分生孢子梗

e—h. 分生孢子　i. 脐稍凸起（箭头所示）

③鉴定确认低纬高原甘蔗锈病菌为屈恩柄锈菌（*P. kuehnii*）和黑顶柄锈菌（*P. melanocephala*），优势种为黑顶柄锈菌（*P. melanocephala*）。采用田间症状观察、病原菌形态特征观察及分子生物学方法对采自云南不同蔗区 57 份锈病样品进行病原菌鉴定；并利用 NJ 法构建系统进化树对甘蔗锈病病原菌与其他柄锈菌的系统进化关系进行分析（图 9-13）。从云南勐海的 4 份甘蔗锈病样品中观察到 *P. kuehnii* 夏孢子，夏孢子梨形或倒卵形，金黄色至淡栗褐色，表面有刺，壁顶端显著加厚 10 微米或更多，大小为（25～50）微米×（16～35）微米，具芽孔 4～5 个，未观察到侧丝；其余 53 份甘蔗锈病样品观察到 *P. melanocephala* 夏孢子，夏孢子球形或倒卵形，褐色至深褐色，表面密布小刺，壁四周均匀加厚，大小为（20～40）微米×（13～25）微米，芽孔多 4 个；侧丝较多，无色，匙形。分子鉴定结果表明，云南勐海的 4 份甘蔗锈病病原菌核苷酸序列（GenBank 登录号：KP201840—KP201843）与 GenBank 中登录的 *P. kuehnii* 相应核苷酸序

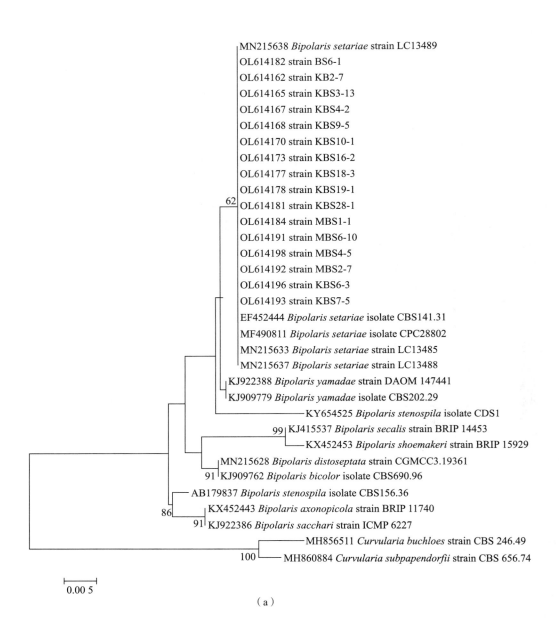

（a）

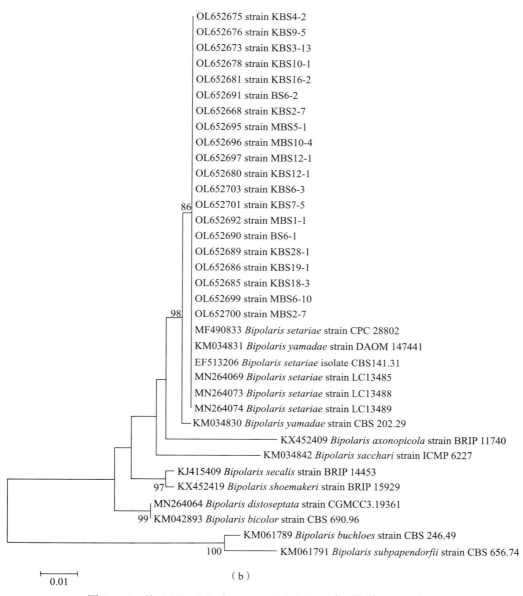

（b）

图 9-12 基于 ITS（a）和 GAPDH（b）基因序列构建系统发育树

列（GenBank 登录号：GU058021）同源性在 99.9％以上，表明该病原菌是 *P.kuehnii*；云南保山、临沧、勐海、孟连、西盟、澜沧和文山的 53 份甘蔗锈病病原菌核苷酸序列（GenBank 登录号：KP201824—KP201839，KU886334—KU886368，MZ188978、MZ188979）与 GenBank 中登录的 *P.melanocephala* 相应核苷酸序列（GenBank 登录号：GU058001、JX036025 和 MG564638）同源性在 99.8％以上，表明该病原菌是 *P.melanocephala*。系统进化树显示，本研究获得的 57 条甘蔗锈菌 rDNA 序列与其他柄锈菌在整个系统进化树中分为 4 组。其中，53 条 *P.melanocephala* 与 GenBank 中已报

道的 *P. melanocephala* 相应核苷酸序列（GenBank 登录号：GU058001、JX036025 和 MG564638）及 *P. nakanishikii*（GenBank 登录号：GU058002）、*P. rufipes*（GenBank 登录号：AJ296545）、*Aecidium deutziae*（GenBank 登录号：KU309317）和 *P. coronata*（GenBank 登录号：DQ354526）等柄锈菌属锈菌聚为组 1；4 条 *P. kuehnii* 与 GenBank 中已报道的 *P. kuehnii* 相应核苷酸序列（GenBank 登录号：GU0580021）和 *P. polysora*（GenBank 登录号：GU058024）聚为组 4；甘蔗黄褐锈病病原菌（*M. fulva* sp. Nov.）（GenBank 登录号：JX036026 和 JX036027）与 *P. physalidis*（GenBank 登录号：DQ354522）、*P. sparganiodis*（GenBank 登录号：GU058027）和 *Pucciniosira pallidula*（GenBank 登录号：DQ354534）聚为组 3；而其余 GenBank 中已报道的柄锈菌属其他锈菌聚为组 2（图 9-13）。通过对采自云南不同蔗区 57 份锈病样品病原菌系统鉴定，首次在云南勐海蔗区发现引起甘蔗黄锈病的 *P. kuehnii*，并证实引起褐锈病的 *P. melanocephala* 是低纬高原甘蔗锈病的主要病原菌。

（3）查清了低纬高原甘蔗中后期 3 种灾害性真菌病害危害损失

于甘蔗成熟收获期分别选择受危害区和未受危害区采用 3 点取样，每点 66 米²，分别收砍称量蔗茎产量，计算相对产量损失率。计算公式如下：

相对产量损失率（％）=（未受危害区实测产量—受危害区实测产量）/未受危害区实测产量×100

于甘蔗成熟收获期分别选择受危害区和未受危害区采用 3 点取样，每点随机选取健株 10 株、病株 10 株蔗茎，按中国甘蔗糖业标准化与质量检测中心制定的二次旋光法，采用美国"Rudolph，Autopol 880＋J257"全自动糖度分析系统测定分析各样品出汁率（％）、甘蔗糖分（％）、重力纯度（％）、还原糖分（％）等品质指标，按"损失量＝未受危害区－受危害区"计算各指标的损失量。

3 种甘蔗中后期灾害性真菌病害发生情况调查及蔗茎产量和品质测定结果如表 9-5。从表 9-5 可以看出，不同蔗区 3 种病害发生程度不一，不同受害程度对甘蔗产量损失和品质影响不一，受害蔗株的糖分、锤度、重力纯度均显著低于健康蔗株，还原糖则显著高于健康蔗株。

甘蔗梢腐病病株率为 63.3％～95％，平均 81.2％；甘蔗实测产量相对损失率为 30.2％～48.5％，平均 38.43％；甘蔗糖分减少 2.63％～5.21％，平均 3.54％；锤度降低 2.4～4.69°BX，平均 3.54°BX；重力纯度降低 1.99％～8.63％，平均 5.37％；而还原糖则增加 0.05％～0.6％，平均 0.16％。

甘蔗褐条病病情指数为 82.2～86.5，平均 84.7；甘蔗实测产量相对损失率为 19.0％～32.8％，平均 25.6％；甘蔗糖分减少 1.38％～3.71％，平均 2.82％；锤度降低 1.16～3.36°BX，平均 2.67°BX；重力纯度降低 2.78％～7.74％，平均 5.09％；而还原糖则增加 0.0％～0.52％，平均 0.35％。

甘蔗锈病病情指数为 81.1～85.6，平均 83.6；甘蔗实测产量相对损失率为 17.3％～31.7％，平均 24.9％；甘蔗糖分减少 1.48％～4.24％，平均 3.11％；锤度降低 1.38～4.79°BX，平均 3.18°BX；重力纯度降低 3.96％～10.11％，平均 6.99％；而还原糖则增加 0.02％～0.3％，平均 0.1％。

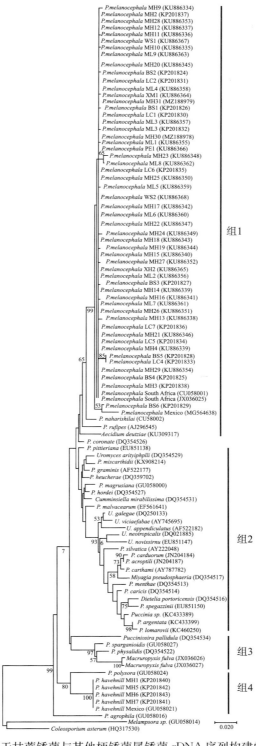

图 9-13　基于甘蔗锈菌与其他柄锈菌属锈菌 rDNA 序列构建的系统进化树

调查及测定结果总体趋势表明，随着受害率（病株率或病情指数）上升，产量损失增大，两者呈极密切相关性。目前低纬高原云南蔗区甘蔗中后期灾害性真菌病害危害造成甘蔗产量及糖分损失十分严重，产量损失巨大，严重影响甘蔗品质，导致出糖率降低，吨糖生产成本上升，糖厂经济效益受损。因此，切实加强甘蔗中后期灾害性真菌病害精准监测和防控将是甘蔗产业提质增效和高质量发展的重要任务。

表 9-5 3 种甘蔗病害危害对甘蔗产量和品质的影响

病害	蔗区	品种	病株率（%）或病指	相对产量损失率（%）	甘蔗糖分损失（%）	蔗汁锤度降低（°BX）	重力纯度降低（%）	还原糖分增加（%）
甘蔗梢腐病	南华双江	新台糖 25 号	95	48.5	3.26	4.06	8.14	0.6
		粤糖 93-159	90	34.8	2.63	3.31	1.99	0.06
	南华耿马	粤糖 93-159	90	34.3	4.34	4.32	2.9	0.15
		新台糖 22 号	73.3	40.3	5.21	4.69	6.78	0.11
		粤糖 86-368	63.3	30.2	3.26	2.85	4.5	0.05
	南华华侨	粤糖 93-159	75	42.4	2.98	2.4	4.64	−0.04
	南华勐省	盈育 91-59	82	38.5	3.11	3.18	8.63	0.1
	4 点平均		81.2	38.43	3.54	3.54	5.37	0.16
甘蔗褐条病	南华勐永	新台糖 25 号	82.2	19.0	1.38	1.16	2.78	0.0
	南华双江	新台糖 25 号	85.6	24.6	2.91	3.12	3.84	0.46
	新平南恩	粤糖 93-159	84.4	25.9	3.29	3.04	5.99	0.52
	孟连昌裕	粤糖 93-159	86.5	32.8	3.71	3.36	7.74	0.42
	4 点平均		84.7	25.6	2.82	2.67	5.09	0.35
甘蔗锈病	南华耿马	粤糖 60 号	85.6	31.7	4.24	4.79	6.01	0.02
	南华华侨	粤糖 60 号	84.4	29.5	3.46	3.35	10.11	0.06
	南华勐省	巴西 45 号	83.3	21.0	3.26	3.2	7.87	0.3
	孟连昌裕	柳城 03-1137	81.1	17.3	1.48	1.38	3.96	0.03
	4 点平均		83.6	24.9	3.11	3.18	6.99	0.1

注：病株率为甘蔗梢腐病的发病率；病指为甘蔗褐条病和甘蔗锈病的发病程度。

（4）摸清了低纬高原甘蔗中后期 3 种病害灾害特性

①甘蔗梢腐病属真菌性病害，病原菌的有性阶段 [*Gibberella moniliformis*（Sheldon）Wineland]（串珠赤霉菌）属子囊菌纲；无性阶段为多种镰刀菌单独或复合侵染，包括 *F. verticillioides*、*F. proliferatum*、*Fusarium sacchari*、*Fusarium andiyazi*、*Fusarium subglutinans*、*Fusarium incarnatum* 和 *Fusarium oxysporum* 等。目前，中国报道过的梢腐病菌包括 *F. sacchari*、*F. verticillioides*、*F. proliferatum*、*F. andiyazi* 和 *F. oxysporum*，优势种为 *F. verticillioides*。甘蔗梢腐病菌的中间寄主甚多，就栽培植物而言，有水稻、高粱、玉米、香蕉、南瓜等。甘蔗梢腐病于 1890 年在爪哇最先发现，1921 年随着 POJ2878 品种的育成和推广应用，在世界各地广泛流行，常造成不同程度经济损失。我国各植蔗省区均有分布危害，20 世纪 70 年代前一般都是零星发生，未曾给甘

蔗生产造成严重威胁。20 世纪 80 年代曾在广西严重发生过，主栽品种桂糖 11 号病株率高达 52.4%，减产 14%，锤度降低 7%；1989 年在广东珠江三角洲蔗区突然暴发，粤糖 57-423 和粤糖 54-176 高度感病，受害面积 400 多公顷，发病率 30%～50%，高的达 80% 以上，曾给当地甘蔗生产造成一定程度影响。2000 年以来随着新台糖 1 号、新台糖 10 号、新台糖 16 号、新台糖 22 号、新台糖 25 号以及粤糖 93-159、福农 91-21 等感病品种大面积推广应用，发生频繁并呈日趋严重态势，已成为甘蔗中后期重要病害。自 2017 年以来，感病品种遇上适宜气候条件（多雨高湿）导致梢腐病在云南临沧、玉溪、西双版纳、普洱、红河和广西等主产蔗区大面积暴发危害成灾，减产减糖严重。调查表明，感病品种常使大量蔗茎枯死，病株率 60%～100%，甘蔗减产 30.2%～48.5%，糖分降低 2.13%～4.21%。可见，甘蔗梢腐病发生危害严重，造成甘蔗产量及糖分损失巨大，已成为甘蔗产业高质量发展的主要障碍之一。甘蔗梢腐病初侵染源主要为病株分生孢子和腐生在土表病株残余部分的分生孢子，随风、雨传播到梢头心叶上，萌芽侵入心叶组织，再从心叶侵入蔗茎生长点，随后病部产生分生孢子，再行重复侵染。高温高湿、通风不良、偏施氮肥等因素有利此病发生流行；在久旱后遇雨或干旱后灌水过多，都易诱发此病，云南蔗区 7—10 月极易发生。生长势强的品种发病轻，生长势弱的品种发病重，大面积种植的主栽品种粤糖 93-159、新台糖 25 号、新台糖 1 号、川糖 79-15、盈育 91-59、桂糖 42 号等高感梢腐病。土壤肥力差、氮素不足的生长缓慢，或氮素过多，甘蔗组织纤弱，均易发病。梢腐病发生与气候条件关系十分密切，多雨高温高湿有利梢腐病暴发流行，在气温 20～30℃，相对湿度在 80% 以上时孢子萌发率最高，发病最盛。2017—2020 年田间调查发现，低凹积水、防除杂草不及时、未剥除老脚叶的蔗田通风透气性差、蔗田湿度大，梢腐病发生早，常暴发流行危害成灾。而加强田间管理，及时排除蔗田积水，防除杂草，剥除老叶间无效分蘖及生长不良病弱株的蔗田通风透气好、湿度低，甘蔗梢腐病发生晚、危害轻。

②甘蔗褐条病属真菌性病害，病原菌的有性阶段 [*Cochliobolus stenospilus*（Drech.）Mat. and Yam.]（狭斑旋孢腔菌）属子囊菌门旋孢腔菌属真菌；无性阶段为狭斑平脐蠕孢 [*Bipolaris stenospila*（Drechsler）] 和狗尾草平脐蠕孢（*B. setariae*）。寄主主要有甘蔗、玉米、石茅、稗、狐尾草等。褐条病是危害甘蔗叶部的重要病害之一，于 1924 年在古巴首次发现，至今已有 20 多个植蔗国家报道此病发生。我国各植蔗省区都有发生褐条病的报道。云南蔗区分布广泛，以前一般都是零星发生，对甘蔗生产威胁不大。但近年，全球气候异常，该病在大部分蔗区时常发生流行，尤其是大面积种植感病品种新台糖 25 号、粤糖 93-159、桂糖 02-761、桂糖 42 号、福农 91-21、柳城 03-1137 的蔗区，以及长期连续种植甘蔗的宿根田块发病更重，蔗株发病率 80% 以上，一眼望去就似"火烧状"。留在田间的病株残叶和生长在蔗田中的病株是该病的初次侵染菌源，病部病斑大量产生分生孢子后，借气流传播蔓延。分生孢子在湿润的叶片上萌芽，主要通过气孔侵入，病斑上不断产生分生孢子进行重复侵染。褐条病不可能由蔗种带菌传病，但附着在蔗种上的病叶所产生的分生孢子也可成为初侵染源。本病在瘦瘠或缺磷的土壤上发生严重；宿根蔗较新植蔗发病重；低温多雨、长期阴雨天易暴发流行。大面积种植的主栽品种新台糖 20 号、新台糖 25 号、粤糖 93-159、粤糖 00-236、桂糖 02-761、桂糖 42 号、福农 91-21、柳城 03-1137 等高度感病。

③甘蔗锈病属真菌性病害，由黑顶柄锈菌（*P. melanocephala*）（异名为蔗茅柄锈菌 *Puccinia erianthi*）引起褐锈病和曲恩柄锈菌（*P. kuehnii*）引起黄锈病，两种病原菌均属锈菌目双孢锈属。*P. kuehnii* 是突发性的，不至扩展为流行性的规模，分布范围相对较窄，主要分布于澳大利亚、印度和中国以及亚太平洋地区；*P. melanocephala* 是流行性的，常常引起病害大发生流行，其广泛分布在印度、中国、澳大利亚以及亚太平洋、非洲、南美洲和北美洲等地区，该病病原菌是一种专性寄生菌。锈病是世界性的甘蔗重要病害之一，常造成巨大的经济损失，最早于 1890 在爪哇发现，自 1949 年以来经常在印度发生流行，主栽品种印度 475 因高度感病而被迫取消栽种。20 世纪 70 年代后，在加勒比海地区（古巴、牙买加等）以及澳大利亚、美国、墨西哥、印度、泰国和非洲的毛里求斯等植蔗国家和地区普遍发生，并多次暴发流行。我国于 1977 年首次发生甘蔗锈病，当年台湾省主栽品种台糖 176 受锈病严重危害；1982 年云南调查发现甘蔗锈病在昌宁、耿马等局部蔗区零星发生，之后福建、广东、四川、江西、广西、海南等蔗区也先后报道，目前锈病已遍及我国各主产蔗区。病株上残留的病叶和其他中间寄主是主要的侵染来源，风吹水溅使夏孢子从夏孢子堆迁移到新的侵染位置而发生。病菌只能在活的寄主组织上存活，寄主主要是甘蔗和其他多年生禾本科植物。锈病发生和温湿度有密切关系，平均温度在 18～26℃ 易发生流行。云南德宏、西双版纳蔗区一般每年 5 月的气温非常适合此病流行，但高温不利于夏孢子存活萌发，病菌孢子必须与水膜接触才能萌发，孢子堆的形成也需要较高的相对湿度。雨多、露水重、湿度大病害容易发生流行，管理不善、土壤贫瘠、甘蔗生长较差的田块锈病发生较重。大面积种植的主栽品种粤糖 60 号、桂糖 44 号、桂糖 46 号、柳城 03-1137、德蔗 03-83 等极易感病。

（5）揭示了低纬高原甘蔗中后期灾害性真菌病害暴发流行诱因

①感病品种大面积种植是病害流行的主要因素。自 2015 年以来，低纬高原云南蔗区的主栽品种多为中感和高感梢腐病、褐条病、锈病品种，抗病品种较少，因此，一旦发病条件适宜，就会诱发病害大面积暴发流行。ROC1、ROC10、ROC25、粤糖 93-159、粤糖 00-236、粤糖 60 号、桂糖 02-761、桂糖 42 号、桂糖 44 号、桂糖 46 号、柳城 03-1137、福农 91-21、德蔗 03-83、川糖 79-15、盈育 91-59、云蔗 05-49 等是易感病品种。2000 年以来随着 ROC1、ROC10、ROC25、粤糖 93-159、粤糖 60 号、桂糖 42 号、柳城 03-1137、福农 91-21、德蔗 03-83 等感病品种大面积推广应用，甘蔗梢腐病、褐条病、锈病发生频繁并呈日趋严重态势。据 2015—2018 年对低纬高原云南蔗区甘蔗主栽品种病害发生情况调查，大面积种植的主栽品种粤糖 93-159、新台糖 25 号、新台糖 1 号、川糖 79-15、盈育 91-59、桂糖 42 号等高感梢腐病；新台糖 20 号、新台糖 25 号、粤糖 93-159、粤糖 00-236、桂糖 02-761、桂糖 42 号、福农 91-21、柳城 03-1137 等高感褐条病；粤糖 60 号、桂糖 44 号、桂糖 46 号、柳城 03-1137、德蔗 03-83 等高感锈病；品种平均发病率为 81.1%，其中以 ROC25、粤糖 93-159、粤糖 60 号、柳城 03-1137 发病最重，平均发病率分别为 95.0%、90.0%、85.6%、81.1%，表明感病品种大面积种植是病害暴发流行的主要原因。

②适宜的气候条件加速了病害的暴发流行。气候条件是病害加速发生发展的重要因素，高温、高湿、多雨天气有利于梢腐病、褐条病、锈病的暴发流行。病菌分生孢子在温

度 18～30℃，相对湿度 85％以上时萌发率最高，引起的病情发展蔓延最快；此外，病菌分生孢子可随风进行远距离传播，随风落到叶片或心叶上的分生孢子，在适宜的温湿度条件下侵入幼嫩叶部上下扩展，进而侵染蔗株的生长点，导致蔗叶、蔗株发病。病部所产生的分生孢子经传播蔓延后又对蔗叶、蔗株造成再次侵染危害。蔗田高温、高湿易诱发病害，因此，大风暴雨多、日照数少、气候温凉的年份比其他年份发病重。中经数据资料显示，云南省年降水量 2015 年 1 106.6 毫米、2016 年 1 154.6 毫米、2017 年 1 178.7 毫米、2018 年 1 117.3 毫米，连续 4 年为降水最多年份，特殊的气候条件为梢腐病、褐条病、锈病暴发危害提供了最适宜的外部条件。

③菌源积累和致病菌株系变化为病害的加重提供了条件。2015 年以前，甘蔗梢腐病、褐条病、锈病零星发生，危害较轻，农户对病害防治不重视，综合防病的措施较少，同时，一些新的耕作方式，如蔗叶还田、机械化耕作、偏施氮肥等，让病原残株在田间保留，致使病菌大量积存，为初次发病创造了条件。此外，病原鉴定结果显示，低纬高原云南蔗区梢腐病菌有 *F. verticillioides* 和 *F. proliferatum*，优势种为 *F. verticillioides*，褐条病菌为新记录种 *B. setariae*，在云南勐海蔗区发现引起甘蔗黄锈病的突发性菌株 *P. kuehnii*，并证实引起甘蔗褐锈病的流行性菌株 *P. melanocephala* 是低纬高原云南蔗区优势种。因此，在菌源逐步积累和致病菌株多元化的情况下，遇上 2015—2018 年低纬高原云南蔗区雨季来得早且持续时间长，阴雨天多、日照数少、气候温凉、多雨高湿的气候条件，梢腐病、褐条病、锈病多种病害扩展蔓延迅速，感病品种严重受害。

④田间栽培管理措施不当加重了病害的发生流行。随着农村劳动力减少，甘蔗机械化耕作规模不断扩大，不可避免地给植株造成损伤，这为病原菌的侵入和扩展提供了有利条件；此外，在甘蔗地种植相同病原的玉米作物，又为病原提供了更多的寄主。重底肥、轻追肥、重氮施、轻磷钾肥的耕作方式使甘蔗抗病力降低。大水漫灌、病田与无病田的串灌，使病原菌随水流入无病田，进一步扩大了发病区域和范围。

⑤蔗农对甘蔗病害危害认识不足，防治意识差，缺少有效预防措施。目前云南蔗区甘蔗生产重点布局在山区，科技文化相对落后，甘蔗种植、管理粗放，蔗农对甘蔗病害认识不足，防治意识差，对甘蔗病害的科学有效防控相对滞后；且存在品种抗性混淆不清、选择种植抗病品种缺乏科学依据以及施药时期把握不准、错过最佳防控时间、错用滥用防控药剂、凭经验防控等诸多问题，再加上防控技术措施单一、防控技术水平参差不齐，整体防控效果不佳，导致甘蔗中后期梢腐病、褐条病、锈病多种病害复合侵染、重叠发生、危害成灾，严重阻碍甘蔗生产高质量发展。

（6）建立了病情档案，科学划分了防治重点区域，确保防治工作有的放矢

对耿马、双江、镇康、沧源、临翔、云县、永德、凤庆、陇川、盈江、芒市、瑞丽、梁河、昌宁、龙陵、隆阳、施甸、腾冲、澜沧、孟连、景谷、景东、西盟、江城、勐海、勐腊、金平、弥勒、元阳、红河、石屏、开远、蒙自、新平、元江、富宁、麻栗坡、马关、西畴、广南等低纬高原云南 8 个主产州（市）40 县（市）各主产乡镇、各单元糖厂蔗区甘蔗中后期灾害性真菌病害发生危害情况进行普查，摸清了各单元蔗区中后期灾害性真菌病害的发生种类、地理分布、流行动态、品种抗性、危害面积及防治重点区域。

根据各单元蔗区中后期灾害性真菌病害发生危害情况普查结果，按中后期灾害性真菌

病害的发生种类、地理分布、流行动态、品种抗性、危害面积等科目资料，建立了病情档案，科学划分了重点防治区、疫区和预防区，为精准防治、集约防治提供了科学依据，确保防治工作有的放矢。

3. 揭示了滇蔗茅及 2 个高抗种质抗褐锈病遗传特性，构建遗传分离群体 3 个，获得 6 个抗性基因连锁 SSR 标记；创建了 3 种病害抗病精准评价技术体系，筛选抗病种质和品种 268 份，为抗病育种和蔗区品种布局提供了丰富抗病基因源和科学依据

创制了滇蔗茅及 2 个"高感×高抗"甘蔗种质杂交群体，揭示了滇蔗茅及 2 个高抗种质抗褐锈病遗传特性，构建抗褐锈病新基因定位遗传分离群体 3 个，采用混合群体分离法（BSA）及简单重复序列标记（SSR 标记），筛选获得 6 个抗褐锈病新基因连锁 SSR 标记，为滇蔗茅抗锈病新基因准确定位和分子标记辅助选择抗病育种打下了基础，核心技术获授权发明专利 1 项、软件著作权 2 件。

依托智能化可控甘蔗病害抗性鉴定平台，率先创建了甘蔗梢腐病、褐条病和锈病人工接种、自然抗性鉴定与分子检测相结合的抗病性精准评价技术体系，核心技术获《甘蔗梢腐病自然抗性精准评价系统（2022SR0207935）》《甘蔗褐条病自然抗性精准评价系统（2022SR0207936）》《甘蔗锈病防控与抗病性精准鉴定系统（2022SR0489375）》软件著作权 3 件，起草颁布了《DB53/T 944—2019 甘蔗抗褐锈病基因 *Bru1* 的 PCR 检测技术规程》云南省地方标准 1 项，切实提高了甘蔗抗病评价准确性和可靠性，并广泛应用。采用人工接种、分子检测和基因克隆测序，结合自然抗性调查，对优异种质及优良品种进行抗病精准评价，筛选出抗病优异种质和优良品种 268 份。其中，含抗褐锈病基因 *Bru1* 野生核心种质资源 8 份、栽培原种 25 份、主要育种亲本 99 份、优良新品种 47 个；抗梢腐病优良新品种 20 个、抗褐条病优良新品种 24 个、抗锈病优良新品种 31 个、三抗（抗梢腐病、褐条病和锈病）优良新品种 14 个，为抗病育种和生产用种选择及蔗区品种布局提供了丰富的优异抗病基因源和科学依据。

（1）揭示了滇蔗茅及 2 个高抗种质抗褐锈病遗传特性，构建抗褐锈病新基因定位遗传分离群体 3 个，获得 6 个抗褐锈病新基因连锁 SSR 标记

创制了滇蔗茅及 2 个"高感×高抗"甘蔗种质杂交群体，揭示了滇蔗茅及 2 个高抗种质抗褐锈病遗传特性，构建抗褐锈病新基因定位遗传分离群体 3 个，采用混合群体分离法（BSA）及简单重复序列标记（SSR 标记），筛选获得 6 个抗褐锈病新基因连锁 SSR 标记，为滇蔗茅抗锈病新基因准确定位和分子标记辅助选择抗病育种打下基础，核心技术获授权发明专利 1 项："一种构建甘蔗抗褐锈病基因定位遗传分离群体的方法（ZL201910076734.0）"；软件著作权 2 件：《甘蔗抗褐锈病基因定位抗感病池构建系统（2023SR0312333）》《甘蔗抗褐锈病基因定位遗传分离群体构建系统（2023SR0312335）》。

①揭示了滇蔗茅抗褐锈病遗传特性，构建滇蔗茅抗褐锈病新基因定位遗传分离群体 1 个，获得 2 个与滇蔗茅抗褐锈病新基因连锁 SSR 标记。甘蔗褐锈病是由 *P. melanocephala* 引起的一种重要病害，严重威胁着我国甘蔗生产。选育和种植抗病品种是防治该病最经济有效的措施，而抗病种质资源的发掘和利用是抗病育种的基础和关键。滇蔗茅是我国独有的具有高抗褐锈病特性的甘蔗近缘属珍稀野生种。本项目以滇蔗茅为研究对象，通过对高抗褐锈病滇蔗茅云滇 95-20 与高感褐锈病栽培品种福农 1110 杂交

真实性后代 F1 群体及滇蔗茅自交后代群体进行抗性表型鉴定，明确了滇蔗茅对甘蔗褐锈病的抗性由 1 对新的显性单基因控制，构建了滇蔗茅抗褐锈病新基因定位的遗传分离群体1 个，为滇蔗茅对褐锈病抗性遗传分析、遗传图谱构建、抗褐锈病新基因定位及开发与其紧密连锁分子标记奠定了重要基础。

采集上述滇蔗茅抗褐锈病新基因定位遗传分离群体中极端单株 DNA 构建抗、感池，通过采用 BSA 及 SSR 标记，筛选出在抗、感病亲本及抗感池中均稳定表现多态性的 2 对引物 SCESSR0928、SMC236CG（图 9 - 14）；用 SCESSR0928 和 SMC236CG 分别对组成抗病基因池的 10 个抗病单株和组成感病基因池的 10 个感病单株个体进行进一步 SSR 检测验证，结果标记 SCESSR0928、SMC236CG 在抗、感池及单株中间差异表现稳定。在抗病后代个体间扩出抗病亲本和抗病池特异条带，而在感病后代间则没有相应的条带；相应的在感病后代间扩出感病亲本和感病池的特异条带，而在抗病后代间则没有相应的条带（图 9 - 15），表明 SCESSR0928、SMC236CG 与抗病目的基因连锁，初步判定抗病目的基因在 SCESSR0928 和 SMC236CG 附近区域，为滇蔗茅抗锈病新基因的准确定位和分子标记辅助选择抗病育种打下了基础。

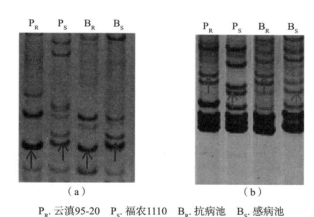

（a）　　　　　　　　　（b）

P_R. 云滇95-20　P_S. 福农1110　B_R. 抗病池　B_S. 感病池

图 9 - 14　筛选出 SCESSR0928（a）和 SMC236CG（b）2 个与
滇蔗茅抗褐锈病新基因连锁的 SSR 标记

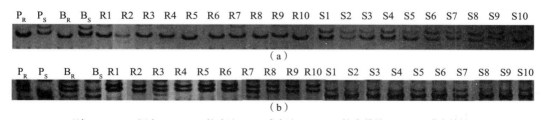

（a）

（b）

P_R. 云滇95-20　P_S. 福农1110　B_R. 抗病池　B_S. 感病池　$R_1 \sim R_{10}$. 抗病单株　$S_1 \sim S_{10}$. 感病单株

图 9 - 15　标记 SCESSR0928（a）和 SMC236CG（b）在抗、感池和抗、感单株中的验证结果

②明晰了 2 个高抗种质抗褐锈病遗传特性，成功创制 2 个能用于抗褐锈病新基因定位的遗传分离群体，获得 4 个与抗褐锈病新基因连锁 SSR 标记。

鉴定和发掘新的抗病基因对防止褐锈病暴发流行、保证甘蔗安全生产具有重要的理论和实践意义。前期研究中发现一些表型抗褐锈病的品种未检测出 *Bru1* 基因，表明这些品种的褐锈病抗性不由 *Bru1* 控制，存在其他抗性新基因源。为发掘抗褐锈病新基因，本项目以 4 个高抗褐锈病不含 *Bru1* 基因甘蔗品种为父本，4 个高感褐锈病甘蔗品种为母本配置杂交组合，对获得的 6 个杂交组合 F_1 代群体进行 SSR 标记真实性鉴定、人工接种褐锈病抗性表型鉴定和 *Bru1* 基因分子检测。研究明晰了"粤糖 03-393×ROC24"和"柳城 03-1137×德蔗 93-88"的 F_1 代群体分别符合 3R∶1S 和 1R∶3S 的遗传分离比例，且都未检测出 *Bru1* 基因，表明"粤糖 03-393×ROC24"群体褐锈病抗性由 1 对显性未知新抗病基因控制，"柳城 03-1137×德蔗 93-88"群体褐锈病抗性由 1 对隐形未知新抗病基因控制，成功创制了 2 个能用于抗褐锈病新基因定位的遗传分离群体，为高抗种质褐锈病抗性遗传分析、遗传图谱构建、抗褐锈病新基因定位及开发与其紧密连锁的分子标记奠定了良好基础且提供了理论参考依据。

以创制的 2 个能用于抗褐锈病新基因定位的遗传分离群体为材料，分别构建抗、感基因池进行抗、感连锁分子标记筛选，合成 449 对引物进行抗、感亲本及抗、感基因池多态性筛选，有 24 对引物在杂交组合"粤糖 03-393×ROC 24"抗、感亲本间有多态性（图 9 - 16），有 16 对引物在杂交组合"柳城 03-1137×德蔗 93-88"抗、感亲本间有多态性，有 4 对引物（SMC236CG、SCESSR0928、SCESSR0636、SCESSR2551）在"粤糖 03-393×ROC 24"抗、感亲本及抗、感池间有多态性（图 9 - 17），初步判定这 4 对引物在染色体上的位点可能与抗褐锈病基因存在连锁关系，可用于后续抗褐锈病新基因的定位、连锁遗传图谱的构建及开发与其紧密连锁的分子标记。

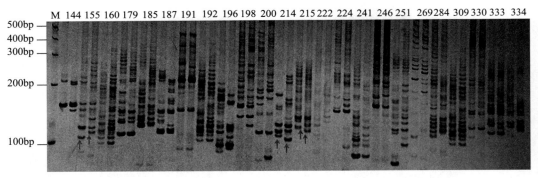

图 9 - 16 杂交组合"粤糖 03-393×ROC 24"抗、感亲本间 SSR 标记引物筛选

（2）率先将人工接种、自然抗性鉴定与分子检测相结合，研创了甘蔗抗病精准评价技术 4 项，提高了抗性评价准确性和可靠性，筛选出抗病优异种质和优良品种 268 份，为抗病育种和蔗区品种布局提供了丰富抗病基因源和科学依据

①率先将人工接种、自然抗性鉴定与分子检测相结合，研创了甘蔗抗病精准评价技术 4 项，提高了抗性评价准确性和可靠性。国内外研究表明，对甘蔗病害最经济有效的控制方法就是发掘抗病种资、培育抗病优良品种。而对甘蔗种质资源进行抗病性精准评价、筛选优良抗源并建立抗病种质基因库，是高效利用种质资源培育抗病品种的基础和关键；筛

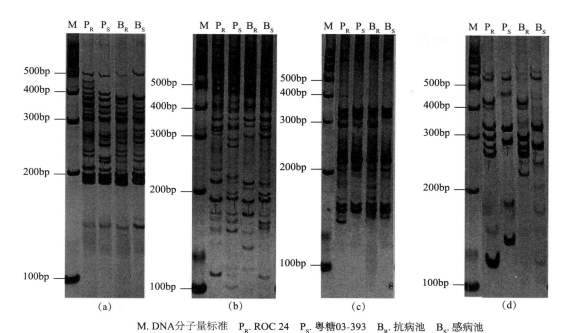

M. DNA分子量标准　P_R. ROC 24　P_S. 粤糖03-393　B_R. 抗病池　B_S. 感病池

图 9 - 17　4 对引物在"粤糖 03-393×ROC24"抗、感亲本及抗、感池间的多态性

（a）SCESSR0928　（b）SCESSR0636　（c）SCESSR2551　（d）SMC236CG

选和培育抗病品种是病害防治最经济有效的手段，而鉴定和评价育种亲本和品种的抗性则是选育抗病品种的前提和基础。项目针对我国甘蔗抗病评价基础薄弱、缺乏精准评价技术等关键问题，以低纬高原甘蔗中后期灾害性真菌病害为突破点，依托智能化可控甘蔗病害抗性鉴定平台，研创了甘蔗梢腐病、褐条病和锈病人工接种、自然抗性鉴定与分子检测相结合的甘蔗抗病性精准评价技术 4 项，起草颁布了《DB53/T 944—2019 甘蔗抗褐锈病基因 *Bru1* 的分子检测技术规程》云南省地方标准 1 项（图 9 - 18），申请获《甘蔗梢腐病自然抗性精准评价系统（2022SR0207935）》《甘蔗褐条病自然抗性精准评价系统（2022SR0207936）》

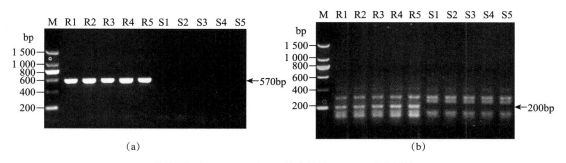

M. DNA分子量标准　R1~R5. 含*Bru1*抗病材料　S1~S5. 感病材料

图 9 - 18　甘蔗抗褐锈病基因 *Bru1* 的 PCR 检测

（a）R12H16-PCR 标记　（b）9O20-F4-PCR-Rsa1 标记

《甘蔗锈病防控与抗病性精准鉴定系统（2022SR0489375）》软件著作权3件（表9-6至表9-8）。项目率先在国内将人工接种、自然抗性鉴定与分子检测相结合，研创的4项甘蔗抗病精准评价技术总体水平居国内同类研究领先地位，达到国际先进水平，切实提高了甘蔗种质资源抗病评价的准确性和可靠性。

表9-6 甘蔗梢腐病自然抗性评价标准

抗性等级	抗病性	发病株率（%）
1	高抗（HR）	0.0
2	抗病（R）	0.1～10.0
3	中抗（MR）	10.1～20.0
4	感病（S）	20.1～40.0
5	高感（HS）	40.1～100.0

表9-7 甘蔗褐条病自然抗性评价标准

抗性等级	抗病性	叶片侵染状况
1	高抗（HR）	无病斑
2	抗病（R）	有少量坏死斑，病斑占叶面积10%以下
3	中抗（MR）	有较多坏死斑，病斑占叶面积11%～25%
4	中感（MS）	有大量坏死斑，病斑占叶面积26%～40%
5	感病（S）	叶片坏死，病斑占叶面积41%～65%
6	高感（HS）	叶片坏死，植株濒于死亡，病斑占叶面积66%～100%

表9-8 甘蔗抗锈病鉴定评价标准

抗病等级	抗病性	叶片侵染状况
1	高抗（HR）	无症状
2	抗病（R）	有坏死斑，病斑占叶面积10%以下
3	中抗（MR）	植株上有一些孢子堆，病斑占叶面积11%～25%
4	中感（MS）	上层1～3张叶片有一些孢子堆，同时下层叶有许多孢子堆，病斑占叶面积26%～35%
5	感病1（S1）	上层1～3张叶片有极多孢子堆，同时下层叶有轻微的坏死，病斑占叶面积36%～50%
6	感病2（S2）	上层1～3张叶片有极多孢子堆且下层叶有比第五级更多的坏死，病斑占叶面积51%～60%
7	感病3（S3）	上层1～3张叶片有极多孢子堆，下层叶坏死，病斑占叶面积61%～75%
8	高感1（HS1）	上层1～3张叶片有某些坏死，病斑占叶面积76%～90%
9	高感2（HS2）	叶片坏死，植株濒于死亡，病斑占叶面积91%～100%

②筛选出抗病优异种质和优良品种268份，为抗病育种和蔗区品种布局提供了丰富抗病基因源和科学依据。多年来，利用研创的甘蔗抗病性精准评价技术，采用人工接种、分子检测和基因克隆测序，结合自然抗性调查，对优异种质及优良品种进行抗病精准评价，

筛选出抗病优异种质和优良品种 268 份（表 9-9 至表 9-12）。其中，含抗褐锈病基因 *Bru1* 野生核心种质资源 8 份、栽培原种 25 份、主要育种亲本 99 份、优良新品种 47 个；抗梢腐病优良新品种 20 个、抗褐条病优良新品种 24 个、抗锈病优良新品种 31 个、三抗（抗梢腐病、褐条病和锈病）优良新品种 14 个，为抗病育种和生产用种选择及蔗区品种布局提供了丰富的优异抗病基因源和科学依据。

表 9-9　甘蔗优良品种对 3 种甘蔗病害的自然抗性

类型	品种	甘蔗梢腐病		甘蔗褐条病		甘蔗锈病	
		病级	抗性水平	病级	抗性水平	病级	抗性水平
	粤糖 83-88	1	高抗	1	高抗	1	高抗
	川糖 61-408	1	高抗	1	高抗	1	高抗
	桂糖 21 号	1	高抗	1	高抗	1	高抗
	云引 10 号	1	高抗	2	抗病	3	中抗
	新台糖 20 号	1	高抗	4	中感	1	高抗
	柳城 03-182	2	抗病	2	抗病	1	高抗
	云引 58 号	2	抗病	2	抗病	1	高抗
	粤糖 79-177	2	抗病	3	中抗	1	高抗
	云蔗 05-51	2	抗病	1	高抗	3	中抗
	桂糖 36 号	2	抗病	2	抗病	3	中抗
	巴西 45 号	2	抗病	3	中抗	9	高感 2
	新台糖 16 号	3	中抗	3	中抗	1	高抗
	柳城 15-136	3	中抗	2	抗病	4	中感
	粤糖 60 号	3	中抗	3	中抗	9	高感 2
主栽品种	闽糖 69-421	3	中抗	5	感病	1	高抗
	粤甘 60 号	3	中抗	3	中抗	9	高感 2
	桂糖 46 号	3	中抗	3	中抗	9	高感 2
	桂糖 29 号	3	中抗	5	感病	5	感病 1
	新台糖 10 号	4	感病	1	高抗	1	高抗
	新台糖 22 号	4	感病	2	抗病	1	高抗
	云蔗 05-49	4	感病	2	抗病	2	抗病
	粤糖 86-368	4	感病	3	中抗	1	高抗
	粤糖 00-236	4	感病	4	中感	2	抗病
	云引 3 号	4	感病	6	高感	1	高抗
	德蔗 03-83	4	感病	3	中抗	7	感病 3
	新台糖 1 号	5	高感	1	高抗	1	高抗
	云蔗 03-258	5	高感	1	高抗	2	抗病
	盈育 91-59	5	高感	2	抗病	1	高抗
	川糖 79-15	5	高感	2	抗病	2	抗病

（续）

类型	品种	甘蔗梢腐病		甘蔗褐条病		甘蔗锈病	
		病级	抗性水平	病级	抗性水平	病级	抗性水平
主栽品种	新台糖 25 号	5	高感	6	高感	1	高抗
	粤糖 93-159	5	高感	6	高感	2	抗病
	桂糖 11 号	5	高感	6	高感	3	中抗
	柳城 03-1137	5	高感	5	感病	8	高感 1
	桂糖 42 号	5	高感	6	高感	4	中感
新品种	桂糖 11-1076	1	高抗	1	高抗	1	高抗
	闽糖 12-1404	1	高抗	1	高抗	2	抗病
	福农 11-2907	1	高抗	5	感病	1	高抗
	粤甘 49 号	1	高抗	5	感病	9	高感 2
	闽糖 11-610	1	高抗	6	高感	7	感病 3
	福农 09-2201	2	抗病	1	高抗	1	高抗
	福农 09-71111	2	抗病	2	抗病	1	高抗
	桂糖 06-1492	2	抗病	2	抗病	2	抗病
	桂糖 08-1180	2	抗病	2	抗病	2	抗病
	云蔗 11-1074	2	抗病	2	抗病	2	抗病
	桂糖 06-2081	2	抗病	3	中抗	3	中抗
	桂糖 08-1589	2	抗病	3	中抗	3	中抗
	福农 10-14405	2	抗病	1	高抗	4	中感
	粤甘 47 号	2	抗病	2	抗病	4	中感
	桂糖 44 号	2	抗病	1	高抗	6	感病 2
	德蔗 07-36	2	抗病	1	高抗	7	感病 3
	粤甘 46 号	2	抗病	4	中感	7	感病 3
	福农 09-6201	2	抗病	6	高感	2	抗病
	闽糖 06-1405	2	抗病	5	感病	3	中抗
	桂糖 40 号	2	抗病	6	高感	7	感病 3
	粤甘 48 号	3	中抗	1	高抗	1	高抗
	柳城 09-15	3	中抗	1	高抗	1	高抗
	云蔗 11-1204	3	中抗	1	高抗	1	高抗
	福农 07-3206	3	中抗	3	中抗	3	中抗
	中蔗 1 号	3	中抗	4	中感	1	高抗
	云蔗 11-3898	3	中抗	5	感病	1	高抗
	桂糖 08-120	3	中抗	6	高感	1	高抗
	云瑞 10-187	3	中抗	6	高感	1	高抗
	粤甘 50 号	3	中抗	6	高感	2	抗病

（续）

类型	品种	甘蔗梢腐病		甘蔗褐条病		甘蔗锈病	
		病级	抗性水平	病级	抗性水平	病级	抗性水平
	福农 09-12206	3	中抗	6	高感	2	抗病
	福农 09-4095	3	中抗	6	高感	3	中抗
	福农 10-0574	3	中抗	4	中感	3	中抗
	中糖 1202	3	中抗	5	感病	3	中抗
	海蔗 22 号	3	中抗	5	感病	4	中感
	闽糖 07-2005	3	中抗	5	感病	5	感病 1
	云蔗 08-1095	4	感病	1	高抗	1	高抗
	云蔗 08-1609	4	感病	1	高抗	1	高抗
	云蔗 11-3208	4	感病	2	抗病	2	抗病
	粤甘 51 号	4	感病	2	抗病	2	抗病
	中糖 1201	4	感病	2	抗病	2	抗病
	德蔗 09-78	4	感病	3	中抗	2	抗病
	桂糖 13-386	4	感病	2	抗病	8	高感 1
	柳城 07-150	4	感病	2	抗病	5	感病 1
	中蔗 10 号	4	感病	3	中抗	3	中抗
新品种	桂糖 08-1533	4	感病	5	感病	1	高抗
	中蔗 6 号	4	感病	4	中感	2	抗病
	德蔗 12-88	4	感病	6	高感	1	高抗
	福农 08-3214	4	感病	6	高感	2	抗病
	云瑞 12-263	4	感病	3	中抗	5	感病 1
	云瑞 11-450	4	感病	5	感病	3	中抗
	粤甘 52 号	4	感病	4	中感	5	感病 1
	海蔗 28 号	4	感病	4	中感	5	感病 1
	粤甘 43 号	4	感病	6	高感	9	高感 2
	中蔗 13	5	高感	1	高抗	2	抗病
	柳城 09-19	5	高感	2	抗病	2	抗病
	粤甘 53 号	5	高感	3	中抗	3	中抗
	云蔗 09-1601	5	高感	2	抗病	9	高感 2
	中糖 1301	5	高感	3	中抗	4	中感
	云瑞 10-701	5	高感	4	中感	2	抗病
	柳城 07-506	5	高感	6	高感	6	感病 2

表 9 - 10　甘蔗野生核心种质资源对褐锈病抗性及 *Bru 1* 基因的 PCR 检测

材料类型	样品编号	种质名称	抗病等级	抗病性	*Bru1* PCR 检测
斑茅	E1	四川 79-2-3	1	高抗	N
	E2	四川 79-3-24	1	高抗	N
	E3	贵州 78-2-12	1	高抗	*Bru1*
	E4	云南 93-11	1	高抗	N
	E5	云南 93-5	1	高抗	N
	E6	云南 82-118	1	高抗	N
	E7	广东 32	1	高抗	N
蔗茅	E8	云南 97-4	1	高抗	*Bru1*
滇蔗茅	E9	滇蔗茅 95-19	1	高抗	*Bru1*
	E10	滇蔗茅 95-20	1	高抗	*Bru1*
	E11	云南 83-224	3	中抗	*Bru1*
五节芒	M1	广西 79-8	1	高抗	*Bru1*
芒	M2	云南 95-35	1	高抗	*Bru1*
河王八	N1	广东 64	1	高抗	N
	N2	广西 89-13	2	抗病	*Bru1*
	N3	广东 25	4	中感	N
细茎野生种	S1	福建 88-1-5	3	中抗	N
	S2	福建 92-1-17	3	中抗	N
	S3	广东 16	2	抗病	N
	S4	广东 22	3	中抗	N
	S5	广东 80	3	中抗	N
	S6	四川 79-1-4	1	高抗	N
	S7	四川 79-2-16	1	高抗	N
	S8	四川 92-25	2	抗病	N
	S9	四川简阳 6	3	中抗	N
	S10	云南 75-2-12	1	高抗	N
	S11	云南 75-2-4	1	高抗	N
	S12	云南 7 号	1	高抗	N
	S13	云南 75-2-36	4	中感	N
	S14	云南 83-179	4	中感	N
	S15	云南拢川 16	1	高抗	N
抗病对照	PC	闽糖 70-611	1	高抗	*Bru1*
感病对照	NC	选 3	9	高感 2	N

注：N 为未能检测到 *Bru1*。

146

表 9 - 11　甘蔗栽培原种对褐锈病抗性及 *Bru1* 基因的 PCR 检测

材料类型	样品编号	种质名称	来源	抗病等级	抗性反应	*Bru1* PCR 检测
热带种	1	48mouna	中国广东	1	高抗	*Bru1*
	2	Kara kara wa	墨西哥	1	高抗	*Bru1*
	3	57NG155	几内亚	3	中抗	*Bru1*
	4	51NG103	几内亚	2	抗病	*Bru1*
	5	NC32	南非	2	抗病	*Bru1*
	6	克林斯它林那	中国广东	3	中抗	*Bru1*
	7	Muckche	毛里求斯	1	高抗	*Bru1*
	8	拔地拉	中国云南	1	高抗	*Bru1*
	9	Cana Blanca	澳大利亚	2	抗病	*Bru1*
	10	96NG16	几内亚	1	高抗	*Bru1*
	11	GuanA	阿根廷	2	抗病	*Bru1*
	12	Keong Java	爪哇	2	抗病	*Bru1*
	13	越南牛蔗	越南	5	感病1	N
	14	Barivilsp	中国广东	4	中感	N
	15	NC20	南非	4	中感	N
	16	27MQ1124	中国广东	5	感病1	N
	17	红罗汉	中国广东	4	中感	N
中国种	18	江西竹蔗	中国江西	1	高抗	*Bru1*
	19	广西竹蔗	中国广西	1	高抗	*Bru1*
	20	广东竹蔗	中国广东	2	抗病	*Bru1*
	21	四川芦蔗	中国四川	1	高抗	*Bru1*
	22	永胜蔗 e	中国云南	3	中抗	*Bru1*
	23	文山蔗	中国云南	1	高抗	*Bru1*
	24	河南许昌蔗	中国河南	3	中抗	*Bru1*
	25	友巴	中国广东	1	高抗	*Bru1*
	26	合庆草甘蔗	中国云南	1	高抗	*Bru1*
	27	Gayana 10	中国云南	7	感病3	N
	28	宾川小蔗	中国云南	5	感病1	N
印度种	29	HATUNI	墨西哥	1	高抗	*Bru1*
	30	Pansahi	中国广东	1	高抗	N
	31	Nagans	中国广东	3	中抗	*Bru1*
	32	Nagori	中国广东	3	中抗	*Bru1*
地方种	33	歪干担	中国云南	3	中抗	*Bru1*
	34	米易罗汉蔗	中国四川	7	感病3	N
抗病对照	PC	闽糖 70-611	中国福建	1	高抗	*Bru1*
感病对照	NC	选蔗 3 号	澳大利亚	9	高感2	N

注：N 为未能检测到 *Bru1*。

表 9 - 12　甘蔗主要育种亲本对褐锈病抗性及 *Bru1* 基因的 PCR 检测

编号	名称	来源	等级	抗性反应	*Bru1* PCR 检测
1	印度 1001	印度	4	中感	N
2	印度 419	印度	9	高感 2	N
3	CP 72-1210	美国	1	高抗	N
4	CP 72-1312	美国	1	高抗	N
5	CP 84-1198	美国	1	高抗	N
6	CP 89-2377	美国	3	中抗	N
7	CP 92-1167	美国	2	抗病	N
8	CP 92-1666	美国	4	中感	N
9	CP 94-1100	美国	5	感病 1	N
10	LCP 85-384	美国	1	高抗	*Bru1*
11	KQ 01-1390	澳大利亚	2	抗病	N
12	Q 124	澳大利亚	9	高感 2	N
13	澳热	澳大利亚	2	抗病	N
14	桂引 9 号	墨西哥	9	高感 2	N
15	P 44	秘鲁	9	高感 2	N
16	纳印 310	南非	1	高抗	N
17	纳印 376	南非	1	高抗	N
18	SP80-1842	巴西	8	高感 1	N
19	VMC 94-050	菲律宾	1	高抗	*Bru1*
20	越南 3 号	越南	2	抗病	N
21	新台糖 2 号	中国台湾	1	高抗	*Bru1*
22	新台糖 8 号	中国台湾	4	中感	N
23	新台糖 10 号	中国台湾	1	高抗	*Bru1*
24	新台糖 16	中国台湾	1	高抗	*Bru1*
25	新台糖 20	中国台湾	1	高抗	*Bru1*
26	新台糖 22	中国台湾	1	高抗	*Bru1*
27	新台糖 24	中国台湾	1	高抗	N
28	新台糖 25	中国台湾	1	高抗	*Bru1*
29	云蔗 71-388	中国云南	1	高抗	*Bru1*
30	云蔗 81-173	中国云南	1	高抗	*Bru1*
31	云蔗 89-7	中国云南	1	高抗	N
32	云蔗 89-151	中国云南	1	高抗	*Bru1*
33	云蔗 94-343	中国云南	1	高抗	*Bru1*
34	云蔗 94-375	中国云南	1	高抗	N

（续）

编号	名称	来源	等级	抗性反应	Bru1 PCR 检测
35	云蔗 99-91	中国云南	1	高抗	Bru1
36	云蔗 02-588	中国云南	6	感病 2	N
37	云蔗 03-194	中国云南	1	高抗	Bru1
38	云蔗 04-241	中国云南	1	高抗	Bru1
39	云蔗 05-194	中国云南	1	高抗	Bru1
40	云蔗 06-160	中国云南	3	中抗	N
41	云蔗 05-49	中国云南	2	抗病	Bru1
42	云蔗 05-51	中国云南	3	中抗	Bru1
43	云蔗 06-407	中国云南	8	高感 1	N
44	云瑞 99-155	中国云南	9	高感 2	N
45	云瑞 99-601	中国云南	1	高抗	Bru1
46	云瑞 05-704	中国云南	1	高抗	Bru1
47	德蔗 93-88	中国云南	1	高抗	N
48	德蔗 93-94	中国云南	1	高抗	N
49	盈育 91-59	中国云南	1	高抗	N
50	云野 00-514	中国云南	5	感病 1	N
51	云野 06-28	中国云南	1	高抗	Bru1
52	云野 06-279	中国云南	1	高抗	Bru1
53	云野 06-300	中国云南	1	高抗	Bru1
54	云野 07-86	中国云南	7	感病 3	N
55	云野 07-87	中国云南	1	高抗	Bru1
56	云野 07-99	中国云南	1	高抗	Bru1
57	云野 07-124	中国云南	2	抗病	N
58	云野 07-137	中国云南	1	高抗	Bru1
59	云野 09-342	中国云南	1	高抗	Bru1
60	粤糖 79-177	中国广东	1	高抗	N
61	粤糖 82-882	中国广东	1	高抗	Bru1
62	粤糖 83-88	中国广东	1	高抗	N
63	粤糖 84-3	中国广东	9	高感 2	N
64	粤糖 85-177	中国广东	1	高抗	N
65	粤糖 86-368	中国广东	1	高抗	Bru1
66	粤糖 93-159	中国广东	1	高抗	N
67	粤糖 94-128	中国广东	1	高抗	Bru1
68	粤糖 96-86	中国广东	1	高抗	Bru1

（续）

编号	名称	来源	等级	抗性反应	Bru1 PCR 检测
69	粤糖 00-236	中国广东	1	高抗	N
70	粤甘 39	中国广东	9	高感 2	N
71	粤糖 60	中国广东	9	高感 2	N
72	桂糖 94-1199	中国广西	1	高抗	Bru1
73	桂糖 02-467	中国广西	1	高抗	Bru1
74	桂糖 11	中国广西	2	抗病	Bru1
75	桂糖 15	中国广西	9	高感 2	N
76	桂糖 21	中国广西	1	高抗	Bru1
77	柳城 03-182	中国广西	1	高抗	Bru1
78	柳城 05-136	中国广西	4	中感	N
79	福农 02-6427	中国福建	1	高抗	N
80	福农 91-4621	中国福建	1	高抗	Bru1
81	福农 95-1702	中国福建	7	感病 3	N
82	福农 1110	中国福建	9	高感 2	N
83	闽糖 86-2121	中国福建	1	高抗	Bru1
84	闽糖 69-421	中国福建	1	高抗	Bru1
85	闽糖 70-611	中国福建	1	高抗	Bru1
86	崖城 71-374	中国海南	4	中感	N
87	崖城 84-125	中国海南	9	高感 2	N
88	崖城 96-66	中国海南	1	高抗	N
89	川糖 61-408	中国四川	1	高抗	N
90	川糖 89-103	中国四川	3	中抗	N
91	川糖 99-8602	中国四川	1	高抗	Bru1
92	赣蔗 95-108	中国江西	1	高抗	Bru1
93	戆蔗 02-70	中国江西	1	高抗	N
94	湛蔗 74-1411	中国广东	1	高抗	Bru1
95	路打士	墨西哥	2	抗病	N
96	48mouna	中国广东	1	高抗	Bru1
97	51NG 90	几内亚	1	高抗	Bru1
98	拔地拉	中国云南	1	高抗	Bru1
99	越南牛蔗	越南	6	感病 2	N
100	云滇 95-19	中国云南	1	高抗	Bru1
101	云滇 95-20	中国云南	1	高抗	Bru1
PC1	新台糖 1 号	中国台湾	1	高抗	Bru1

（续）

编号	名称	来源	等级	抗性反应	*Bru1* PCR 检测
PC2	新台糖 9 号	中国台湾	1	高抗	*Bru1*
PC3	R570	法国	1	高抗	*Bru1*
NC1	印度 290	印度	8	高感 1	N
NC2	选蔗 3 号	澳大利亚	9	高感 2	N

注：N 为未能检测到 *Bru1*。

4. 创建了药剂筛选六步法评价体系，筛选了复合高效配方药剂及生防菌株，开发了低纬高原无人机飞防施药技术，集成综合防控技术并制定了标准化技术规程，实现了病害精准防控，显著提高了大面积整体防控效果。

从蔗叶成功获得 1 株可开发生防菌剂的阿洛杰链霉菌菌株 BC1，并提供了其生防菌剂制备方法，创建了"配方筛选、试验示范、药效调查、测产验收、效益分析、残留检测"药剂筛选六步法评价体系，筛选出复合高效配方药剂 8 个；开发了低纬高原甘蔗中后期灾害性真菌病害无人机飞防施药技术且大面积成功应用，为有效防控中后期灾害性真菌病害成功开辟了一条轻简高效新途径；根据甘蔗中后期灾害性真菌病害类群及灾害特性，通过试验示范，在低纬高原集成"早期诊断预警、推广抗病品种、选用温水脱毒种苗、农艺调控、无人机飞防、科学使用生物制剂及复合高效配方药剂"等为核心的综合防控技术并制定了标准化技术规程，构建了"糖厂＋科研＋农业部门＋农户"协同推广模式，实现了甘蔗中后期灾害性真菌病害全程精准绿色防控，显著提高了大面积整体防控效果。

（1）筛选复合高效配方药剂 8 个及生防菌株 1 株，研发了相应的生防菌剂制备方法和精准高效施药技术，为病害精准绿色防控提供了核心产品及技术支撑

①成功获得 1 株可开发生防菌剂的阿洛杰链霉菌菌株 BC1，为综合防控甘蔗病害开辟了新途径。采用生物菌剂防治植物病害具有环境友好、病原菌不易产生耐药性等特点，是防治植物病害的新资源，可实现绿色、环保、可持续防控。为探索和寻求高效安全的甘蔗病害绿色防控产品，推进甘蔗病害绿色防控，构建资源节约型、环境友好型甘蔗病虫可持续治理体系，项目从蔗叶成功分离获得 1 株可开发生防菌剂的阿洛杰链霉菌菌株 BC1（图9-19），拉丁文名为 *Streptomyces araujoniae*，保藏编号为 CGMCC No：24639；实验测定显示，其对甘蔗梢腐病菌、赤腐病菌、褐条病菌和叶枯病菌等甘蔗病原真菌有明显的抑制效果（图 9-20、表 9-13），该菌株可用于甘蔗真菌病害防治，开发应用前景广阔。科研人员研制并提供了该生防菌剂制备方法，包括：将阿洛杰链霉菌 BC1 接种于固体培养基进行活化培养，得到活化菌株，将培养得到的活化菌株接种于液体培养基中进行培养，得到液体种子，再将得到的液体种子接种到发酵培养基中发酵，发酵液即为生物防治菌剂。开发的阿洛杰链霉菌 BC1 发酵上清液能有效抑制甘蔗褐条病菌、赤腐病菌对蔗叶蔗茎的侵染，防效达 71.4%，显著高于百菌清 800 倍液的防治效果。阿洛杰链霉菌菌株BC1 及其生防菌剂成功研发应用，为综合防控甘蔗病害开辟了新途径，切实推进了低纬高原甘蔗中后期灾害性真菌病害绿色防控技术进步。发明的《一株阿洛杰链霉菌 BC1 及

其应用（ZL202210559397.2）》，2022 年获国家发明专利授权。

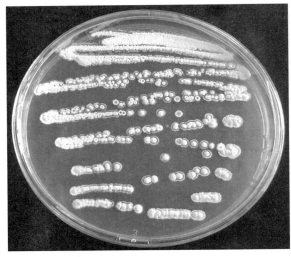

图 9-19　阿洛杰链霉菌菌株 BC1 菌落形态

甘蔗梢腐病菌（*Fusarium verticillioides*）　　　　甘蔗赤腐病菌（*Colletotrichum falcatum*）

　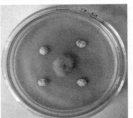

　　空白对照　　　　　菌株BC1　　　　　　　空白对照　　　　　菌株BC1

甘蔗褐条病菌（*Bipolari setariae*）　　　　　甘蔗叶枯病菌（*Alternaria tenuissima*）

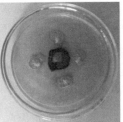　

　　空白对照　　　　　菌株BC1　　　　　　　空白对照　　　　　菌株BC1

图 9-20　阿洛杰链霉菌菌株 BC1 对 4 种甘蔗病原真菌室内平板对峙培养抑菌效果

表 9-13　菌株 BC1 对 4 种甘蔗病原菌的抑菌效果

病原菌	对照组菌落直径（毫米）	处理组菌落直径（毫米）	抑菌率（%）
梢腐病菌（*F. verticillioides*）	70	34	58.06
赤腐病菌（*Colletotrichum falcatum*）	90	16.4	89.76

（续）

病原菌	对照组菌落直径（毫米）	处理组菌落直径（毫米）	抑菌率（%）
褐条病菌（B. setariae）	90	20.4	84.88
叶枯病菌（Alternaria tenuissima）	77	44	47.83

②筛选出复合高效配方药剂 8 个，研发了相应的精准高效施药技术，为病害精准防控提供了核心技术支撑（表 9-14）。多年多点多次试验示范和大面积应用生产验证显示，筛选的 8 个复合高效配方药剂，对 3 种灾害性真菌病害均具有良好及稳定的防效和显著增产增糖效果（表 9-15 至表 9-21），是科学有效防控低纬高原甘蔗中后期灾害性真菌病害理想的复合高效配方药剂产品。同时，结合云南甘蔗生产实际，针对低纬高原甘蔗中后期灾害性真菌病害灾害特性，研发了相应的精准高效施药技术，并制定了低纬高原甘蔗中后期灾害性真菌病害全程精准防控复合高效配方药剂组合及用药指导方案，为甘蔗生产上大面积综合防控甘蔗中后期灾害性真菌病害提供了核心产品及技术支撑。

表 9-14 项目筛选的 8 个复合高效配方药剂

序号	产品类别	配方组合	重点防治对象	施用方式
1	复合高效配方药剂	（50%多菌灵悬浮剂 100 克＋72%百菌清悬浮剂 100 克＋磷酸二氢钾 160 克＋农用增效助剂 20 毫升）/亩	梢腐病、褐条病	无人机飞防
2	复合高效配方药剂	（25%吡唑醚菌酯悬浮剂 40 毫升＋磷酸二氢钾 160 克＋农用增效助剂 20 毫升）/亩	梢腐病、褐条病	无人机飞防
3	复合高效配方药剂	（50%多菌灵可湿性粉剂 100 克＋75%百菌清可湿性粉剂 100 克＋磷酸二氢钾 160 克＋农用增效助剂 20 毫升）/亩	梢腐病、褐条病	人工或机动
4	复合高效配方药剂	（10%苯醚甲环唑水分散粒剂＋75%百菌清可湿性粉剂 100 克＋磷酸二氢钾 160 克＋农用增效助剂 20 毫升）/亩	梢腐病、褐条病	人工或机动
5	复合高效配方药剂	（80%代森锰锌可湿性粉剂 100 克＋72%百菌清悬浮剂 100 克＋磷酸二氢钾 160 克＋农用增效助剂 20 毫升）/亩	锈病	无人机飞防 人工或机动
6	复合高效配方药剂	（65%代森锌可湿性粉剂 100 克＋72%百菌清悬浮剂 100 克＋磷酸二氢钾 160 克＋农用增效助剂 20 毫升）/亩	锈病	无人机飞防 人工或机动
7	复合高效配方药剂	（12.5%烯唑醇可湿性粉剂 100 克＋72%百菌清悬浮剂 100 克＋磷酸二氢钾 160 克＋农用增效助剂 20 毫升）/亩	锈病	人工或机动 人工或机动
8	复合高效配方药剂	（30%苯甲嘧菌酯悬浮剂 60 克＋磷酸二氢钾 160 克＋农用增效助剂 20 毫升）/亩	锈病	人工或机动 人工或机动

表 9-15 各配方药剂筛选试验对甘蔗梢腐病的防控效果

处理	病株率（%）	防效（%）	病株率（%）	防效（%）	病株率（%）	防效（%）
	南华耿马		南华华侨		南华勐永	
处理 1	(3.94±0.11) f	(95.80±1.44) a	(4.17±0.12) e	(95.70±2.89) a	(4.33±0.13) e	(95.38±1.42) a
处理 2	(4.50±0.13) f	(95.20±0.54) a	(4.56±0.13) e	(95.30±2.39) a	(4.39±0.13) e	(95.31±0.95) a
处理 3	(53.00±1.53) b	(43.44±1.18) e	(59.00±1.70) b	(39.18±0.76) d	(51.00±1.47) b	(45.55±0.68) d
处理 4	(5.17±0.15) f	(94.48±1.99) a	(5.56±0.16) e	(94.27±1.94) a	(5.33±0.15) e	(94.31±0.94) a
处理 5	(24.39±0.70) e	(73.97±2.06) b	(28.33±0.82) c	(70.79±1.94) b	(28.56±0.82) d	(69.51±1.07) b
处理 6	(40.67±1.17) c	(56.60±2.26) d	(42.27±1.22) c	(56.42±2.07) c	(35.94±1.04) c	(61.63±0.61) c
处理 7	(32.33±0.93) d	(65.10±2.33) c	(31.15±0.98) c	(67.89±0.39) b	(28.65±0.83) d	(69.41±0.81) b
CK	(93.70±2.70) a	—	(97.00±2.80) a	—	(93.67±2.70) a	—
	南华双江		孟连昌裕		5 点平均	
处理 1	(4.69±0.14) e	(95.07±2.00) a	(4.33±0.13) f	(95.31±1.95) a	(4.29±0.12) e	(95.45±1.12) a
处理 2	(5.17±0.15) e	(94.57±1.44) a	(4.65±0.13) f	(94.96±0.55) a	(4.65±0.13) e	(95.07±1.09) a
处理 3	(56.00±1.62) b	(41.16±1.28) d	(49.00±1.41) b	(46.93±2.57) d	(53.60±1.55) b	(43.20±1.52) d
处理 4	(5.67±0.16) e	(94.04±0.54) a	(5.50±0.16) f	(94.04±2.40) a	(5.45±0.16) e	(94.22±2.79) a
处理 5	(28.29±0.82) d	(70.27±0.70) b	(27.56±0.80) e	(70.15±1.44) b	(27.43±0.80) d	(70.93±0.41) b
处理 6	(42.85±1.24) c	(54.98±0.64) c	(42.50±1.23) c	(53.97±0.83) c	(40.85±1.18) c	(56.71±1.26) c
处理 7	(31.33±0.90) d	(67.08±2.03) b	(31.27±0.90) d	(66.13±1.41) b	(30.95±0.89) d	(67.20±0.79) b
CK	(95.17±2.75) a	—	(92.33±2.67) a	—	(94.37±2.72) a	—

　　处理1：50%多菌灵可湿性粉剂 1 500 克/公顷＋75%百菌清可湿性粉剂 1 500 克/公顷；处理2：50%苯菌灵可湿性粉剂 1 500 克/公顷＋75%百菌清可湿性粉剂 1 500 克/公顷；处理3：25%嘧菌酯乳油 1 200 毫升/公顷；处理4：25%吡唑醚菌酯悬浮剂 600 毫升/公顷；处理5：30%苯甲嘧菌酯悬浮剂 900 毫升/公顷；处理6：75%百菌清可湿性粉剂 1 500 克/公顷；处理7：50%多菌灵可湿性粉剂 1 500 克/公顷；CK：清水对照；每个处理均加入磷酸二氢钾 2 400 克/公顷＋农用增效助剂 300 毫升/公顷。同列数据后不同字母表示经 Duncan 氏新复极差法检验在 0.05 水平上差异显著。

表 9-16 各配方药剂生产示范对甘蔗梢腐病的防控效果

处理	病株率（%）	防效（%）	病株率（%）	防效（%）	病株率（%）	防效（%）
	南华耿马		南华华侨		南华勐永	
处理 1	(5.65±0.16) b	(94.00±1.07) a	(5.50±0.16) b	(94.10±1.47) a	(4.65±0.13) b	(94.85± 2.32) a
处理 2	(6.27±0.18) b	(93.31±0.92) b	(6.17±0.18) b	(93.38±1.39) b	(5.85±0.17) b	(93.52±1.44) b
处理 4	(8.57±0.25) b	(90.85±1.04) c	(8.56±0.25) b	(90.81±1.38) c	(8.33±0.24) b	(90.78±1.35) c
CK	(93.70±2.70) a	—	(93.17±2.69) a	—	(90.33±2.61) a	—
	南华双江		孟连昌裕		5 点平均	
处理 1	(5.33±0.15) b	(94.40±2.54) a	(4.63±0.13) b	(94.99±0.95) a	(5.15±0.15) b	(94.46±0.55) a
处理 2	(6.17±0.18) b	(93.52±1.07) b	(5.94±0.17) b	(93.57±0.94) b	(6.08±0.17) b	(93.46±0.54) b
处理 4	(8.96±0.26) b	(90.59±0.53) c	(8.67±0.25) b	(90.61±0.89) c	(8.62±0.25) b	(90.73±0.52) c
CK	(95.17±2.75) a	—	(92.33±2.67) a	—	(92.94±2.68) a	—

　　注：同列数据后不同字母表示经 Duncan 氏新复极差法检验在 0.05 水平上差异显著。

表 9 - 17　各配方药剂生产示范对甘蔗产量和糖分影响

蔗区	处理	实测产量/（千克/公顷）	较对照增加/（千克/公顷）	甘蔗糖分（%）	较对照增加（百分点）
南华耿马	处理1	111 780.33a	27 750.09	16.33a	4.20
	处理2	107 280.00b	23 249.76	15.64b	3.51
	处理4	98 820.44c	14 790.20	13.58c	1.45
	CK	84 030.24d	—	12.13d	—
南华华侨	处理1	106 680.00a	17 414.55	15.84a	3.91
	处理2	105 120.31b	15 854.86	15.29b	3.36
	处理4	104 820.48c	15 555.03	13.64c	1.71
	CK	89 265.45d	—	11.93d	—
南华勐永	处理1	101 520.23a	21 270.46	14.93a	3.29
	处理2	98 400.13b	18 150.36	14.69b	3.05
	处理4	94 575.25c	14 325.48	13.24c	1.60
	CK	80 249.77d	—	11.64d	—
南华双江	处理1	99 825.32a	24 525.11	15.68a	3.64
	处理2	95 520.00b	20 219.79	15.32b	3.28
	处理4	91 770.48c	16 470.27	13.44c	1.40
	CK	75 300.21d	—	12.04d	—
孟连昌裕	处理1	108 270.43a	19 304.45	16.74a	4.31
	处理2	106 020.00b	17 054.02	16.33b	3.90
	处理4	105 270.39c	16 304.41	15.01c	2.58
	CK	88 965.98d	—	12.43d	—
5点平均	处理1	105 615.48a	22 053.15	15.95a	3.92
	处理2	102 468.34b	18 906.01	15.43b	3.40
	处理4	99 051.46c	15 489.13	13.84c	1.81
	CK	83 562.33d	—	12.03d	—

注：表中甘蔗实测产量和糖分显著性分析均为同一蔗区内的比较；同列数据后不同字母表示经 Duncan 氏新复极差法检验在 0.05 水平上差异显著。

表 9 - 18　各配方药剂筛选试验对甘蔗褐条病的防控效果

处理	南华耿马 病情指数	南华耿马 防效（%）	南华华侨 病情指数	南华华侨 防效（%）	南华勐永 病情指数	南华勐永 防效（%）	南华双江 病情指数	南华双江 防效（%）	孟连昌裕 病情指数	孟连昌裕 防效（%）	5点平均 病情指数	5点平均 防效（%）
1	10.6	88.57a	10.1	89.02a	11.22	88.26a	10.86	88.34a	11.5	88.19a	10.86	88.47a
2	10.96	88.18a	11.0	88.04a	12.36	87.07a	11.69	87.45a	12.33	87.34a	11.67	87.61a
3	40.38	56.44c	40.15	56.36c	40.65	57.46c	40.98	56.02c	41.47	57.43c	40.73	56.75c
4	12.8	86.19a	13.8	85.0a	13.28	86.1a	12.83	86.23a	13.65	85.99a	13.27	85.91a

（续）

处理	南华耿马		南华华侨		南华勐永		南华双江		孟连昌裕		5点平均	
	病情指数	防效（%）	病情指数	防效（%）	病情指数	防效（%）	病情指数	防效（%）	病情指数	防效（%）	病情指数	防效（%）
5	25.15	72.87b	25.52	72.26b	26.15	72.63b	25.95	72.14b	26.35	72.95b	25.82	72.58b
6	39.38	57.52c	39.15	57.45c	40.65	57.46c	39.98	57.09c	40.97	57.94c	40.03	57.49c
7	30.3	67.31b	29.52	67.91b	30.15	68.45b	29.85	67.96b	30.78	68.4b	30.12	68.02b
CK	92.7	—	92.0	—	95.56	—	93.17	—	97.41	—	94.17	—

处理1：50%多菌灵可湿性粉剂1 500克/公顷＋75%百菌清可湿性粉剂1 500克/公顷；处理2：50%苯菌灵可湿性粉剂1 500克/公顷＋75%百菌清可湿性粉剂1 500克/公顷；处理3：25%嘧菌酯乳油1 200毫升/公顷；处理4：25%吡唑醚菌酯悬浮剂600毫升/公顷；处理5：30%苯甲嘧菌酯悬浮剂900毫升/公顷；处理6：75%百菌清可湿性粉剂1 500克/公顷；处理7：50%多菌灵可湿性粉剂1 500克/公顷；CK：清水对照；每个处理均加入磷酸二氢钾2 400克/公顷＋农用增效助剂300毫升/公顷。同列数据后不同字母表示经 Duncan 氏新复极差法检验在 0.05 水平上差异显著。

表9-19　各配方药剂生产示范对甘蔗褐条病的防控效果

处理	南华耿马		南华华侨		南华勐永		南华双江		孟连昌裕		5点平均	
	病情指数	防效（%）	病情指数	防效（%）	病情指数	防效（%）	病情指数	防效（%）	病情指数	防效（%）	病情指数	防效（%）
1	10.65	87.96	11.5	86.94	11.15	87.55	11.33	87.29	11.63	87.67	11.25	87.49
2	11.57	86.92	12.17	86.18	12.85	85.65	13.17	85.23	12.94	86.28	12.54	86.05
4	13.57	84.66	13.56	84.6	14.33	84.0	13.96	84.34	14.67	84.45	14.02	84.41
CK	88.44	—	88.07	—	89.56	—	89.17	—	94.33	—	89.91	—

表9-20　各配方药剂筛选试验对甘蔗褐锈病的防控效果

处理	南华耿马		南华华侨		南华勐永		南华双江		孟连昌裕		5点平均	
	病情指数	防效（%）	病情指数	防效（%）	病情指数	防效（%）	病情指数	防效（%）	病情指数	防效（%）	病情指数	防效（%）
1	12.96	86.8a	13.0	86.6a	12.36	87.17a	12.69	87.02a	12.33	87.07a	12.67	86.93a
2	13.8	85.94a	13.8	85.78a	12.8	86.71a	12.63	87.08a	12.65	86.73a	13.12	86.46a
3	12.6	87.16a	12.1	87.53a	12.22	87.31a	12.6	87.11a	12.5	86.89a	12.41	87.2a
4	28.15	71.32b	28.52	70.61b	28.15	70.77b	27.15	72.15b	27.35	71.31b	27.87	71.24b
5	27.04	72.45b	28.15	70.99b	27.52	72.42b	27.24	72.14b	27.56	71.09b	27.5	71.63b
6	18.52	81.13a	18.33	81.11a	18.04	81.27a	18.29	81.29a	18.05	81.07a	18.25	81.17a
7	33.33	66.04b	32.52	66.49b	33.15	65.58b	32.85	66.4b	32.27	66.15b	32.82	66.14b
8	49.38	49.69c	50.15	48.32c	48.65	49.48c	48.98	49.91c	48.47	49.16c	49.13	49.31c
CK	98.15	—	97.04	—	96.3	—	97.78	—	95.33	—	96.92	—

处理1：65%代森锌可湿性粉剂1 500克/公顷＋75%百菌清可湿性粉剂1 500克/公顷；处理2：12.5%烯唑醇可湿性粉剂1 500克/公顷＋75%百菌清可湿性粉剂1 500克/公顷；处理3：80%代森锰锌可湿性粉剂1 500克/公顷＋75%百菌清可湿性粉剂1 500克/公顷；处理4：25%嘧菌酯乳油1 200毫升/公顷；5：25%吡唑醚菌酯悬浮剂600毫升/公顷；处理6：30%苯甲·嘧菌酯悬浮剂900毫升/公顷；处理7：75%百菌清可湿性粉剂1 500克/公顷；处理8：50%多菌灵可湿性粉剂1 500克/公顷；CK：清水对照；每个处理均加入磷酸二氢钾2 400克/公顷＋农用增效助剂300毫升/公顷。同列数据后不同字母表示经 Duncan 氏新复极差法检验在 0.05 水平上差异显著。

表 9－21　各配方药剂生产示范对甘蔗褐锈病的防控效果

处理	南华耿马 病情指数	南华耿马 防效（%）	南华华侨 病情指数	南华华侨 防效（%）	南华勐永 病情指数	南华勐永 防效（%）	南华双江 病情指数	南华双江 防效（%）	孟连昌裕 病情指数	孟连昌裕 防效（%）	5点平均 病情指数	5点平均 防效（%）
1	13.95	85.79	13.63	85.95	13.65	85.53	13.33	86.08	13.63	85.99	13.64	85.87
2	15.08	84.64	14.8	84.75	14.85	84.26	14.17	85.2	15.04	84.54	14.79	84.68
3	13.0	86.75	12.92	86.69	12.33	86.93	12.96	86.47	12.97	86.67	12.84	86.7
6	18.96	80.68	19.04	80.38	18.71	80.17	18.55	80.63	18.67	80.81	18.79	80.53
CK	98.15	—	97.04	—	94.33	—	95.77	—	97.3	—	96.52	—

（2）开发了低纬高原甘蔗中后期灾害性真菌病害无人机飞防施药技术且大面积成功应用，为有效防控中后期灾害性真菌病害成功开辟了一条轻简高效新途径

甘蔗中后期灾害性真菌病害防控大多由小户分散进行，多种病害需要多次施药防治，人工施药困难、效率低、成本高、防效差，而复合高效配方药剂无人机飞防具有超低量施药、作业效率高、一药多防、效果显著等优点，可有效解决甘蔗中后期施药难、劳力缺乏和作业效率低等问题。项目从飞防机型选择、专用药及助剂筛选、药械融合、田间作业、技术规范、规模化应用组织模式等层面对甘蔗中后期灾害性真菌病害复合高效配方药剂无人机飞防技术进行了系统开发示范，分析确定了适宜低纬高原蔗区的无人机机型及飞行技术参数（表 9－22），筛选出无人机飞防最佳药剂配方组合和施用技术（表 9－23），凝练形成了低纬高原甘蔗中后期灾害性真菌病害复合高效配方药剂无人机飞防技术且大面积成功应用，效果十分显著，为低纬高原蔗区全面推广应用复合高效配方药剂无人机飞防甘蔗中后期灾害性真菌病害常态化、标准化、科学化提供了成熟的全程技术支撑。复合高效配方药剂无人机飞防技术在云南甘蔗上的大面积应用，为有效防控中后期灾害性真菌病害成功开辟了一条轻简高效、环保安全新途径。复合高效配方药剂无人机飞防技术可有效解决当前农村劳动力缺乏、防治成本高等问题，对于加快推进甘蔗灾害性病害统防统治进程、高效控制大面积灾害性病害发生和提高甘蔗产量与糖分具有极为明显的效果，对保障蔗糖产业高质量发展具有不可估量的作用。开发的技术获软著作权 1个：低纬高原甘蔗中后期灾害性病害无人机飞防参数控制系统（2021SR1185533）；入选云南主推技术和指导意见 2 项：低纬高原甘蔗主要病虫无人机防控技术、甘蔗主要病虫害无人机防控技术指导意见。

表 9－22　适宜低纬高原蔗区的无人机机型及飞行技术参数

技术参数	极目 3WWDZ10B	大疆 3WWDSZ10017	极飞农业 P20 2017
结构形式	四旋翼	八旋翼	四旋翼
整机重量/千克	17	13.8	20
药箱容量/千升	10～20	10～20	10～20
电池容量/毫安时	16 000	12 000	16 000

（续）

技术参数	极目 3WWDZ10B	大疆 3WWDSZ10017	极飞农业 P20 2017
喷头形式及数量	离心弥雾喷头 2 个	扇形压力喷头 4 个	高速离心雾化喷头 2 个
最大流量/（升/分钟）	2	1.8	0.5
喷幅/米	1～4	5（4 米/秒，高 2 米）	1.5～5
雾滴直径/微米	10～300	130～250	70～200
飞行模式	手动加全自主	手动加全自主	自主飞行
避障功能	双目视觉全自主避障	手动规划避障	天目自主避障
仿地功能	仿地坡度 400，定高 0.5～3 米	定高 1.5～3.5 米	定高 1～3 米
空载/满载悬停时间（分钟）	17/9	20/10	18/9

表 9－23　筛选的最佳复合高效配方药剂和施用技术

重点防治对象	最佳选用药剂、用量	施用技术、方法
梢腐病、褐条病	（72％百菌清悬浮剂 100 毫升＋50％多菌灵悬浮剂 100 毫升＋磷酸二氢钾 120 克＋农用助剂 10 毫升）/亩；（50％甲基硫菌灵悬浮剂 100 毫升＋25％吡唑醚菌酯悬浮剂 50 毫升＋磷酸二氢钾 120 克＋农用助剂 10 毫升）/亩	8 月上中旬发病初期，亩用药量加飞防专用助剂 300 毫升和水 1300 毫升，无人机飞防叶面喷施
锈病	（72％百菌清悬浮剂 100 毫升＋43％代森锰锌悬浮剂 100 毫升＋磷酸二氢钾 120 克＋农用助剂 10 毫升）/亩	6—7 月发病初期，亩用药量加飞防专用助剂 300 毫升和水 1300 毫升，无人机飞防叶面喷施

（3）集成综合防控技术并制定标准化技术规程，实现了低纬高原甘蔗中后期灾害性真菌病害精准绿色防控，显著提高了大面积整体防控效果

项目建立统防统治标准化核心示范区，优化形成低纬高原甘蔗中后期灾害性真菌病害全程精准绿色防控集成技术模式，并起草颁布了《T/CI 014—2021 低纬高原甘蔗生长中后期灾害性真菌病害精准防控技术规程》团体标准 1 项，《DB53/T 940—2019 甘蔗梢腐病防控技术规程》和《DB53/T 945—2019 甘蔗锈病防控技术规程》云南省地方标准 2 项，核心技术入选云南主推技术和指导意见 4 项，成功解决了甘蔗生产上大面积综合防控中后期灾害性真菌病害关键技术问题，实现了低纬高原甘蔗中后期灾害性真菌病害精准绿色防控，显著提高了大面积整体防控效果，为低纬高原蔗糖产业高质量发展、减损增效提供了关键技术支撑。

项目集成的综合防控技术包括以下这些。①品种选择。宜选择云蔗 05-49、云蔗 05-51、云蔗 08-1609、柳城 03-182、柳城 07-500、福农 38 号、福农 39 号、福农 42 号、粤甘 34 号、粤甘 46 号、桂糖 30 号、桂糖 32 号、桂糖 44 号等抗病品种，区域内甘蔗种植品种要多样化，早中晚熟多品种搭配种植。②种苗选择。选取无病田留种，选用无病虫蔗株上半茎作种苗。③优化农艺措施。施肥：新植蔗施有机肥 22 500～30 000 千克/公顷，有效硅施用量

150～187.5 千克/公顷，有效钙施用量 262.5～337.5 千克/公顷，有效氮施用量 379.5～483 千克/公顷，有效磷施用量 216～240 千克/公顷，有效钾施用量 187.5～225 千克/公顷；深耕深播：深耕 30～40 厘米，播种深度 25～35 厘米；蔗田管理：蔗田应通风透气，不应积水，及时去除杂草，剥叶，间除病弱株；控制侵染源：6—8 月应进行病情巡查，及时清除梢腐病零星病株，剥除褐条病、褐锈病发病病叶，并集中销毁。梢腐病病株率达到 10% 以上、褐条病或褐锈病病情指数在 30 以上时施药防控；清洁蔗园：甘蔗收获后及时清除销毁病株、残叶；合理轮作：宜与水稻、甘薯、花生、大豆等作物轮作，或间种套种花生、大豆、蔬菜、绿肥等。④药剂防控。梢腐病、褐条病发病初期按以下配方和方法进行施药。配方一：50% 多菌灵悬浮剂 1 500 克/公顷，混入 72% 百菌清悬浮剂 1 500 克/公顷、磷酸二氢钾 2 400 克/公顷及农用增效助剂 300 毫升/公顷；配方二：25% 吡唑醚菌酯悬浮剂 600 毫升/公顷，混入磷酸二氢钾 2 400 克/公顷及农用增效助剂 300 毫升/公顷；配方三：50% 多菌灵可湿性粉剂 1 500 克/公顷，混入 75% 百菌清可湿性粉剂 1 500 克/公顷、磷酸二氢钾 2 400 克/公顷及农用增效助剂 300 毫升/公顷；配方四：10% 苯醚甲环唑可分散粒剂 1 500 克/公顷，混入 75% 百菌清可湿性粉剂 1 500 克/公顷、磷酸二氢钾 2 400 克/公顷及农用增效助剂 300 毫升/公顷。选配方一或配方二，对飞防专用助剂 4 500 毫升和水 16 500 毫升，采用无人机飞防进行叶面喷施，7～10 天喷施 1 次，连续喷施 2 次；选配方三或配方四，对水 900 000 毫升，采用人工或机动喷雾器进行叶面喷施，7～10 天喷施 1 次，连续喷施 2 次。在 6—7 月按以下配方和方法针对褐锈病进行施药。配方一：80% 代森锰锌可湿性粉剂 1 500 克/公顷，混入 72% 百菌清悬浮剂 1 500 克/公顷、磷酸二氢钾 2 400 克/公顷及农用增效助剂 300 毫升/公顷；配方二：65% 代森锌可湿性粉剂 1 500 克/公顷，混入 72% 百菌清悬浮剂 1 500 克/公顷、磷酸二氢钾 2 400 克/公顷及农用增效助剂 300 毫升/公顷；配方三：12.5% 烯唑醇可湿性粉剂 1 500 克/公顷，混入 72% 百菌清悬浮剂 1 500 克/公顷、磷酸二氢钾 2 400 克/公顷及农用增效助剂 300 毫升/公顷；配方四：30% 苯甲嘧菌酯悬浮剂 900 毫升/公顷，混入磷酸二氢钾 2 400 克/公顷及农用增效助剂 300 毫升/公顷。以上四个配方任选其一，对飞防专用助剂 4 500 毫升和水 16 500 毫升，采用无人机飞防进行叶面喷施，或对水 900 000 毫升，采用人工或机动喷雾器进行叶面喷施，7～10 天喷施 1 次，连续喷施 2 次。

（三）项目推广应用及社会经济效益

多年来，项目以"企业为主体、产业为导向"，采用"糖厂＋科研＋农业部门＋农户"推广模式，采取"标准化核心示范和面上示范"相结合，建立统防统治标准化核心示范区 40 个，百亩、千亩集中连片整体推进，在低纬高原蔗区云南临沧、普洱、德宏、文山、西双版纳、保山、红河、玉溪共 8 个主产州（市）40 个县（市）及广西博庆公司石别糖厂科学引导和组织进行了甘蔗中后期灾害性真菌病害防控技术大面积推广应用，控制了危害，防控效果显著。2021—2022 年累计推广应用 485 万亩（其中无人机飞防 100 万亩），有效控制了甘蔗中后期灾害性真菌病害发生危害，"控害挽蔗" 388 万吨，"减损夺糖" 49.7 万吨（按 12.8% 出糖率计），蔗农和糖企新增销售额 42.088 亿元（按吨蔗价 420 元、吨糖价 5 200 元计），新增利润 13.238 4 亿元，国家增税 1.904 亿元。成果推广应用成功解决了甘蔗生产上大面积综合防控中后期灾害性真菌病害关键技术问题，实现了病害全程综合防控，技术集成及转化程度高，促进了蔗糖产业技术进步，取得了重大经济、社会效益。

项目实施系统突破了低纬高原甘蔗中后期灾害性真菌病害综合防控瓶颈，形成了一批核心技术，培养锻炼了一批从事植保工作的技术队伍和种蔗能手（率先在糖企倡导设置并培养甘蔗产业病虫监测与防控专职植保员40人，培训技术人员和蔗农累计6万余人次），构建资源节约型、环境友好型甘蔗病害可持续治理体系，科学引导蔗农实现甘蔗病害全程精准绿色防控、农药减量控害、甘蔗提质增效，促进甘蔗产业绿色高质量发展，有效控制了甘蔗病害发生危害，切实提高了边境地区甘蔗产业科技水平和蔗农种蔗积极性，增加就业人数，有力保障国家糖料安全，社会效益极其显著。

项目实施切实提高了低纬高原甘蔗中后期灾害性真菌病害监测预警的时效性和准确率，开发了低纬高原甘蔗中后期灾害性真菌病害无人机飞防施药技术且大面积成功应用，为有效防控中后期灾害性真菌病害成功开辟了一条轻简高效新途径；项目根据甘蔗中后期灾害性真菌病害类群及灾害特性，在低纬高原蔗区集成"早期诊断预警、推广抗病品种、选用温水脱毒种苗、农艺调控、无人机飞防、科学使用生物制剂及复合高效配方药剂"等为核心的综合防控技术，制定颁布了团体标准《T/CI 014—2021 低纬高原甘蔗中后期灾害性真菌病害精准防控技术规程》和云南省地方标准《DB53/T 940—2019 甘蔗梢腐病防控技术规程》《DB53/T 945—2019 甘蔗锈病防控技术规程》，实现了甘蔗中后期灾害性真菌病害全程精准绿色防控，显著提高了大面积整体防控效果，有效减少了化学农药用量，从而逐渐减少农药残留污染和对土地原有生态系统的破坏，增加蔗地生物多样性，有效改善甘蔗种植条件，提高土地生产力，为农业可持续发展奠定了坚实基础，有力保证云南蔗糖产业绿色高质量发展规划目标的实现，生态效益极其显著。

（四）经验及问题分析

①针对甘蔗中后期灾害性真菌病害蔓延迅速、危害成灾，蔗农糖企受损日趋严重，领导及群众迫切要求立题，研究解决甘蔗生产上大面积综合防控中后期灾害性真菌病害技术问题，提出项目和研究内容，重点突出，技术路线明确。项目紧密结合生产实际，来自生产，又直接服务于生产，群众需要，生产需要，应用效益显著，前景广阔。

②项目以"企业为主体、产业为导向"，采用"糖厂＋科研＋农业部门＋农户"推广模式，采取"标准化核心示范和面上示范"相结合，建立统防统治标准化核心示范区，百亩、千亩集中连片整体推进。选择临沧、普洱、玉溪、红河、西双版纳和广西博庆等重灾区为研究基点，代表性强，领导和蔗糖部门重视，科技人员态度积极、工作踏实、态度严谨，保证了整个研究与推广工作完成。

③项目紧扣乡村振兴战略和甘蔗产业绿色高质量发展目标，创新技术服务模式，以企业为主体、产业为导向，采用"公司＋科研＋农户"的模式进行研究和推广。项目牵头单位云南省农业科学院甘蔗研究所与临沧南华糖业有限公司、云南新平南恩糖纸有限责任公司、孟连昌裕糖业有限责任公司、云南中云投资有限公司、广西博庆食品有限公司、河北昊阳化工有限公司、云南凯米克农业技术服务有限公司、云南紫晨农业发展有限公司携手

建立甘蔗病虫害防控战略合作关系，开展科企合作，实现产学研结合。科企合作以"科学植保、公共植保、绿色植保"为理念，以"蔗农的需要就是我们努力的方向"为驱动，以"降低吨蔗成本、降低吨糖成本、提升综合竞争力"为导向，协同创建"甘蔗精细种植/精细管理、病虫精准监测/精准防控"模式，推行"灾害性病虫监测/防控常态化、标准化、科学化"机制，着力践行甘蔗病虫精准高效绿色防控，为甘蔗产业健康发展保驾护航。一是全面调查评估暴发流行性病虫危害性与风险性，分析明确了防控重点和对象，科学引导病虫防控一体化；二是针对新台糖 22 号、新台糖 25 号等主栽品种种性退化、高度感病，筛选出云蔗 08-1609、云蔗 05-51、柳城 05-136 等抗病新良种进行合理布局，大力推广使用抗病新良种温水脱毒健康种苗，促进低纬高原蔗糖产业绿色高质量发展；三是强化科技培训和技术指导，切实提升了蔗农防控意识和精准防控能力。

图 9-21　制糖龙头企业临沧南华糖业有限公司颁发锦旗

④项目立足边疆、心系蔗农、服务产业，开展了卓有成效的工作，对蔗糖业高质量发展支撑有力，得到了耿马、孟连、镇康甘蔗主产县县委、县政府肯定认可并收到感谢信，制糖龙头企业临沧南华糖业有限公司对项目组长期在临沧南华蔗区病虫防控工作中的支持及取得的成效表示了诚挚的鸣谢并颁发了"科技引领糖业发展，助推糖企提质增效"和"科技指导到地头，创新引领助糖业"锦旗（图 9-21）。项目组紧扣乡村振兴战略，立足于边疆民族地区产业经济发展，始终坚定为边疆民族地区甘蔗产业服务，一心扑在甘蔗科技创新和甘蔗产业发展上，每年下乡上百天，为甘蔗病虫全程精准监测与防控不知疲倦地进行巡查指导和现场示范培训，孜孜不倦、脚踏实地、甘于奉献，全心全意为边疆人民服务，不断创造新的甘蔗科技成果支撑产业进步，不断为蔗糖业绿色高质量发展和助力乡村振兴作出新贡献。

⑤项目主要由中青年科技人员承担，与糖企和群众合作充分利用各自领域资源优势，有力地促进了研究工作顺利实施完成。同时也使青年科技人员得到锻炼，积累了工作经验，丰富了知识，专业水平、研究水平有了显著提高。项目培养云岭产业技术领军人才 1 名、省突出贡献专业技术人才 1 名、省两类人才 2 名、国家和云南省现代农业产业技术体系岗位科学家各 1 名；项目建立健全甘蔗病虫综合防控服务体系，率先在糖企倡导设置并培养甘蔗产业病虫监测与防控专职植保员 40 人，培训技术人员和蔗农累计 6 万余人次，

显著推动了人才培养。

⑥云南地处低纬高原，蔗区生态多样化，甘蔗病害病原种类复杂多样，分布广，多种病原复合侵染，扩展蔓延迅速，而且病原侵染具有隐蔽性，传统方法难以诊断，甘蔗中后期灾害性真菌病害常发重发。多年来，我国甘蔗种植、管理粗放，蔗农对病害的危害认识不足，防治意识差，对甘蔗病害的科学有效防控相对滞后；再加上防治不及时、技术措施单一、防控技术水平参差不齐，在农药使用的种类、剂量、时间上不对症不合理，整体防控效果不佳。今后将通过各种科技期刊介绍、各种形式交流，增加现场观摩次数，加强宣传，使广大干部和蔗农加深对甘蔗病害危害性和防控重要性认识，增强干部和蔗农对甘蔗病害防控意识，切实提高防控能力和水平。同时，切实加强抗病品种选育和合理布局及推广，充分利用抗病品种从根本上解决病害问题。

十、新发甘蔗白叶病防控技术创建与应用

（一）项目背景及来源

云南地处低纬高原，蔗区生态多样，病害病原种类复杂，甘蔗白叶病（Sugarcane White Leaf，SCWL）是首个由植原体引起的危险性重要新病害，可对甘蔗造成毁灭性灾害。感病品种发病率达 50％以上，严重的高达 100％，感染 SCWL 植原体后，株高、茎径、成茎率明显降低，造成大幅度减产减糖。严重田块新植蔗亩产 6～7 吨，第二年毁灭无收。SCWL 扩展蔓延危害已成为制约云南蔗糖业可持续发展的不利因素，如得不到有效防控，还会给广西、广东等蔗区带来潜在威胁。攻克 SCWL 防控技术难题，实现 SCWL 科学防控是蔗糖业高质量发展根本保障。SCWL 是新发病害，其病原类群、传播媒介、灾害特性、致灾因子不清不明，缺乏有效防控基础技术。针对 SCWL 防控基础和关键技术缺乏的问题，云南省农业科学院甘蔗研究所牵头，与糖企、药企开展科企合作，产学研结合，协同从诊断检测、病原类群、灾害特性、致灾因子、监测预警、综合防控技术等方面开展系统研究，以弄清防控基础、突破防控瓶颈、集成防控技术，实现病害科学防控、农药减量控害、甘蔗减损增效，支撑蔗糖业高质量发展。

项目经 10 年协同攻关，突破了新发甘蔗白叶病防控关键技术瓶颈，在云南首次发现中国新记录病原 SCWL 植原体及 SCWL 植原体 16Sr XI-D 新亚组，揭示中国 SCWL 植原体存在 ST1 和 ST2 两个不同种群，完成了流行亚组全基因组分析；探明了带毒蔗种是白叶病病原主要传播源，新发现大青叶蝉和条纹平冠沫蝉为传毒介体；首创甘蔗白叶病抗病精准鉴定方法 2 套并颁布实施标准，明确了 25 个主栽品种抗病性并选出 10 个对照品种；构建了 SCWL 病原一步法分子检测鉴定技术及大规模快速温水脱毒技术；提出"重预警、严检疫、阻传媒、控残体"防控策略，集成综合防控技术制定标准化技术规程示范应用，实现 SCWL 科学防控，有效遏制了 SCWL 传播蔓延，保障了我国蔗糖业健康持续发展，取得经济效益、社会效益、生态效益，为我国蔗糖业高质量发展、减损增效提供了技术支撑。

（二）项目研究及主要科技创新

1. 明确了低纬高原甘蔗白叶病病原种类、分子特征、群体结构和遗传多样性，研究结果丰富了植原体病害相关理论和技术基础，为 SCWL 深入研究和有效防控提供了理论指导和科学依据

首创 SCWL 植原体基因组 DNA 纯化、SCWL 植原体不同亚组限制性片段长度多态性

聚合酶链反应（PCR-RFLP）鉴别、SCWL 植原体 *secA* 基因一步法 PCR 扩增 SCWL 病原分子的检测技术及鉴定体系，率先检测发现检疫性病害 SCWL 植原体在国内发生。综合来源于低纬高原云南保山、临沧和不同国家 SCWL 植原体 16S rDNA 系统发育和虚拟限制性片段长度多态性（RFLP）分析，发现保山分离物所处分支植原体为 16Sr XI 组的一个新亚组，即 16Sr XI-D 亚组，表明 SCWL 可由 16Sr XI 组植原体的 2 个亚组即 16Sr XI-B 亚组和新的 16Sr XI-D 亚组引起。基于 7 个管家基因（*dnaK*，*tuf*，*secY*，*gyrB*，*secA*，*recA*，*hflB*）多位点序列分型揭示了 87 个样本中中国 SCWL 植原体存在 ST1 和 ST2 两个不同种群，ST1 型分布最为广泛，是主要的 ST 型，ST2 型仅在中国保山发现，87 个样本 7 个管家基因的核苷酸多样性在 0～0.002 68，表明中国 SCWL 植原体遗传多样性非常低。项目开发了一种 SCWL 植原体基因组 DNA 富集方法，使用 Illumina 和 Nanopore 测序技术获得了首个 SCWL 植原体 SCWL1 菌株的全基因组序列，SCWL1 菌株由一个 538 951bp 环状染色体和一个 2976bp 质粒组成。环状染色体鉴定出 459 个蛋白编码基因、两个完整的 5S-23S-16S rRNA 基因操纵子和 27 个 tRNA 基因。SCWL 植原体富集方法的建立和完整基因组的获得有助于 "Ca. Phytoplasma sacchari" 植原体候选种分子进化和致病机制研究的深入开展。

（1）首创 SCWL 植原体基因组 DNA 纯化、SCWL 植原体不同亚组 PCR-RFLP 鉴别、SCWL 植原体 *secA* 基因一步法 PCR 扩增的 SCWL 病原分子检测技术及鉴定体系，为甘蔗白叶病精准诊断、灾害预警、引种检疫及脱毒种苗检测提供了关键技术支撑

①首创"一种甘蔗白叶病植原体基因组 DNA 的纯化方法（ZL202210627419.4）"，2022 年获国家发明专利授权。SCWL 是由植原体引起的甘蔗毁灭性病害，可造成甘蔗和制糖产业巨大的经济损失，亟须对其进行深入研究。植原体只能寄生在植物或昆虫的活细胞内，迄今为止无法在人工培养基上进行培养。病原物的基因组序列是从分子水平开展病害研究的重要基础，对于植原体这类不能体外培养的病原菌来说，获得基因组序列对于研究尤为重要。由于植原体无法在体外培养，因此很难获得纯的植原体 DNA。使用感染宿主的总 DNA 对植原体基因组进行测序是非常低效的，只有极少的测序读数来自植原体。因此，开展植原体基因组测序必须进行基因组 DNA 的纯化。目前植原体基因组 DNA 纯化方法主要是使用密度梯度离心或脉冲场凝胶电泳，而这些方法步骤烦琐、耗时，且需要超速离心机和脉冲场电泳系统等昂贵设备，一般实验室很难开展此类研究。因此，如何提供一种植原体基因组 DNA 的纯化方法，以解决现有技术中纯化方法烦琐、成本高的技术问题，是本领域技术人员亟须解决的问题。项目针对以上技术问题，经系列实验研究成功发明"一种甘蔗白叶病植原体基因组 DNA 的纯化方法（ZL202210627419.4）"（图 10-1、图 10-2、图 10-3），2022 年获国家发明专利授权。本发明通过研磨裂解甘蔗叶片细胞释放 SCWL 植原体，经多次重悬去除研磨中大量释放的寄主 DNA，根据 SCWL 植原体大小，采用优化的过滤方案去除寄主组织和细胞并获得 SCWL 植原体，使用 DNA 酶去除残余的寄主 DNA，最后用收集到的 SCWL 植原体提取基因组 DNA。使用本发明提供的方法能够获得满足二代基因组测序要求的高纯度 SCWL 植原体基因组 DNA，二代高通量测序证实读数序列大部分为 SCWL 植原体序列。相比于目前常用的植原体基因组 DNA 的纯化方法，本方法具有成本低廉、操作步骤简单、提取耗时短等优势，适用于

大量 SCWL 植原体基因组测序 DNA 的制备。

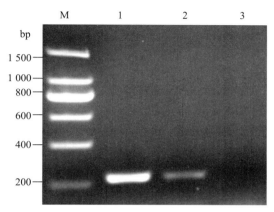

M. DNA分子量标准　1. 病叶提取的总DNA　2. 研磨匀浆液提取的总DNA　3. 本方法纯化的DNA

图 10 - 1　甘蔗 *CYC* 基因 PCR 检测图

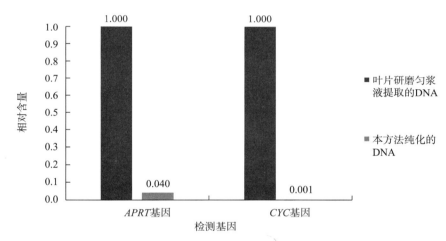

图 10 - 2　甘蔗基因组 DNA 去除情况定量 PCR 检测图

（检测甘蔗 *APRT* 基因和 *CYC* 基因，本方法纯化后甘蔗 *APRT* 基因和 *CYC* 基因数量降低了 96% 和 99.9%，

表明甘蔗基因组 DNA 除去效果较好）

②研究发明了"一种甘蔗白叶病植原体不同亚组的 PCR-RFLP 鉴别方法（ZL201910106318.0）"，2019 年获国家发明专利授权。SCWL 是由植原体引起的甘蔗毁灭性病害，2012 年在云南保山蔗区首次检测发现 SCWL 植原体。先前对病原多样性研究表明引起 SCWL 的植原体可以分为 2 个亚组，即 16Sr XI-B 亚组和 16Sr XI-D 亚组，其中 16Sr XI-D 亚组为新发现的亚组。原有技术对 16Sr XI-B 和 16Sr XI-D 亚组的区分是通过使用依据植原体 16S rRNA 基因设计通用引物（P1/P7 和 R16F2n/R16R2）进行巢式 PCR，再对巢式 PCR 产物测序采用虚拟 RFLP 酶切分析鉴定，方法需对产物测序分析，费时费力，且测序过程中产生的错误对虚拟 RFLP 酶切分析结果的准确性也会产生影响。

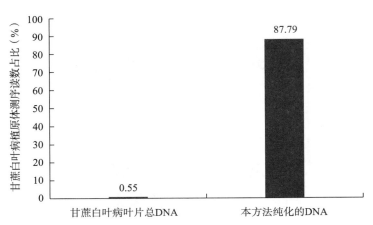

图 10 - 3　二代高通量测序中 SCWL 植原体读数占比
（SCWL 叶片总 DNA 二代高通量测序 0.55％的测序读数为 SCWL 植原体序列；
本方法纯化的 DNA 二代高通量测序 87.79％的测序读数为 SCWL 植原体序列）

为解决 SCWL 植原体不同亚组鉴定方法技术缺陷，项目在前期研究获得的 SCWL 植原体 *tuf* 基因序列基础上，设计特异性引物，扩增得到的 *tuf* 基因片段大小为 468bp，经系列实验研究成功发明"一种甘蔗白叶病植原体不同亚组的 PCR-RFLP 鉴别方法（ZL201910106318.0）"（图 10 - 4、图 10 - 5），2019 年获国家发明专利授权。本发明以 SCWL 植原体 *tuf* 基因为对象设计特异性引物，通过 PCR 扩增得到 *tuf* 基因片段，然后采用限制性核酸内切酶 MspI 对扩增得到的 *tuf* 基因片段进行酶切，通过差异性的 RFLP 酶切图谱对 SCWL 植原体进行不同亚组的区分。本发明无需测序即可快速、准确、高效地鉴别 SCWL 植原体 16Sr XI-B 亚组和 SCWL 植原体 16Sr XI-D 亚组，对 SCWL 的病原鉴定和防控具有重要意义。

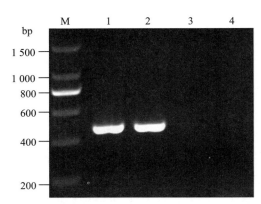

M. DNA分子量标准　1.感染白叶病植原体16Sr XI-B亚组蔗叶样品（显示一条条带）
2.感染白叶病植原体16Sr XI-D亚组蔗叶样品（显示一条条带）　3.健康蔗叶样品　4.空白对照
图 10 - 4　SCWL 植原体 *tuf* 基因 PCR 电泳图

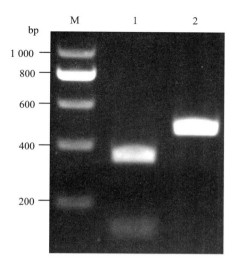

M. DNA分子量标准　1. 感染白叶病植原体16Sr XI-B亚组蔗叶样品（显示两条条带）
2. 感染白叶病植原体16Sr XI-D亚组蔗叶样品（显示一条条带）

图 10-5　本发明方法酶切电泳图

③研究建立了"一种甘蔗白叶病植原体的 PCR 检测方法"，实现 SCWL 植原体 *secA* 基因一步法 PCR 扩增检测，2021 年获澳大利亚革新专利授权。SCWL 植原体的检测方法通常使用依据植原体 16S rRNA 基因设计的通用引物（P1/P7 和 R16F2n/R16R2）进行巢式 PCR 检测，因引物为通用引物，扩增特异性不强，产物需测序才能确定是否为 SCWL 植原体，测序费用昂贵、费时费力，且巢式 PCR 整个实验过程烦琐。项目针对 SCWL 植原体检测方法技术缺陷，以 SCWL 植原体 *secA* 基因为检测靶点，设计特异性引物 *secA*-F/*secA*-R，研究建立了"一种甘蔗白叶病植原体的 PCR 检测方法"（图 10-6、图 10-7），实现 SCWL 植原体 *secA* 基因一步法 PCR 扩增检测，可以从含有 SCWL 植原体的甘蔗样品中稳定扩增出目标基因片段，片段长度 350 bp，最低检测浓度 50 飞克/微升。与现有检测方法相比，本发明选择了比 16S rRNA 基因变异更大的 *secA* 基因设计引物，同时对比了其他相近植原体 *secA* 基因，确保了引物有很高的特异性。使用本发明检测 SCWL 植原体只需一次 PCR 扩增，且扩增产物条带清晰明亮，重现性好，通过电泳结果观察是否有特异性条带即可确定甘蔗是否感染了 SCWL，不需要对产物进行测序确定，操作简便、特异性强、经济高效，适用于 SCWL 植原体的快速检测。

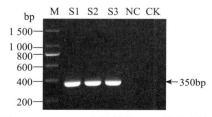

M. DNA分子量标准　S1~S3. SCWL阳性样品　NC. 阴性对照　CK. 空白对照

图 10-6　SCWL 阳性样品 PCR 扩增电泳图

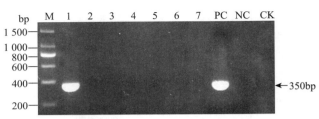

M. DNA分子量标准　1. SCWL植原体阳性样品　2. 宿根矮化病菌　3. 梢腐病菌　4. 黑穗病菌
5. 赤腐病菌　6. 赤条病菌　7. 白条病菌　PC. 阳性对照　NC. 阴性对照　CK. 空白对照

图 10-7　SCWL 植原体 PCR 特异性扩增电泳图

④研发了"一种甘蔗白叶病植原体和白条黄单胞菌的双重 PCR 检测方法及其引物组（ZL201910143636.4）"，2019 年获国家发明专利授权。甘蔗白叶病植原体引起的甘蔗白叶病和白条黄单胞菌引起的甘蔗白条病在症状表现上非常相似，要想确诊两种病害，必须分别进行两个 PCR 反应检测两种病原，特异性不高，检测过程费工费时。为解决该问题，项目针对甘蔗白叶病植原体 tuf 基因和白条黄单胞菌 $rpoD$ 基因分别设计了一对特异性引物，经过条件优化，建立了可以同时检测出甘蔗白叶病植原体和白条黄单胞菌的双重 PCR 反应体系，2019 年申请并获得"一种甘蔗白叶病植原体和白条黄单胞菌的双重 PCR 检测方法及其引物组（ZL201910143636.4）"国家发明专利授权（图 10-8）。本发明的检测引物针对具有多变性的基因设计，因此均为特异性引物，特异性强，提高了检测的准确度，同时，本发明建立的双重 PCR 方法能够在一次 PCR 反应中同时检测出甘蔗白叶病植原体和白条黄单胞菌，且 PCR 反应时长只需 1.5 小时，大幅节约了检测时间，提高了检测效率，降低了检测成本，经多次重复验证均能得到稳定的结果，具有快速、特异、稳定的特点，可用于甘蔗白叶病和甘蔗白条病的快速鉴别诊断，对有效防控这两种病害具有重要意义。

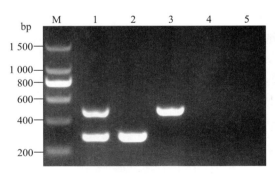

M. DNA标准分子量　1. 混有白叶病植原体DNA和白条黄单胞菌DNA样品　2. 感染白叶病植原体蔗叶样品
3. 感染白条病黄单胞菌蔗叶样品　4. 健康蔗叶样品　5. 空白对照

图 10-8　甘蔗白叶病植原体和白条黄单胞菌双重 PCR 检测电泳图

（2）率先检测发现检疫性病害 SCWL 植原体在国内的发生，研究结果丰富了植原体病害相关理论和技术基础，为 SCWL 深入研究和有效防控提供了理论指导和科学依据

SCWL 是甘蔗上首个由植原体引起的检疫性重要病害，通过带病蔗种远距离传播，

且传播性极强。甘蔗感染 SCWL 后，常表现为叶质柔软，叶绿素含量减少而白化，分蘖明显增多，病株矮缩、茎细、节间缩短，顶部叶片丛生。株高、茎径、成茎率和单茎重明显降低或减少，造成大幅度减产减糖。

2012—2013 年，研究人员采用巢式 PCR 检测方法，首次在云南保山、临沧蔗区甘蔗上检测到检疫性病害 SCWL，证实 SCWL 植原体已传入云南。选取 27 个阳性 Nest-PCR 产物测序分析，保山的 17 条片段大小均为 210bp，序列完全一致（GenBank 登录号 KC662509）；临沧的 10 条片段大小均为 202bp，序列完全一致（GenBank 登录号 KF431837）。BLAST 检索结果表明该序列是导致 SCWL 的植原体基因组 16S rRNA 基因间隔区序列，其与 GenBank 中公布的 SCWL 植原体基因组相应区段序列高度同源，同源性在 99.05%～100%。通过 DNAMAN 多重序列比对，保山分离物与临沧分离物存在 8 个碱基缺失，同源性为 99.51%；与泰国分离物（登录号 HQ917068）不存在碱基差异，同源性为 100%；与夏威夷分离物（登录号 JN223448）存在 2 个碱基缺失和 1 个碱基替换，同源性为 99.05%；与斯里兰卡分离物（登录号 JF754447）存在 1 个碱基缺失，同源性为 99.52%。临沧分离物与泰国分离物存在 8 个碱基缺失，同源性为 99.51%；与夏威夷分离物存在 8 个碱基缺失和 1 个碱基替换，同源性为 98.53%；与斯里兰卡分离物虽然存在 7 个碱基缺失，但同源性为 100%。

从 GenBank 中下载各组的代表性植原体 16S～23S rRNA ISR 序列，与保山、临沧 SCWL 植原体 16S～23S rRNA ISR 序列进行同源性分析，利用 Mega4.1 软件构建系统进化树，在构建中选择 *Acholeplasma brassicae*（AY974060）为外群。由系统发育树可以看出，保山、临沧 SCWL 植原体与 GenBank 中已有的泰国、斯里兰卡 SCWL 植原体处于同一分支，均归属于 16Sr XI 组，亲缘关系比夏威夷 SCWL 植原体的更近。综合田间症状观察、分子检测及序列分析结果，证实云南蔗区出现的 SCWL 疑似症状是由 16Sr XI 组中的 SCWL 植原体引起的，这是新的检疫性病害病原 SCWL 植原体在国内的首次报道。

（3）分析明确了重点监测病原目标基因，首次报道了引起甘蔗白叶病的一个新亚组即 16Sr XI-D 亚组，为监测预警和科学有效防控甘蔗白叶病提供了重要科学依据

运用研究建立的巢式 PCR 技术，先后对云南保山施甸、隆阳和临沧耿马、镇康、双江、临翔等发生区域采集的 126 份 SCWL 样品和来源于缅甸、菲律宾、泰国、法国的 55 份 SCWL 样品进行巢式 PCR 检测、克隆、测序。所得序列（GenBank 登录号 KC662509、KF431837、KC662511、KC662512、KC662510、KF431838）提交 GenBank 并进行 BLAST 检索，与 NCBI 上已知序列进行同源性比较，构建系统进化树，分析明确了云南保山、临沧以及缅甸、菲律宾、泰国、法国等不同国家地区 SCWL 的病原目标基因。

使用植原体 16S rDNA 序列通用引物（P1/P7 和 R16F2n/R16R2）对 31 份采自云南保山和临沧的 SCWL 样品进行巢氏 PCR 检测，并将巢氏 PCR 产物进行克隆测序。序列分析结果表明获得的 31 条 16S rDNA 克隆序列大小均为 1 247bp，与其他国家 SCWL 植原体 16S rDNA 核苷酸序列一致性均在 99% 以上。结合已报道的其他国家 SCWL 植原体 16S rDNA 序列数据，进行系统发育和虚拟 RFLP 分析。SCWL 植原体在进化树中分为 2 个分支，临沧分离物与保山分离物分别属于不同的分支；虚拟 RFLP 酶切图谱表明临沧分离物所处分支植原体属于 16Sr XI-B 亚组植原体，而保山分离物所处分支植原体与 16Sr

XI-B 亚组植原体在 *Hae* III 酶的带型上有差异。对低纬高原云南保山、临沧和不同国家 SCWL 植原体 16S rDNA 系统发育和虚拟 RFLP 分析，发现保山分离物所处分支植原体为 16Sr XI 组的一个新亚组即 16Sr XI-D 亚组，表明甘蔗白叶病可由 16Sr XI 组植原体的 2 个亚组即 16Sr XI-B 亚组和新的 16Sr XI-D 亚组引起。

（4）基于 7 个管家基因（*dnaK*，*tuf*，*secY*，*gyrB*，*secA*，*recA*，*hflB*）多位点序列分型，揭示中国 SCWL 植原体存在 ST1 和 ST2 两个不同种群

植原体无法人工培养，其分类和系统发育关系的确定主要依靠核苷酸序列，在植原体的分类鉴定和多样性分析方法上使用较多的是限制性内切酶片段长度多态性分析。先前基于 16S rRNA 基因的研究表明 SCWL 植原体存在多样性，引起 SCWL 的植原体可以分为 2 个亚组，即 16Sr XI-B 亚组和 16Sr XI-D 亚组。联合多个管家基因对 SCWL 植原体开展研究能够更加深入了解 SCWL 植原体遗传多样性及种群结构，对掌握病害发生流行规律和制定科学防治措施意义重大。为弄清中国 SCWL 植原体遗传多样性和种群结构，科研人员建立了一个基于 7 个管家基因（*dnaK*，*tuf*，*secY*，*gyrB*，*secA*，*recA*，*hflB*）的多位点序列分型方法（Multilocus sequence typing，MLST）用于 SCWL 植原体的遗传多样性和种群结构研究。

使用研究建立的基于 7 个管家基因（*dnaK*，*tuf*，*secY*，*gyrB*，*secA*，*recA*，*hflB*）多位点序列分型方法，分析揭示了来自中国 SCWL 发生区域的 87 个样本存在 ST1 和 ST2 两个不同种群，分别属于不同的克隆复合体。ST1 型 SCWL 植原体在中国分布最为广泛，绝大多数分离物属于 ST1 型，ST2 型仅在中国保山发现。分析不同 ST 型 SCWL 植原体的 16S rRNA 基因序列发现 ST1 型 SCWL 植原体在分类上均属于 16Sr XI-B 亚组，而 ST2 型则属于 16Sr XI-D 新亚组，目前 16Sr XI-D 新亚组仅在中国报道，而世界其他国家鉴定的 SCWL 植原体均为 16Sr XI-B 亚组，ST1 型不仅为中国 SCWL 植原体的主要类型，也是世界 SCWL 植原体的主要类型。87 个样本 7 个管家基因的核苷酸多样性在 0～0.002 68，表明中国 SCWL 植原体遗传多样性非常低。甘蔗白叶病植原体和甘蔗草苗病植原体 16S rRNA 基因序列一致性大于 99.6%，7 个管家基因串联序列一致性大于 99%。鉴于甘蔗白叶病植原体和甘蔗草苗病植原体具有相同的寄主、症状、传播介体和极高一致的核苷酸序列，科研人员认为甘蔗白叶病植原体和甘蔗草苗病植原体属于同一种植原体。

（5）使用 Illumina 和 Nanopore 测序技术，获得首个 SCWL 植原体 SCWL1 菌株全基因组序列

开发了一种 SCWL 植原体基因组 DNA 富集方法，使用 Illumina 和 Nanopore 测序技术获得甘蔗白叶病植原体 SCWL1 菌株的完整基因组测序。SCWL1 菌株的基因组序列是 16Sr XI 组植原体的首个完整基因组序列，也是目前获得的最小的植原体完整基因组序列。SCWL1 菌株基因组包括一条 538 951 bp 的环状染色体。SCWL1 菌株基因组也是编码基因最少的植原体完整基因组，根据注释，SCWL1 菌株染色体包含 459 个编码序列（CDSs），两个完整的 5S～23S～16S rRNA 基因操作子，27 个 tRNA（表 10 - 1）。CDS 的总长度为 413 403 bp，平均长度为 901 bp，占染色体总长度的 76.71%。甘蔗白叶病植原体完整基因组的获得促进了科研人员对 16Sr XI 组植原体基因组特征的深入了解，为甘蔗白叶病植原体分子进化和致病机制研究的深入开展奠定了基础。SCWL 植原体富集方

法的建立和完整基因组的获得有助于"Ca. Phytoplasma sacchari"植原体候选种分子进化和致病机制研究的深入开展。

表 10-1　甘蔗白叶病植原体 SCWL1 菌株染色体基因预测结果统计

基因类型	数量	总长度（bp）	平均长度（bp）	占基因组的百分比（%）
Gene	500	425 685	851	78.98
CDS	459	413 403	901	76.71
tRNA	27	2 152	80	0.40
23S rRNA	2	5 723	2 862	1.06
16S rRNA	2	3 046	1 523	0.57
5S rRNA	2	232	116	0.04
miscRNA	8	1 129	141	0.21

2. 探明了低纬高原 SCWL 地理分布（疫区）、传播媒介及传毒特性；揭示了 SCWL 灾害特性及暴发流行诱因，为制定防控策略与技术提供依据

通过对低纬高原云南 8 个州（市）主产蔗区广泛的实地调查和采样检测，查明（确定）了 SCWL 地理分布（疫区）为云南耿马、镇康、双江、临翔、沧源、施甸、隆阳、西盟、澜沧 9 个县（区），其中耿马芒翁和贺派发生最为严重；在云南甘蔗白叶病主要发生区进行实地调查，采用灯光诱捕法与寻集法采集虫媒介体进行室内鉴定，结合巢式 PCR 检测技术鉴定结果，发现大青叶蝉（*T. viridis*）和条纹平冠沫蝉（*C. conifer*）两种昆虫介体是低纬高原 SCWL 植原体自然携带者，采用发明的 SCWL 植原体传播媒介田间测定装置，系统性进行对比测定分析，研究证实了云南甘蔗白叶病发病蔗区 SCWL 植原体传播媒介主要是带毒蔗种，为制定防控策略提供了依据；摸清了不同甘蔗品种不同植期 SCWL 发病规律，探明了甘蔗品种抗性及蔗种带毒率对病害发生流行的影响，为生产用种选择和病害防控提供了科学依据；揭示了未实行严格检疫、农民自留种种植、种苗带病传播突出、感病品种连片种植是白叶病快速扩散暴发流行诱因，为制定防控策略、方法与技术找到了重要突破口。

（1）查明（确定）了低纬高原 SCWL 地理分布（疫区）

2011 年、2012 年，云南省农业科学院甘蔗研究所先后从缅甸、菲律宾、泰国、法国等国外引进的甘蔗品种/材料中检测出 SWCL 植原体；2012 年李文凤等在云南保山施甸县、隆阳区采集的疑似 SCWL 蔗株上首次检测发现 SCWL 植原体，发生面积 2 万亩以上；2013 年先后在云南临沧耿马县、镇康县、双江县、临翔区等蔗区多地采集的疑似 SCWL 蔗株上检测发现 SCWL 植原体，发生区域面积超过 15 万亩；同时在云南普洱澜沧县蔗区调查也发现疑似 SCWL 蔗株；2018 年对云南普洱西盟县蔗区甘蔗病虫害进行调查时，发现疑似 SCWL 症状蔗株，采用植原体 16S rRNA 基因序列通用引物对 P1/P7 和 R16F2n/R16R2 对疑似病株检测鉴定，确诊为 16Sr XI-B 亚组植原体引起的甘蔗白叶病。综上，对低纬高原云南 8 个州（市）主产蔗区广泛的实地调查和采样检测结果表明，截至 2022 年，SCWL 地理（疫区）在云南耿马、镇康、双江、临翔、沧源、施甸、隆阳、西盟、澜沧 9 个县（区），其中耿马芒翁和贺派发生最为严重。病情调查结果表明，芒翁蔗区田间发病率为 57.31%，贺派蔗区田间发病率为 31.46%，两个蔗区甘蔗白叶病田间平均发病率为 44.38%（表 10-2）。

表 10-2　耿马芒翁和贺派蔗区甘蔗白叶病发病情况

蔗区	调查地块	调查株数	发病株数	发病率（%）
芒翁	13	3 900	2 235	57.31
贺派	13	3 900	1 227	31.46
平均				44.38

（2）探明了低纬高原 SCWL 传播媒介及传毒特性，为制定防控策略提供了依据

2018—2019 年采用灯光诱捕法与寻集法，将选点调查与随机调查相结合，在甘蔗生长的早、中、后期，选择具有代表性的感病主栽与主推品种粤糖 60 号、新台糖 25 号、盈育 91-59、粤糖 93-159、新台糖 22 号共 5 个品种的新植蔗与宿根蔗田块，重点对保山施甸县、隆阳区、临沧耿马县、镇康县、临翔区，普洱澜沧县等云南甘蔗白叶病主要发生区域叶蝉 [重点调查检测细针叶蝉（*Matsumuratettix hiroglyphicus* Matsumura）和条纹闭颜叶蝉（*Yamatotettix flavovittatus* Matsumura）]、飞虱、木虱、蚜虫等植原体虫媒介体进行全面和广泛调查，并采集虫源带回实验室进行种类鉴定，部分新虫种委托相关分类学家鉴定。参照文献方法用动物基因组 DNA 提取试剂盒分别提取田间采集的虫媒介体 DNA，采用扩增植原体 16S rDNA 的通用引物对 P1/P7 和 R16F2n/R16R2（P1：5'-AAGAGTTTGATCCTGGCTCAGGATT-3'，P7：5'-CGTCCTTCATCGGCTCTT-3'；R16F2n：5'-GAAACGACTGCTAAGACTGG-3'，R16R2：5'-TGACGGGCGGTGT-GTACAAACCCCG-3'；预期扩增产物长度为 1 240bp）进行巢式 PCR 检测，对阳性扩增产物进行克隆、测序。所得序列在 GenBank 中进行 BLAST 检索，与 NCBI 上已知序列进行同源性比较，应用 DNAMAN6.0 和 Clustal2.0 软件进行分析。

通过广泛和深入调查，从 SCWL 发病最严重的云南耿马蔗区共采到 14 份昆虫介体样品，其他发病蔗区未发现和采到昆虫介体，经实验室种类鉴定为大青叶蝉 [*Tettigoniella viridis*（Linnaeus）] 共 6 份（其中若虫 2 份）和条纹平冠沫蝉（*Clovia conifer* Walker）共 8 份（其中若虫 2 份）（表 10-3）。经巢式 PCR 检测，14 份昆虫介体样品中 6 份样品为阳性，8 份样品为阴性。其中，1 份大青叶蝉若虫样品为强阳性，大青叶蝉成虫、若虫各 1 份样品和条纹平冠沫蝉成虫 2 份、若虫 1 份样品为弱阳性（表 10-3、图 10-9）。随机选择 2 个阳性扩增产物克隆和测序，扩增产物片段大小为 1 247 bp（GenBank 登录号：MK962442）。BLAST 分析结果表明，其序列与先前云南临沧 SCWL 植原体分离物 LC7 和 LC9 的 16S rRNA 基因序列（GenBank 登录号：KR020691 和 KR020692）的核苷酸序列一致性为 100%。

研究结果显示，从 SCWL 发病最严重的云南耿马蔗区采到的两种昆虫介体 [大青叶蝉（*T. viridis*）和条纹平冠沫蝉（*C. conifer*）] 均被检测为阳性，是 SCWL 植原体的自然携带者，但仅有 1 份大青叶蝉若虫呈强阳性，其余为弱阳性，而且从云南整个 SCWL 发病蔗区仅采到两种昆虫介体 14 份样品，种类单一、数量极低，因此可以确定两种昆虫

不是云南蔗区 SCWL 的主要传播介体。项目研究明确了大青叶蝉（*T. viridis*）和条纹平冠沫蝉（*C. conifer*）两种昆虫介体是 SCWL 植原体的自然携带者，研究结果丰富了甘蔗植原体病害相关理论和技术基础，有助于制定适用于甘蔗白叶病的综合防控措施。

表 10 - 3　14 份昆虫介体样品 SCWL 植原体的巢式 PCR 检测结果

样品编号	昆虫介体种类及虫态	SCWL 植原体巢式 PCR 检测结果
1	条纹平冠沫蝉（*C. conifer*）成虫	—
2	条纹平冠沫蝉（*C. conifer*）成虫	＋
3	大青叶蝉（*T. viridis*）若虫	＋
4	大青叶蝉（*T. viridis*）成虫	＋
5	条纹平冠沫蝉（*C. conifer*）若虫	＋
6	条纹平冠沫蝉（*C. conifer*）成虫	—
7	条纹平冠沫蝉（*C. conifer*）成虫	—
8	条纹平冠沫蝉（*C. conifer*）成虫	＋
9	大青叶蝉（*T. viridis*）成虫	＋
10	大青叶蝉（*T. viridis*）若虫	＋＋
11	大青叶蝉（*T. viridis*）成虫	—
12	条纹平冠沫蝉（*C. conifer*）若虫	—
13	条纹平冠沫蝉（*C. conifer*）成虫	—
14	大青叶蝉（*T. viridis*）成虫	—
阳性对照		＋＋
阴性对照		—
空白对照		—

注："—"为阴性表示样品中无 SCWL 植原体；"＋"为阳性表示样品中有 SCWL 植原体，"＋＋"为强阳性表示样品中有高含量 SCWL 植原体。

2018—2019 年，在云南省临沧市耿马蔗区（SCWL 严重发生区）进行低纬高原 SCWL 植原体传播媒介测定分析。测定地四周连片种植甘蔗，地块轮作玉米闲置 1 年以上，旱地，地势平坦，土壤为砖红壤土，pH 6.0，有机质含量 2.5％，地块土质、肥力均较一致。选取粤糖 93-159、粤糖 86-368、新台糖 22 号、新台糖 25 号、盈育 91-59 共 5 个感病主栽甘蔗品种作为测定品种。从耿马县芒抗村 SCWL 高发区发病田块选择经巢式 PCR 检测确定带有 SCWL 植原体的蔗株作带毒蔗种，从耿马县温水脱毒健康种苗一级种苗圃选择经巢式 PCR 检测确定不带有 SCWL 植原体的蔗株作无毒蔗种。

各品种分别设置带毒蔗种、无毒蔗种、无毒蔗种＋防虫网防虫 3 种处理，5 个品种共 15 个处理，每处理 3 重复，共 45 个小区，小区面积 15 平方米，随机区组排列。将选定的测定地块均等分为 3 墒，带毒蔗种 5 个处理种植 1 墒、无毒蔗种 5 个处理种植 1 墒、无毒蔗种＋防虫网防虫 5 个处理种植 1 墒（防虫网为项目组发明的实用新型专利"一种用于测定 SCWL 植原体传播媒介的田间装置"ZL201822105210.3）（图 10 - 10）。于 2018 年 3 月 16 日至 17 日种植，每处理种植 5 行，行距 1 米，行长 3 米。种植方法及田间管理参考当地常规方式，种植全过程中用于砍种和耕作的工具须经 75％酒精液消毒，防止病原交

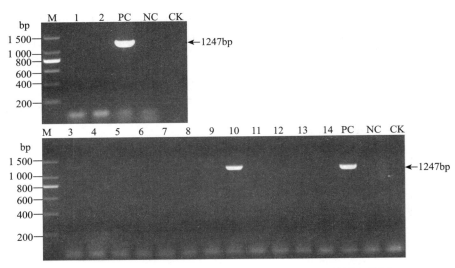

图 10 - 9 14 份昆虫介体样品 SCWL 的巢式 PCR 检测电泳图
M：DNA 分子量标准 1～14：昆虫介体样品 PC：阳性对照 NC：阴性对照 CK：空白对照

叉感染，整个生长期不施任何杀虫剂避免杀死虫媒介体。2019 年 1 月 17 日，新植蔗测定
结束后进行收砍，继续留宿根进行系统测定。于 6—7 月 SCWL 病情稳定后，调查各小区
总株数和病株数，按以下公式计算病株率：甘蔗白叶病病株率（％）＝（每小区病株数/
每小区总株数）×100％。

图 10 - 10 SCWL 植原体传播媒介试验测定
（a）新植蔗测定 （b）宿根蔗测定 （c）无毒蔗种＋防虫网不发病 （d）带毒蔗种发病

如表 10-4 所示,供测定的粤糖 93-159、粤糖 86-368、新台糖 22 号、新台糖 25 号、盈育 91-59 共 5 个感病主栽甘蔗品种"带毒蔗种"新植平均病株率 11.7%~27.7%,宿根平均病株率 23.6%~72.9%,5 个品种的宿根平均病株率均明显高于新植平均病株率;而"无毒蔗种"新植与宿根、"无毒蔗种+防虫网防虫"新植与宿根平均病株率均为 0%。5 个感病主栽甘蔗品种"带毒蔗种"5 个处理新植和宿根均发病,"无毒蔗种"5 个处理新植和宿根均不发病,"无毒蔗种+防虫网防虫"5 个处理新植和宿根平均病株率也均为 0%。测定结果显示,云南省临沧市耿马蔗区(SCWL 严重发生区)SCWL 植原体传播媒介主要是带毒蔗种。研究结果丰富了甘蔗植原体病害的相关理论和技术基础,并为低纬高原蔗区 SCWL 的有效防控提供了理论指导和科学依据。

表 10-4 不同处理 SCWL 植原体传播媒介试验测定结果

处理	新植			宿根		
	总株数（株）	发病株数（株）	病株率（%）	总株数（株）	发病株数（株）	病株率（%）
粤糖 93-159 带毒蔗种	122	29	24.0	150	45	30.0
粤糖 86-368 带毒蔗种	148	25	16.9	202	85	42.1
新台糖 22 号带毒蔗种	159	44	27.7	203	138	72.9
新台糖 25 号带毒蔗种	150	28	18.7	192	99	51.6
盈育 91-59 带毒蔗种	128	15	11.7	161	38	23.6
粤糖 93-159 无毒蔗种	137	0	0	165	0	0
粤糖 86-368 无毒蔗种	158	0	0	212	0	0
新台糖 22 号无毒蔗种	169	0	0	211	0	0
新台糖 25 号无毒蔗种	162	0	0	202	0	0
盈育 91-59 无毒蔗种	143	0	0	171	0	0
粤糖 93-159 无毒蔗种+防虫网防虫	132	0	0	160	0	0
粤糖 86-368 无毒蔗种+防虫网防虫	153	0	0	207	0	0
新台糖 22 号无毒蔗种+防虫网防虫	164	0	0	206	0	0
新台糖 25 号无毒蔗种+防虫网防虫	157	0	0	197	0	0
盈育 91-59 无毒蔗种+防虫网防虫	138	0	0	166	0	0

(3)揭示了低纬高原 SCWL 灾害特性及暴发流行诱因

2018 年 5 月对云南 SCWL 发病最重的耿马芒翁和贺派蔗区有代表性的主栽与主推品种以及新植蔗与宿根蔗田块进行了 SCWL 发生情况调查和样品采集,总共调查了 26 块地。每块地随机选择 3 个点,每点连续调查 100 株甘蔗的发病情况(有白叶症状和无白叶症状),3 点共调查 300 株,记录发病株数,计算发病株率,同时每点连续取样 10 株,对每株样品进行编号并记录发病情况。每个样品取叶片提取植株总 DNA,使用植原体 16S rRNA 基因序列通用引物对 P1/P7 和 R16F2n/R16R2 进行巢氏 PCR 扩增,每个地块随机选择 1 个阳性样品回收目的片段,并将其进行连接转化和克隆,每个转化挑选 6 个阳性克隆送华大基因测序。测序结果使用 BLAST 进行对比。使用 DNAMAN v6.0 进行序列一致性分析。

对当地种植的 7 个主要品种的 SCWL 的发病情况进行了统计分析，田间发病情况调查结果表明，田间发病率最高的品种为粤糖 60 号，发病率为 73.50％，田间发病率最低的品种为柳城 05-136，发病率为 13.67％。巢式 PCR 检测结果表明，所有品种的阳性检出率均在 90％以上，阳性检出率最低的品种为盈育 91-59，阳性检出率为 90.95％，阳性检出率最高的品种为柳城 05-136，阳性检出率为 96.67％（图 10 - 11）。

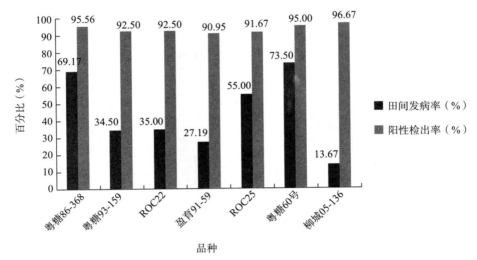

图 10 - 11　主栽品种甘蔗白叶病发生情况

对不同植期的 SCWL 的发病情况进行了分析，田间发病率统计结果表明，新植甘蔗的发病率最低，为 32.38％，3 年宿根的甘蔗发病率最高，为 64.33％，发病率随宿根年限增加明显升高。2 年和 3 年宿根甘蔗的 SCWL 阳性检出率最高，同为 96.67％，新植甘蔗的 SCWL 阳性检出率最低，为 90.00％（图 10 - 12）。

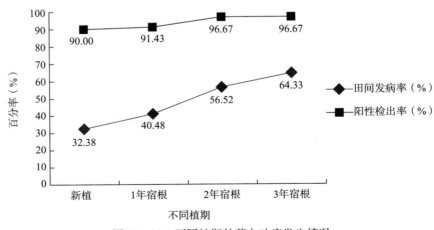

图 10 - 12　不同植期甘蔗白叶病发生情况

对样品症状与巢式 PCR 检测结果进行了统计分析，结果表明，所有表现白叶症状的样品均检测为阳性，287 株无白叶症状样品中有 234 株检测为阳性，阳性检出率为 81.53%。从品种来看，粤糖 60 号和柳城 05-136 无症状样品的阳性检出率为 100%，盈育 91-59 无症状样品的阳性检出率最低，为 70.93%（图 10 - 13）。从植期上看，新植蔗无症状样品的阳性率最低，为 65.79%，2 年宿根蔗的无症状样品的阳性率最高，为 92.86%（图 10 - 14）。

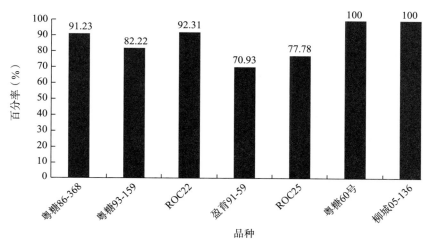

图 10 - 13　不同品种无症状样品的阳性检出率

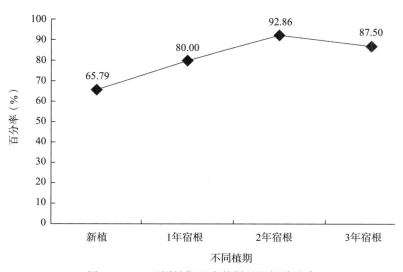

图 10 - 14　不同植期无症状样品阳性检出率

26 个巢式 PCR 扩增产物的测序结果表明，所有扩增产物片段大小均为 1 247 bp，序列间的核苷酸一致性为 100%（Genbank 登陆号：MK962442-MK962467）。BLAST

分析结果表明，所有序列与先前云南临沧 SCWL 植原体分离物 LC7 和 LC9 的 16S rRNA 基因序列（Genbank 登陆号：KR020691 和 KR020692）的核苷酸序列一致性为 100%。

本研究结果显示：不同品种田间自然发病率不同，其中粤糖 60 号平均发病率最高，为 73.50%，柳城 05-136 平均发病率最低，为 13.67%；不同植期田间自然发病率也有差异，新植蔗田间发病率最低，为 32.28%，3 年宿根蔗的田间发病率最高，为 64.33%。病原检测结果表明，所有品种的阳性检出率均在 90% 以上，其中盈育 91-59 阳性检出率最低，为 90.95%，柳城 05-136 阳性检出率最高，为 96.67%，无白叶症状样品的阳性检出率为 81.53%，2 年和 3 年宿根的阳性检出率最高，均为 96.67%。表明 SCWL 发病率随宿根年限增加而升高，依据白叶症状进行的田间病害调查不能准确反映 SCWL 的真实发生情况，不同品种的田间发病率有明显差异，但阳性检出率均在 90% 以上，差异不明显。从植期上看，田间发病率和阳性检出率均随宿根年限增加而升高。种植管理上，存在未实行严格检疫制度、农民自留种苗种植、种苗带病传播十分突出、品种抗病性混淆不清、感病品种连片种植等诸多问题，导致甘蔗白叶病快速扩散暴发流行。

以上系统调查研究，分析明确了不同品种不同植期 SCWL 的发病规律，探明了甘蔗品种抗性及蔗种带毒率对病害发生流行的影响，为建立甘蔗对 SCWL 植原体的抗性分级标准及评价方法奠定了基础，同时也为生产用种选择和病害防控提供了科学依据；揭示了未实行严格检疫、农民自留种种植、种苗带病传播突出、感病品种连片种植是白叶病快速扩散暴发流行的诱因，为制定防控策略、方法与技术找出了重要突破口。

3. 研制了 1～5 级甘蔗白叶病抗病评价分级标准，首创甘蔗白叶病抗病精准鉴定方法 2 套并颁布实施标准，明确了 25 个甘蔗品种对白叶病的抗病性，获得抗甘蔗白叶病鉴定标准品种 10 个，为甘蔗抗白叶病育种奠定了基础，提供了关键技术支撑

针对检疫性新病害甘蔗白叶病严重威胁甘蔗生产但又缺乏抗病性精准鉴定方法的产业技术问题，从甘蔗材料处理与种植、接种液配制、接种方式改良、病情调查、分级标准制定等层面对甘蔗抗白叶病鉴定技术进行了系统研究与探索，成功研制了 1～5 级甘蔗白叶病抗病性评价分级标准，首次优化创建了两套简便高效、规范实用的甘蔗白叶病抗病性精准鉴定方法（种苗包衣接种法和生长期切茎接种法），核心技术获授权发明专利 2 件，颁布实施标准 1 个，填补了国内甘蔗白叶病抗病育种研究空白，为我国甘蔗白叶病抗病育种提供了关键技术支撑。利用首创的抗病性精准鉴定方法，鉴定明确了 25 个甘蔗品种对白叶病的抗病性，并优选获得抗甘蔗白叶病鉴定标准品种 10 个，为甘蔗抗白叶病育种奠定了基础，提供了关键技术支撑，可实现对甘蔗优异种质资源、常用杂交亲本及新品种（系）抗白叶病的快速、精准评价，将切实提高抗白叶病育种的精准性和选育效率，对抗白叶病种质资源筛选具有重要意义和现实作用。

（1）首创甘蔗白叶病抗病性精准鉴定方法 2 套，为甘蔗白叶病抗病育种提供了关键技术支撑

选育和推广抗病品种是防控甘蔗病害最经济有效的方法，也是最具潜力的绿色生态防控技术，而抗病性鉴定方法直接影响抗病育种成效。为建立简便高效、规范实用的甘蔗抗白叶病鉴定方法，项目从甘蔗材料处理与种植、接种液配制、接种方式、病情调查、分级

标准制定等层面对甘蔗抗白叶病鉴定技术进行了系统研究与探索，重点在甘蔗抗白叶病鉴定技术、方法研究上取得突破，并参照相关文献资料，根据不同甘蔗品种田间自然发病率及阳性检出率，研制了1～5级甘蔗白叶病抗病性评价分级标准（表10-5），成功发明了"一种新植甘蔗白叶病抗病性精准鉴定方法（ZL201811511013.X）"和"一种宿根甘蔗白叶病抗性的精准鉴定方法（ZL201910042437.4）"，于2020年获国家发明专利授权2件，首次优化创建了两套简便高效、规范实用的甘蔗白叶病抗病性精准鉴定方法（种苗包衣接种法和生长期切茎接种法），起草颁布了《T/CI 026—2022甘蔗白叶病病原检测与抗病性鉴定技术规程》团体标准1个，填补了国内甘蔗白叶病抗病育种研究空白，为我国甘蔗白叶病抗病育种提供了关键技术支撑。

种苗包衣接种法包括直接筛选感染甘蔗白叶病蔗茎榨汁加10倍量无菌水配制接种液、用接种液喷洒蔗种塑料薄膜保湿、接种材料桶栽置防虫温室培养、接种种植30天开始调查病株率、按1～5级标准进行抗病性评价；切茎接种法包括直接筛选感染甘蔗白叶病蔗茎榨汁加10倍量无菌水配制接种液、鉴定材料桶栽置防虫温室培养、6月株龄切茎并用移液枪将100微升接种液滴入根部切口接种、接种种植20天开始调查病株率、按1～5级标准进行抗病性评价。两种方法与自然传播相似，接种液不用分离培养，直接从田间采集制备；接种方法快速简便，可操作性强；接种后发病显著，灵敏度高、重现性好，抗性鉴定结果与田间自然发病相吻合。利用两种鉴定方法可实现对甘蔗优异种质资源、常用杂交亲本及新品种（系）抗白叶病的快速、精准评价，总体技术水平居国内同类研究领先地位，达到国际先进水平，切实提高了甘蔗种质资源抗白叶病评价的准确性和可靠性。

表 10-5 甘蔗白叶病抗病评价分级标准

级别	发病株率（%）	抗病性
1级	0～3.0	高抗（HR）
2级	3.1～10.0	抗病（R）
3级	10.1～20.0	中抗（MR）
4级	20.1～40.0	感病（S）
5级	40.1～100	高感（HS）

（2）明确了25个甘蔗品种对白叶病的抗病性，获得抗病鉴定标准品种10个，为甘蔗抗白叶病育种奠定了基础，提供了关键技术支撑

利用首创的抗病性精准鉴定方法，采用人工接种、分子检测，结合自然抗性调查，对主栽品种进行抗病精准评价，综合分析明确了25个甘蔗品种对白叶病的抗病性，并优选获得抗甘蔗白叶病鉴定标准品种10个（表10-6），为甘蔗抗白叶病育种奠定了基础，提供了关键技术支撑，可实现对甘蔗优异种质资源、常用杂交亲本及新品种（系）抗白叶病的快速、精准评价。

表 10-6　10 个甘蔗品种在 2 种接种方法与自然发病条件下的抗性鉴定结果

品种	包衣接种法			切茎接种法			田间自然发病		
	发病株率（%）	等级	抗病性	发病株率（%）	等级	抗病性	发病株率（%）	等级	抗病性
粤糖 60 号	68.0	5	高感（HS）	73.5	5	高感（HS）	64.0	5	高感（HS）
新台糖 25 号	52.3	5	高感（HS）	55.0	5	高感（HS）	51.0	5	高感（HS）
盈育 91-59	41.7	5	高感（HS）	41.7	5	高感（HS）	43.0	5	高感（HS）
粤糖 93-159	36.0	4	感病（S）	37.0	4	感病（S）	35.0	4	感病（S）
新台糖 22 号	35.0	4	感病（S）	35.0	4	感病（S）	33.0	4	感病（S）
云蔗 86-161	10.3	3	中抗（MR）	15.5	3	中抗（MR）	12.5	3	中抗（MR）
云蔗 03-194	7.0	2	抗病（R）	9.0	2	抗病（R）	6.0	2	抗病（R）
新台糖 10 号	4.0	2	抗病（R）	6.0	2	抗病（R）	3.0	2	抗病（R）
柳城 05-136	2.0	1	高抗（HR）	3.0	1	高抗（HR）	1.5	1	高抗（HR）
云蔗 05-51	0.0	1	高抗（HR）	2.0	1	高抗（HR）	0.0	1	高抗（HR）
粤糖 86-368（感病对照）	52.5	5	高感（HS）	69.7	5	高感（HS）	64.3	5	高感（HS）
粤糖 83-88（抗病对照）	0.0	1	高抗（HR）	1.0	1	高抗（HR）	0.0	1	高抗（HR）

4. 提出了"重预警、严检疫、阻传媒、控残体"防控策略，集成综合防控技术并制定标准化技术规程进行示范应用，有效遏制了甘蔗白叶病传播蔓延，保障了蔗糖产业健康持续发展

　　创建了甘蔗种子种苗检疫检测技术与疫情监测程序，建立了田间白叶病灾害预警技术；针对原 2700 型温水脱毒设备技术缺陷，成功研制出 4500 型智慧高效温水脱毒设备并新建成温水脱毒处理车间 5 间，重点在甘蔗白叶病发生区布局并建立标准化温水脱毒种苗繁殖基地一级种苗圃 1 万亩、二级种苗圃 10 万亩和高效简便易行温水脱毒种苗生产繁殖与示范应用体系，为白叶病防控提供了关键技术支撑和脱毒种苗种源保障；依据白叶病传播途径和灾害特性，提出了"重预警、严检疫、阻传媒、控残体"防控策略，在低纬高原蔗区集成以"灾害预警、实施检疫、种植抗病品种、选用无病种苗、主推温水脱毒技术、防除虫媒介体、清除病株残体、药剂杀灭侵染源"为核心的综合防控技术并制定标准化技术规程，构建了"糖厂＋科研＋农业部门＋农户"协同推广模式进行示范应用和推广，从源头上阻断新的 SCWL 植原体随引种由境外侵入，有效遏制了 SCWL 植原体在国内省际蔗区间传播蔓延，实现甘蔗白叶病科学有效防控，保障了我国蔗糖产业健康持续发展。

　　（1）创建了甘蔗种子种苗检疫检测技术与疫情监测程序，从源头上阻断新的 SCWL 植

原体随引种由境外侵入

甘蔗白叶病是我国甘蔗上首个由植原体引起的危险性重要新病害，可对甘蔗造成毁灭性灾害，严重威胁着我国甘蔗生产。自然条件下 SCWL 主要通过带病蔗种进行远距离传播，且传播性、危害性极强，是一种重要的检疫性病害，检疫是防治 SCWL 最经济有效的措施。SCWL 在亚洲国家广泛分布，且在不同国家和地区发生的 SCWL 植原体有复杂的遗传背景。随着国际甘蔗种质资源引进交换工作的不断深入，引种国家数量增加，规模、范围不断扩大，由引种导致的 SCWL 植原体侵入风险也在不断增加。因此，切实加强甘蔗引种检疫检测工作是有效防止外来危险性有害生物随引种传入我国蔗区造成灾害隐患的首要任务和安全保障。为有效防止 SCWL 植原体随引进甘蔗种子种苗传入我国蔓延危害，确保我国蔗糖产业的安全可持续发展及国际合作种质资源交换工作的顺利进行。项目在国内研究创建了符合国际检疫标准的、规范化的"甘蔗种子种苗检疫检测技术与疫情监测程序"，起草颁布了《DB53/T 876—2018 甘蔗白叶病病原巢式 PCR 检测技术规程》云南省地方标准 1 个，申请获《甘蔗进口种子检疫与疫情监测系统（2023SR0335220）》《甘蔗进口种苗检疫与疫情监测系统（2024SR1854156）》《甘蔗出口种苗检疫与疫情监测系统（2024SR1854156）》软件著作权 3 件。同时，多年来采用研究创建的"甘蔗种子种苗检疫检测技术与疫情监测程序"对澳大利亚、美国、法国、菲律宾、缅甸、泰国、越南、孟加拉国、尼泊尔等国外引进的多批次甘蔗种苗和杂交花穗种子（累计 10 批 293 份）进行检疫处理和疫情监测，并对种苗种子可传播的检疫性、危险性病害甘蔗白叶病（SCWL）进行分子检测，对呈现阳性品种材料（累计 5 批 185 份）及时进行销毁处理，从源头上阻断甘蔗种苗种子传播 SCWL，确保了我国甘蔗生产安全，为我国有序开展甘蔗种质资源国际交换提供了技术保障，切实促进了中国与其他国家的甘蔗科技合作与交流。

（2）成功研制出 4500 型智慧高效温水脱毒设备，构建了高效、简便、易行温水脱毒种苗生产繁殖与示范应用体系，为甘蔗白叶病防控提供了关键技术支撑和脱毒种苗种源保障

甘蔗白叶病是在我国快速蔓延的首个由植原体引起的检疫性新病害，研究证实云南蔗区 SCWL 植原体传播媒介主要是带毒蔗种，调查发现目前生产上农民自留带病种苗种植导致甘蔗白叶病扩散蔓延十分迅速，严重阻碍着甘蔗生产发展。世界公认选用无病种苗是防控甘蔗白叶病最经济有效的方法，也是最具潜力的绿色生态防控技术。针对甘蔗白叶病流行危害和原 2700 型温水脱毒设备技术缺陷，为有效解决甘蔗白叶病防控和种苗高效脱毒问题，借鉴国外先进脱毒技术经验，在国内成功研制出 4500 型智慧高效温水脱毒设备（表 10-7）并新建成温水脱毒处理车间 8 间（图 10-15），实现了脱毒种苗工厂化、规模化和标准化生产；重点在甘蔗白叶病发生区布局并建成标准化温水脱毒种苗繁殖基地一级种苗圃 1 万亩、二级种苗圃 10 万亩和专业化种植示范区（图 10-16），优化建立了高效简便易行的温水脱毒种苗生产繁殖与示范应用推广体系，大力开展温水脱毒种苗生产标准化技术示范，效果显著，为甘蔗白叶病综合防控提供了关键技术支撑和脱毒种苗种源保障。2020 年和 2021 年，核心技术入选云南主推技术和指导意见，分别为甘蔗温水脱毒种苗生产技术、甘蔗温水脱毒健康种苗生产繁育技术指导意见。

表 10 - 7   4500 型智慧高效温水脱毒设备主要技术指标及参数

外形尺寸	长	宽	高
	4.5 米	2.4 米	2.7 米
电加热功率（千瓦）	加热功率		恒温功率
	90		90

主要技术参数	水容量（米³）	15
	每次处理量（吨）	2～3 吨/次，20～30 吨/天
	处理温度（℃）	50＜±0.5
	初加温温度（℃）	52±0.5
	温度控制方式	数显智能仪表（无纸记录仪记录温度参数）
	温度控制点数	1
	温度监测点数	3
	热源类型	电热型
	控制精度（℃）	＜±0.5
	水位控制	自动
	恒温处理时间控制	自动控制时间、到时报警

　　注：4500 型智慧高效温水脱毒设备可满足甘蔗种苗全茎（长 3.5 米以内），脱毒处理轻简高效；设备温度控制采用 SIN-WZPK 型 A 级精度铠装温度传感器，智能仪表自动控制，SIN-1100 温控仪精度为 0.3%，SIN-R200T 彩屏无纸记录仪精度为 0.2%，自动巡检记录工艺参数（数显、折线、柱状图三种视图任意切换），温度在 55℃ 至环境温度间任意设定，处理温度在（50±0.5）℃。测温点为 3 个点，分辨率为 0.1℃；水位自动控制，处理时间自动报警。

图 10 - 15   4500 型智慧高效温水脱毒设备与新建种苗脱毒车间

　　（3）集成综合防控技术并制定标准化技术规程，有效遏制了甘蔗白叶病传播蔓延，实现甘蔗白叶病科学有效防控，保障了我国蔗糖产业健康持续发展

　　甘蔗白叶病是在我国快速蔓延的首个由植原体引起的检疫性新病害，生产上如何有效防控甘蔗白叶病尚无国家、行业标准。针对甘蔗白叶病综合防控的基础和关键技术问题，项目在前期白叶病发生危害调查及病原检测鉴定的基础上，研究明确了大青叶蝉（*T. viridis*）和条纹平冠沫蝉（*C. conifer*）两种昆虫介体是 SCWL 植原体的自然携带者；通过系统性对比测定分析，证实云南蔗区 SCWL 植原体传播媒介主要是带毒蔗种；

图 10-16　甘蔗温水脱毒种苗标准化种植示范（一级、二级种苗圃）

分析明确了不同甘蔗品种、不同植期 SCWL 发病规律，探明了甘蔗品种抗性及蔗种带毒率对病害发生流行影响，为生产用种选择和病害防控提供了科学依据。

项目依据甘蔗白叶病传播途径和灾害特性，提出了"重预警、严检疫、阻传媒、控残体"防控策略，采取"标准化核心示范和面上示范"相结合，在低纬高原蔗区集成以"灾害预警、实施检疫、种植抗病品种、选用无病种苗、主推温水脱毒技术、防除虫媒介体、清除病株残体、药剂杀灭侵染源"为核心的综合防控技术，起草颁布了《T/CI 002—2023 甘蔗白叶病综合防控技术规程》团体标准，核心技术入选云南主推技术和指导意见，成功解决了甘蔗生产上大面积综合防控甘蔗白叶病关键技术问题，为甘蔗白叶病科学防控提供了标准化技术支撑；并构建了"糖厂＋科研＋农业部门＋农户"协同推广模式进行示范应用和推广，从源头上阻断新的 SCWL 植原体随引种从境外侵入，有效遏制了 SCWL 植原体在国内省际蔗区间传播蔓延，实现甘蔗白叶病科学有效防控，保障了我国蔗糖产业健康持续发展。项目集成的综合防控技术：

①实施检疫。严禁从病区和病田调用甘蔗种苗。

②品种选择。宜选择云蔗 05-49、云蔗 05-51、云蔗 08-1609、柳城 05-136、粤糖 83-88、新台糖 1 号、新台糖 10 号、柳城 03-182、福农 38 号、桂糖 44 号等抗病品种，提倡区域内甘蔗种植品种多样化，早中晚熟多品种搭配种植。

③选用种苗。选用无病种苗，选取无病田留种，经巢式 PCR 检测不携带甘蔗白叶病植原体的健康蔗株作种苗；检测方法按照 T/CI 026 规定执行。选用温水脱毒种苗。温水脱毒种苗的生产按照 DB53/T 370 规定执行；建立无病种苗圃，温水脱毒种苗通过一级、

二级、三级种苗圃扩繁，由三级种苗圃提供生产用种苗；耕作工具使用 75％酒精擦拭或火焰灼烧进行消毒。

④采取农艺措施。施足基肥，采用测土配方施肥方法，下种时宜施有机肥 22 500～30 000 千克/公顷，有效硅施用量 150～187.5 千克/公顷，有效钙施用量 262.5～337.5 千克/公顷，有效氮施用量 379.5～483 千克/公顷，有效磷施用量 216～240 千克/公顷，有效钾施用量 187.5～225 千克/公顷。控制侵染源，3—6 月进行病情巡查，及时发现和挖除零星病株，并集中销毁；及时防除叶蝉等虫媒介体和杂草。避免宿根连作，发病株率达 10％以上的蔗地，不宜留宿根。清洁蔗园，甘蔗收获后，及时清除田间的病枯叶、残根、残茎、病宿根，并深翻土壤。合理轮作，宜与水稻、甘薯、花生、大豆等作物轮作，或间种、套种花生、大豆、蔬菜、绿肥等。使用药剂杀灭侵染源，3—6 月发病株率达 40％以上的甘蔗田块，选用 10％草甘膦水剂 7 500 毫升/公顷，对水 900 000 毫升，采用人工或机动喷雾器进行叶面喷施。

（三）项目推广应用及社会经济效益

项目创建了甘蔗种子种苗检疫检测技术与疫情监测程序，建立了田间甘蔗白叶病灾害预警技术；成功研制出 4500 型智慧高效温水脱毒设备并新建成温水脱毒处理车间 5 间，在甘蔗白叶病发生区布局并建立了标准化温水脱毒种苗繁殖基地一级种苗圃 1 万亩、二级种苗圃 10 万亩和高效简便易行温水脱毒种苗生产繁殖与示范应用体系，为甘蔗白叶病防控提供了关键技术支撑和脱毒种苗种源保障；依据甘蔗白叶病传播途径和灾害特性，提出了"重预警、严检疫、阻传媒、控残体"防控策略，集成以"灾害预警、实施检疫、种植抗病品种、选用无病种苗、主推温水脱毒技术、防除虫媒介体、清除病株残体、药剂杀灭侵染源"为核心的综合防控技术并制定标准化技术规程进行示范应用，实现甘蔗白叶病科学有效防控，有效遏制了 SCWL 植原体在国内省际蔗区间传播蔓延，保障了我国蔗糖产业健康持续发展。

多年来，项目以"企业为主体、产业为导向"，采用"糖厂＋科研＋农业部门＋农户"协同推广模式进行示范应用和推广，在白叶病发生区云南临沧、保山、普洱 3 个主产州（市）9 个县（市）蔗区科学引导和组织进行了甘蔗白叶病灾害预警及防控技术大面积推广应用，控制了危害，防控效果显著。2022—2023 年累计推广应用 151 万亩，有效遏制了 SCWL 植原体在国内省际蔗区间传播蔓延，"控害挽蔗" 120.8 万吨，"减损夺糖" 15.5 万吨（按 12.8％出糖率计），蔗农和糖企新增销售额 14.3736 亿元（按吨蔗价 420 元、吨糖价 6 000 元计），新增利润 5.36495 亿元。成果的推广应用成功突破了甘蔗生产上检疫性新病害甘蔗白叶病灾害预警与综合防控瓶颈，实现了甘蔗白叶病全程综合防控，技术集成及转化程度高，促进了蔗糖产业技术进步，取得了重大经济社会效益，为低纬高原蔗糖产业高质量发展、减损增效提供了技术支持。

项目实施系统突破了新发甘蔗白叶病防控关键技术瓶颈，培养锻炼了一批从事植保工作的技术队伍和种蔗能手（在糖企倡导设置并培养甘蔗产业病虫监测与防控专职植保员 40 人，培训技术人员和蔗农累计 3 万余人次），构建资源节约型、环境友好型甘蔗病害可持续治理体系，科学引导蔗农实现甘蔗病害全程精准绿色防控、农药减量控害、甘蔗提质增效，促进甘蔗产业绿色高质量发展，有效控制了甘蔗病害发生危害，切实提高了边境地区甘蔗产业科技水平和蔗农种蔗积极性，增加了就业人数，有力保障国家糖料安全，社会效益极其显著。成果推广应用，实现了新发甘蔗白叶病科学防控，从源头上阻断新的 SC-WL 植原体随引种由境外侵入，有效遏制了 SCWL 植原体在国内省际蔗区间传播蔓延，为云南及广西、广东等主产区蔗糖业高质量发展、减损增效提供了关键技术支撑和安全保障。多年的全国病情监测显示，防控技术的创建与应用有效阻隔了 SCWL 传播危害，使新发甘蔗白叶病严控在云南原有 9 个县市未外溢，而云南其余 40 个甘蔗主产县市和广西上千万亩、广东上百万亩蔗区至今未传入 SCWL，确保了全国甘蔗产区安全，间接经济效益、社会效益巨大。

项目实施切实提高了甘蔗白叶病病害监测预警的时效性和准确率，依据白叶病传播途径和灾害特性，提出了"重预警、严检疫、阻传媒、控残体"的防控策略，在低纬高原蔗区集成以"灾害预警、实施检疫、种植抗病品种、选用无病种苗、主推温水脱毒技术、防除虫媒介体、清除病株残体、药剂杀灭侵染源"为核心的综合防控技术，制定颁布了团体标准《T/CI 002—2023 甘蔗白叶病综合防控技术规程》，实现了甘蔗白叶病科学防控，有效遏制了甘蔗白叶病植原体在国内省际蔗区间传播蔓延，显著提高了大面积整体防控效果，有效减少了化学农药用量，从而逐渐减少农药残留污染和对土地原有生态系统破坏，增加蔗地生物多样性，有效改善甘蔗种植条件，提高土地生产力，为农业可持续发展奠定坚实基础，有力保证云南蔗糖业绿色高质量发展规划目标实现，生态效益极其显著。

（四）经验及问题分析

①甘蔗白叶病（sugarcane white leaf，SCWL）是我国甘蔗上首个由甘蔗白叶病植原体（sugarcane white leaf phytoplasma）引起的检疫性重要病害，严重威胁着我国甘蔗生产和发展，而生产上缺乏有效防控甘蔗白叶病的理论基础和科学依据。针对甘蔗白叶病蔓延迅速，危害成灾，蔗农糖企受损日趋严重的问题，领导及群众迫切要求立题，研究解决甘蔗生产上大面积综合防控检疫性新病害甘蔗白叶病灾害预警与综合防控技术问题，提出项目和研究内容，重点突出，技术路线明确。项目紧密结合生产实际，来自生产，又直接服务于生产，群众需要，生产需要，应用效益显著，前景广阔。

②项目以"企业为主体、产业为导向"，采用"糖厂＋科研＋农业部门＋农户"协同推广模式进行示范应用和推广，采取"标准化核心示范和面上示范"相结合，建立统防统治标准化核心示范区，百亩、千亩集中连片整体推进。选择保山、临沧、普洱等重灾区（疫区）为研究基点，代表性强，领导和蔗糖部门重视，科技人员态度积极、工作踏实、认真严谨，保证了整个研究与推广工作完成。

③项目主要由中青年科技人员承担，糖企与群众结合充分发挥各自领域资源优势，科企合作产学研结合，有力地促进了研究工作顺利实施完成。同时也使青年科技人员得到锻炼，积累了工作经验，丰富了知识，专业水平、研究水平显著提高。项目培养云岭产业技术领军人才 1 名、省突出贡献专业技术人才 1 名、省两类人才 4 名，国家和云南省现代农业产业技术体系岗位科学家各 1 名，博士 3 名；项目建立健全甘蔗病虫综合防控服务体系，率先在糖企倡导设置并培养甘蔗产业病虫监测与防控专职植保员 40 人，培训技术人

员和蔗农累计 3 万余人次，显著推动了人才培养。

④今后将通过各种科技期刊介绍、各种形式交流以加强宣传，使广大干部和蔗农加深对甘蔗白叶病危害性和防控重要性的认识，增强干部和蔗农对甘蔗白叶病的防控意识，切实提高防控能力和水平。同时，针对 SCWL 植原体通过种苗传播的特性，充分利用创建的甘蔗种子种苗检疫检测技术与疫情监测程序和灾害预警技术体系，切实加强国际合作进口种子种苗检疫检测和田间发生动态灾害预警监测，从源头上阻断新的 SCWL 植原体随引种由境外侵入，有效遏制 SCWL 植原体在国内省际蔗区间传播蔓延；并充分发挥研制的 4500 型智慧高效温水脱毒设备和布局建立的标准化温水脱毒种苗生产繁殖基地与示范应用体系优势，大力推广使用脱毒种苗，从根本上解决 SCWL 植原体种传问题。

图书在版编目（CIP）数据

现代甘蔗有害生物防治研究与应用 / 黄应昆，卢文洁主编. -- 北京：中国农业出版社，2024. 8. --（糖料产业技术体系丛书）. -- ISBN 978-7-109-32354-4

Ⅰ. S435. 661

中国国家版本馆 CIP 数据核字第 2024WG1299 号

现代甘蔗有害生物防治研究与应用

XIANDAI GANZHE YOUHAI SHENGWU FANGZHI YANJIU YU YINGYONG

中国农业出版社出版

地址：北京市朝阳区麦子店街 18 号楼

邮编：100125

责任编辑：杨彦君　阎莎莎

版式设计：王　晨　　责任校对：吴丽婷

印刷：中农印务有限公司

版次：2024 年 8 月第 1 版

印次：2024 年 8 月北京第 1 次印刷

发行：新华书店北京发行所

开本：787mm×1092mm　1/16

印张：12.25

字数：290 千字

定价：88.00 元